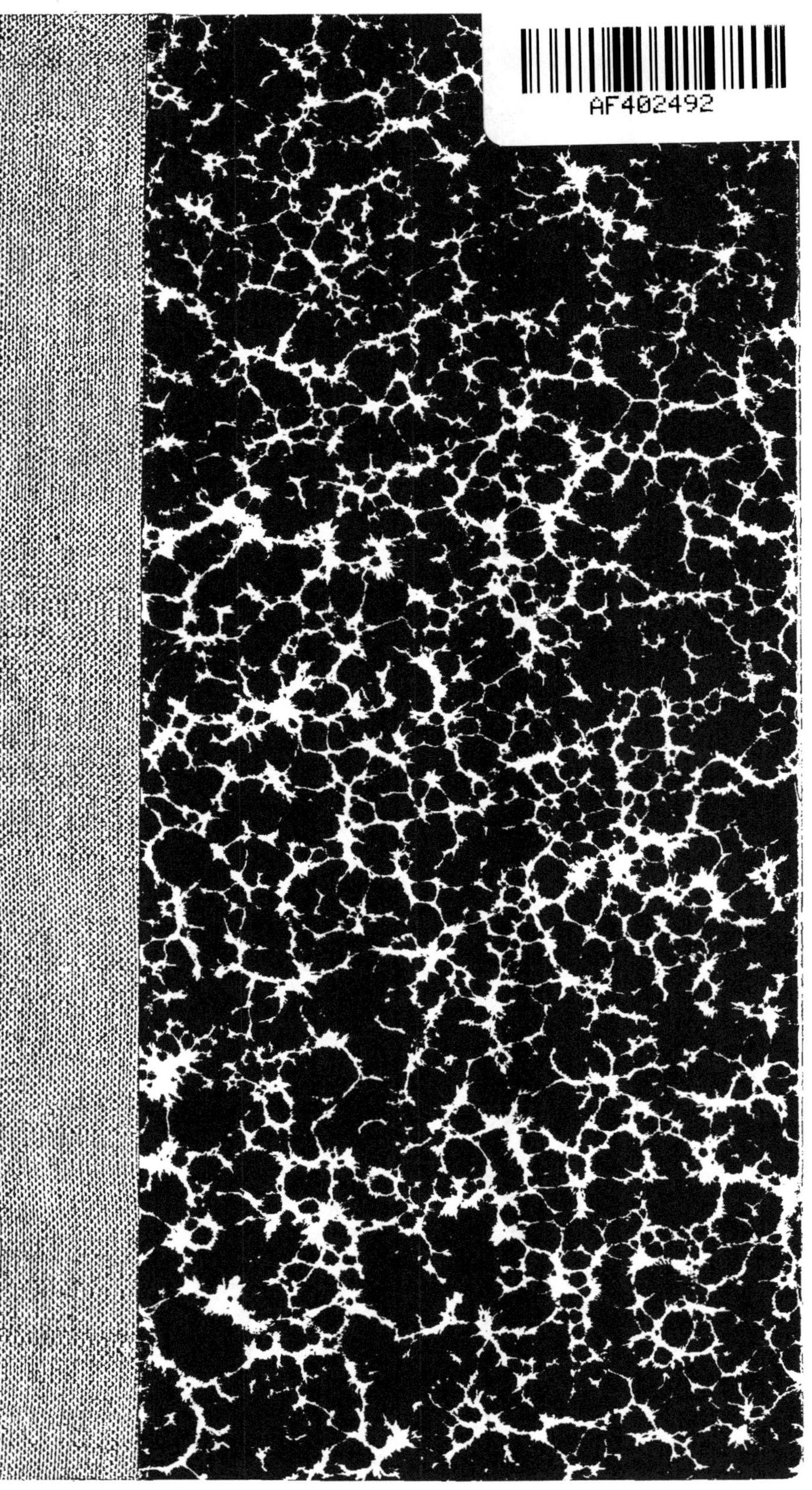
AF402492

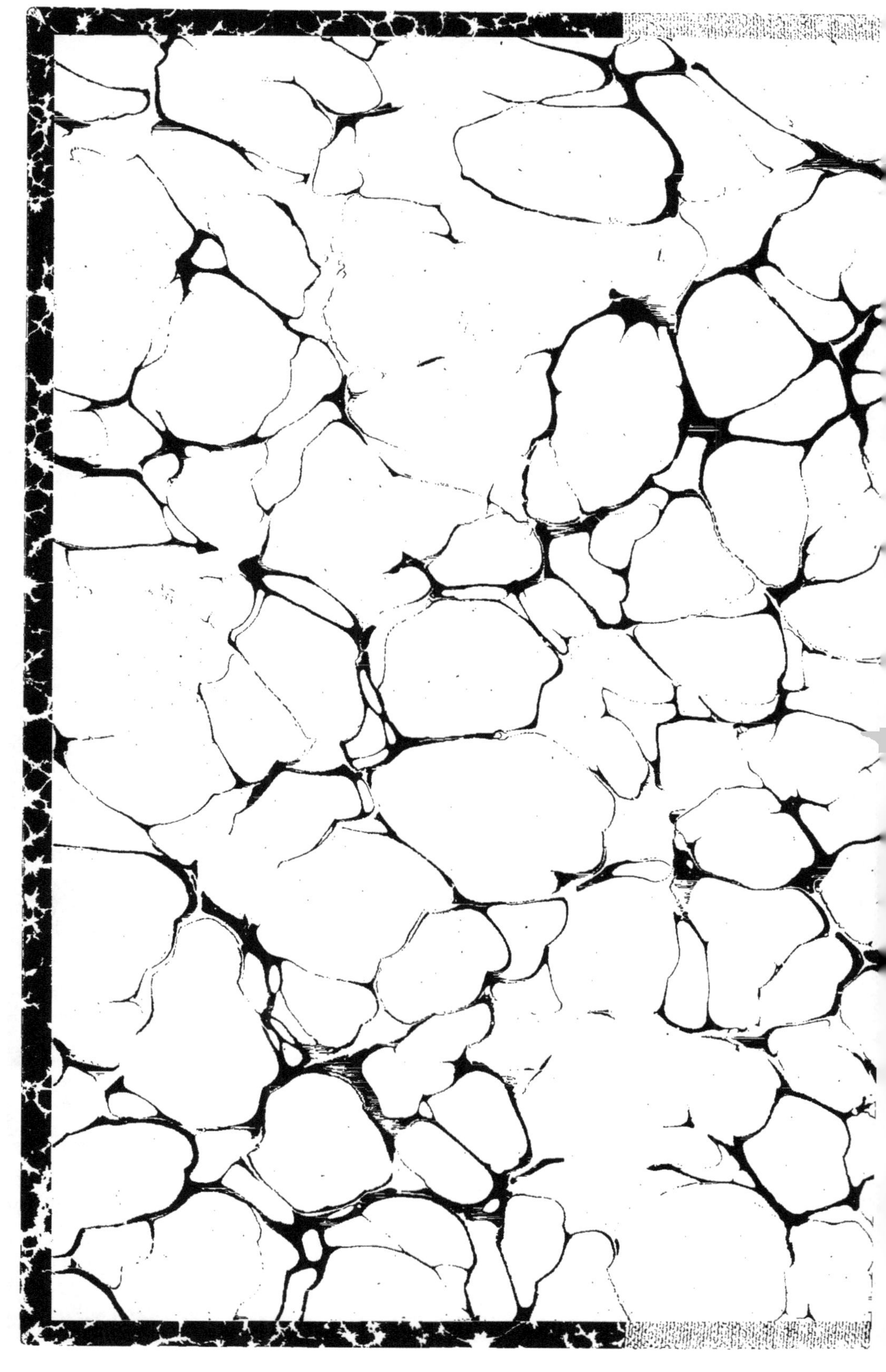

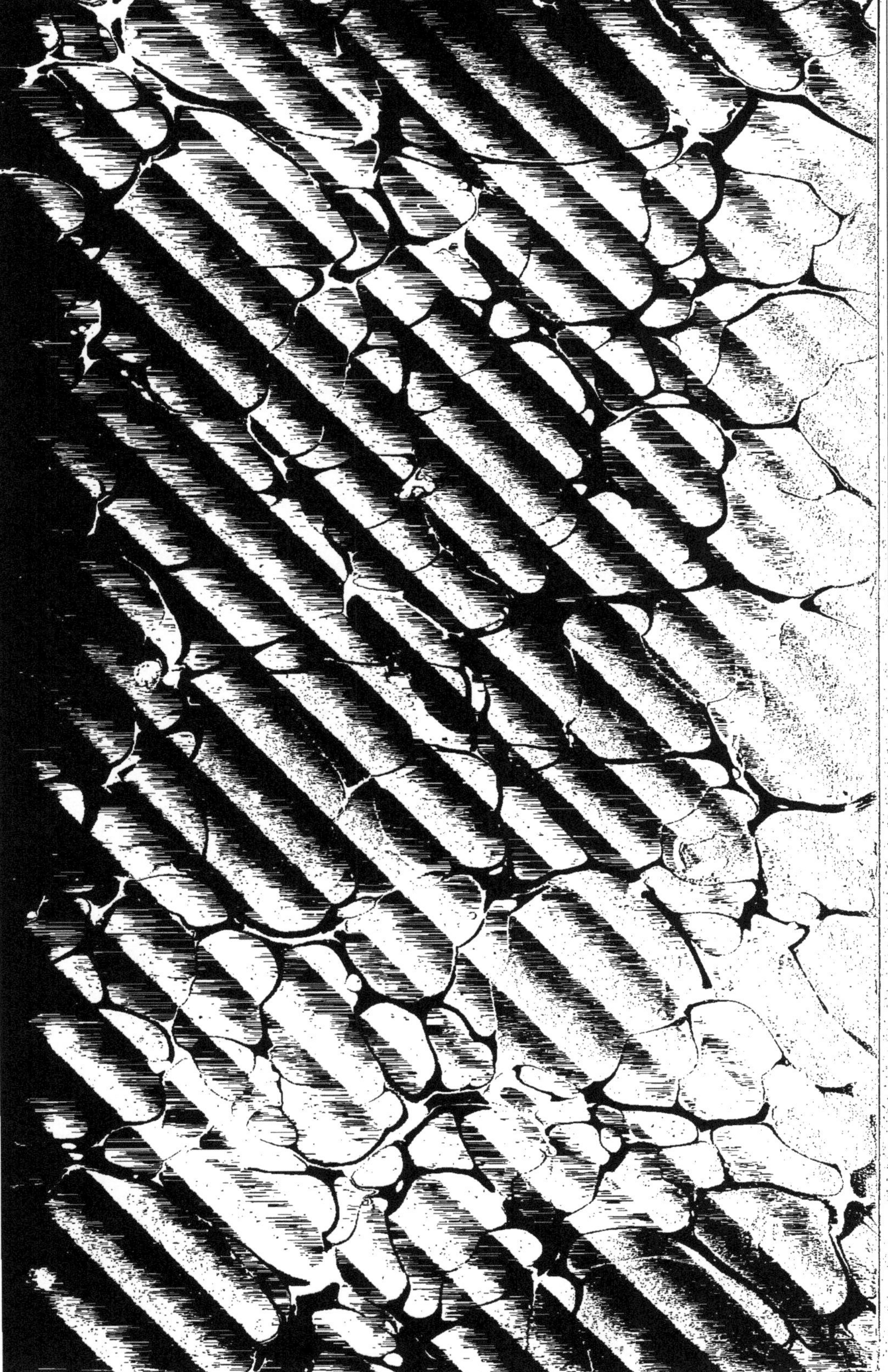

FAUNE

DE LA

SÉNÉGAMBIE

PAR

A.-T. DE ROCHEBRUNE

Docteur en Médecine

Lauréat de la Faculté de Médecine de Paris, Lauréat de l'Institut (Ac. des Sc.)
Ancien médecin colonial a St-Louis (Sénégal), Aide-naturaliste au Muséum de Paris
Membre de la Société Linnéenne de Bordeaux, etc., etc.

3e Livraison.

OISEAUX

Avec trente planches en couleurs retouchées au pinceau.

PARIS

Octave DOIN

ÉDITEUR

8, PLACE DE L'ODÉON

1884

—

Le 4e fascicule : les **REPTILES**, avec 20 planches et les **AMPHIBIENS**, avec
10 planches, paraîtra à la fin de novembre 1884.

FAUNE

DE LA

SÉNÉGAMBIE

Bordeaux. — Imprimerie J. Durand, rue Condillac, 20.

FAUNE

DE LA

SÉNÉGAMBIE

PAR

A.-T. DE ROCHEBRUNE

Docteur en Médecine

LAURÉAT DE LA FACULTÉ DE MÉDECINE DE PARIS, LAURÉAT DE L'INSTITUT(AC. DES SC.),
ANCIEN MÉDECIN COLONIAL A St-LOUIS (SÉNÉGAL), AIDE-NATURALISTE AU MUSÉUM DE PARIS,
MEMBRE DE LA SOCIÉTÉ LINNÉENNE DE BORDEAUX, ETC., ETC.

OISEAUX

Avec trente planches en couleurs retouchées au pinceau.

PARIS

Octave DOIN

ÉDITEUR

8, PLACE DE L'ODÉON,

1884

—

Tous droits réservés.

FAUNE DE LA SÉNÉGAMBIE.

OISEAUX.

CONSIDÉRATIONS GÉNÉRALES.

§ I. — Le nombre des ouvrages relatifs à l'Ornithologie Africaine est considérable, et aujourd'hui, presque chaque contrée de ce vaste continent : les Ashanties, l'Ogooué, le Gabon, Angola, le Cap, le Transvaal, Zanzibar, l'Égypte, l'Abyssinie, etc., etc., possèdent leur faune propre, le pays des Çomals lui-même doit d'être connu grâce à l'énergie et au dévouement de notre courageux ami Georges Révoil; seule, comme toujours, la Sénégambie est restée dans l'oubli.

Il existe, il est vrai, diverses publications où sous le titre vague : d'Ornithologie de l'Ouest de l'Afrique, une quantité notable d'espèces Sénégambiennes se trouvent décrites et figurées, mais leur mélange au milieu de tant d'autres, étrangères à la région, ne peut donner, malgré des recherches longues et minutieuses, qu'une idée incomplète des Oiseaux répartis sur son territoire.

On doit néanmoins recourir tout d'abord à ces ouvrages : ceux de Swainson (1) et d'Hartlaub (2) méritent d'être cités en première ligne.

Les listes données par ces auteurs une fois établies, la dispersion des types Ornithologiques sur laquelle nous nous arrêterons bientôt, dispersion supérieure à celle des Mammifères précédem-

---

(1) *History of the Birds of Western Africa*, London, 1837, 2 vol. in-8º, 34 pl.
(2) *System der Ornithologie West Afrikas*, Bremen, 1857, in-8º.

ment étudiés, nécessite l'examen des faunes limitrophes, toutes indistinctement dues à des savants étrangers, une seule exceptée, celle de l'Ogooué, de notre collègue M. Oustalet (1).

Nous mentionnerons parmi ces travaux, ceux de Rüppel (2), Smith (3), Antinori (4), Layard (5), Heuglin (6), Shelley (7), Barboza du Bocage (8).

Des mémoires d'une grande valeur sont en outre épars dans les divers recueils périodiques; c'est, surtout dans la *Revue et Magasin de Zoologie*, les *Proceedings* de Londres et de Philadelphie, ceux de la *Société Asiatique du Bengale*, les *Annals and Magazine of Natural History*, le *Journal für Ornithologie*, l'*Ibis a Magazine of general Ornithology*, les *Catalogues of Birds British Museum*, le *Journal des Sciences* de Lisbonne, etc., qu'il faut consulter les publications de Ogilby (9), Müller (10), Gurney (11), Cassin (12), Cabanis (13), Speke (14), Sclater (15), Heuglin (16), Finsch (17), Dohrn (18), Ayres (19), Salvadori (20),

---

(1) *Nouvelles Archives du Muséum*, 2e série, t. II, 1879.

(2) *Atlas zur Reise im Nordlichen Afrika*, 1826, et *Neue Wirbelthiere zur Fauna von Abyssinien gehörig*, 1835.

(3) *Illustrations of the Zoology of South Africa*, 1834-1836, avec 114 pl.

(4) *Cat. desc. di una collezione di uccelli nell' interno dell' Afr. cent.*, 1859-64.

(5) *The Birds of South Africa*, 1866.

(6) *Ornithologie Nordost Afrikas*, 1869-1870.

(7) *A handbook of the Birds of Egypt.*, 1872.

(8) *Ornithologie d'Angola*, 1877-1881.

(9) *Description of Birds from the Gambia*, Proc. Zool. Soc. of Lond., 1835.

(10) *Systematisches Verzeichniss der Vögel Afrikas*, J. f. Orn., 1854-1856.

(11) *List of Birds from Natal, Ibadan, Damaraland*, Ibis, 1859 à 1867.

(12) *Cat. Birds coll. on the river Camma and Ogobay*, Proc. Ac. N. H. Sc. P., Philad., 1859.

(13) *Journal für Ornithologie*, Passim.

(14) *On the Birds collected in the Somaly country*, Ibis, 1860.

(15) *Proc. Zool. Soc. of London*, Passim.

(16) *Journal für Ornithologie*, Passim.

(17) *Ueber eine Vögelsammlung aus Natal*, J. f. Orn., 1867. — *On a collection of Birds from N. E. Abyssinia*, etc. Trans. Zool. Soc. of Lond., 1870.

(18) *Synopsis of Birds of ilha do Principe*, P. Z. Soc. of Lond., 1866. — *Beiträge zur Ornithologie der Capverdischen Inseln*, J. f. Orn., 1871.

(19) *Notes on Birds of the Transvaal*, etc., Ibis, 1869 et Passim.

(20) *Revista critica de catalogo nell' interno del Africa*, Atti Acad. Sc. Torino 1870.

Sharpe (1), Seebohm (2), Sundevall (3), Monteiro (4), Barboza du Bocage (5), Reichenow (6), Peters (7), J. et E. Verreaux (8), etc.

Nous ajouterons les traités d'Ornithologie générale, qu'il est indispensable de consulter; tels sont ceux de Brisson (9), Latham (10), Vieillot (11), Buffon (12), Temminck (13), Levaillant (14), Gray (15), Jardine et Selby (16), C. Bonaparte (17), ainsi que les monographies de Malherbe (18), Elliot (19), Sharpe (20), Shelly (21), etc., etc.

Comme nous l'avons fait pour les Mammifères (22), nous indiquerons en dernier lieu les voyages, où, parfois, des catalogues d'espèces servent à compléter les données générales relatives à leur distribution géographique; nous ne saurions, enfin, répéter trop souvent que les œuvres d'Adanson doivent être naturellement prises comme point de départ (23).

---

(1) In *Ibis* Passim, et *Catal. of Birds, Brit. Mus.*

(2) *Catalogue of the Passerine Birds, in Brit. Mus*, 1883.

(3) *Foglar fran Sierra-Leone*, 1849. Akad. Forhdlg.

(4) *Notes on Birds collect. in Angola*, Ibis, 1862, et Passim.

(5) *Journal Sciencias Math. Phys. Nat.*, Lisboa, 1868 à 1883.

(6) *Neue Vögel aus Ostafrica* in Ornith. Centralb., 1879.

(7) *J. f. Orn. et Berlin Monatsberichte*, Passim.

(8) *Revue et Mag. de Zoologie*, 1851-1852-1853-1855-1859.

(9) *Ornithologia sive synopsis methodica Avium*, 1760.

(10) *Nat. Hist. or gen. synopsis of Birds*, 1781.-- *Gen. Hist. of Birds*, 1821

(11) *Galerie des Oiseaux*, 1820. — *Oiseaux chanteurs*, 1805.

(12) *Hist. Nat. générale*, 1752-1805. — *Pl. enluminées*, 1800.

(13) *Recueil de Pl. Color.* Suites à Buffon, 1820.

(14) *Voyage.* — *Hist. Nat. des Oiseaux rares et nouveaux*, etc., 1801.

(15) *The genera of Birds*, 1841. — *Handlist of genera and species*, 1869.

(16) *The Natur. Library*, 1834. — *Illustrations of Ornithology*, 1825-1843.

(17) *Conspectus generum Avium*, 1851.

(18) *Monogr. des Picidés*, 1862.

(19) *Monogr. des Bucerotidés*, 1879.

(20) *Monogr. des Alcedinidæ*, 1867; — *Oriolidæ*, Ibis, 1870.

(21) *Monogr. des Cynniridæ*, 1881.

(22) Pour l'indication des auteurs de voyages, nous renvoyons à la partie Mammalogique de notre Faune (*Considérations générales*, S. 1, p. 3).

(23) Indépendamment des diverses publications plus haut énumérées, nous citerons encore : *Le Catalogue géographique des Oiseaux recueillis* par Marche et Compiègne, au Sénégal, au Gabon, à l'Ogooué, etc., par A. Bouvier et Sharpe ; ainsi que le *Cat. African Birds* de ce dernier; et les *Catalogues* de MM. Sharpe et Bouvier, publiés dans le *Bulletin de la Société Zoologique de France.*

§ II. — Après avoir esquissé à grands traits, dans la partie Mammalogique de cet ouvrage, la constitution topographique de la Sénégambie, nous avons jeté un coup d'œil d'ensemble sur la distribution générale des types répandus sur le continent Africain et nous avons cherché à démontrer, par suite de cette distribution même, la non-existence de zônes zoologiques distinctes, refusant ainsi à la Sénégambie ce caractère spécial que, jusqu'ici, la plupart des Naturalistes lui avaient attribué.

Les raisons invoquées pour les Mammifères s'appliquent intégralement aux Oiseaux, dont la dispersion encore plus accentuée peut dépendre, au moins pour une large part, du mode de locomotion qui leur est propre.

Longtemps avant nous, les propositions que nous avons émises avaient été développées et Duméril, dans un remarquable mémoire sur les Reptiles et les Poissons de l'Afrique Occidentale, les avait victorieusement démontrées.

Nous ne pouvons nous dispenser de faire appel encore à l'opinion des auteurs favorables à notre thèse.

« Le plus habituellement, a dit le savant Professeur du Muséum, la répartition des animaux est sous la dépendance des températures et des conditions géologiques propres aux contrées dont on compare les populations animales » (1).

De son côté, notre collègue M. Oustalet, dans son *Catalogue méthodique des Oiseaux* de l'Ogooué (2), fait appel à ces mêmes causes.

« En raison même de la constitution physique du sol, de l'absence de grandes chaînes de montagnes divisant le pays en un certain nombre de régions naturelles, la portion du continent Africain, qui s'étend au Sud du grand désert jusqu'au Cap de Bonne-Espérance, ne présente pas de faunes Ornithologiques aussi nombreuses et aussi tranchées que d'autres régions du globe .

» Certaines espèces, poursuit-il, se trouvent de l'Est à l'Ouest, d'autres du Nord au Sud, depuis la Sénégambie, ou depuis les côtes de la Mer Rouge jusqu'au Cap. Celles-ci sont cependant en plus petit nombre que les premières; car la température, à

---

(1) *Archives du Muséum*, t. X, 1858-1861, p. 151.
(2) *Nouvelles Arch. du Muséum*, 2º sér., t. II, 1879, p. 53.

peu près uniforme dans les régions traversées par le même parallèle, s'abaisse à mesure qu'on s'éloigne de l'équateur et vient *parfois* arrêter, dans le sens vertical, l'extension de telle espèce qui s'est répandue dans le sens horizontal ».

Cette dernière assertion, vraie en général, perd cependant de sa valeur, au fur et à mesure des découvertes, et pour la Sénégambie, du moins, une observation attentive établit : que l'extension dans le sens vertical et l'extension dans le sens horizontal d'un grand nombre de types marchent simultanément.

Pour nous, cette progression, égale dans les deux sens, explique l'absence d'espèces pouvant être données comme *franchement propres à la région*.

Plus on avance dans l'étude des animaux Africains, et plus on constate une diminution dans le nombre des espèces *dites spéciales* à telle ou telle partie du continent, et si nous sommes parvenus à démontrer cette proposition pour les Mammifères, à plus forte raison pouvons-nous la déclarer établie pour les Oiseaux.

On voit en effet une quantité relativement considérable d'espèces, longtemps considérées comme habitant uniquement le Gabon notamment, vivre et se propager dans des localités éloignées de cette contrée, où, pour la première fois, elles avaient été observées. Nos listes vont nous en fournir des preuves incontestables.

Il en sera de même pour plusieurs types du Cap, de l'Égypte, de l'Abyssinie, du Zambèze, de la Nubie et des pays Çomals, etc.

Un exemple suffira entre tous : comme preuve d'une diffusion des espèces Ornithologiques plus grande que celle généralement admise, M. Barboza du Bocage (1) indique tout particulièrement les espèces appartenant à la famille des *Vulturidæ;* suivant Wallace (2), *six* genres et *seize* espèces de cette famille existeraient sur tout le continent; or la Sénégambie en fournit *cinq* genres et *huit* espèces, elle possède donc à elle seule les *cinq sixièmes* des genres et *la moitié* des espèces. On obtiendrait des proportions absolument semblables en comparant une foule d'autres groupes.

---

(1) *Ornithologie d'Angola,* p. 5.
(2) *The Geographical distribution of Animals,* t. II, p. 346, 1876.

Par ces simples données, on est naturellement conduit à la négation de zônes distinctes, et de plus, sinon à la même négation absolue de types spéciaux à certaines régions, du moins à l'affirmation de leur excessive rareté.

La comparaison des divers ordres Ornithologiques Sénégambiens, avec ceux des principales régions Africaines, va rendre cette affirmation encore plus concluante.

Le nombre des espèces de la Sénégambie actuellement connues s'élève au chiffre de 686 ; d'autre part, on évalue le nombre des espèces des autres régions à :

300 pour le Gabon (1) ;
697 — la région connue sous le nom d'Angola (2) ;
753 — le Sud de l'Afrique (3) ;
948 — le Nord et l'Est (4).

Ces chiffres établis, prenant pour base les tableaux ou les indications des auteurs cités, on constate que la Sénégambie comprend dans sa faune :

112 espèces communes avec le Gabon ;
274 — — avec Angola ;
99 — — avec le Sud ;
423 — — avec le Nord et l'Est.

Et l'on obtient ce résultat significatif, à savoir qu'elle compte pour sa part :

37,33 pour 100 des espèces du Gabon ;
39,03 — — d'Angola ;
13,02 — — du Sud ;
44,60 — — du Nord et de l'Est.

Poussant plus loin la comparaison, les espèces de la Sénégambie et celles des quatre régions simultanément étudiées se

---

(1) Oustalet, *loc. cit.*, p. 147.
(2) Barboza du Bocage, *Orn. Angol.*
(3) Layard, *Birds of South Africa.*
(4) Heuglin, *Orn. Nordost Afrikas.*

répartissent dans les différents ordres (1), de la manière exprimée par le tableau suivant :

ORDRES	SÉNÉGAMBIE	GABON	ANGOLA	SUD AFR.	N. ET E. AFR.
Rapaces................	70	17	59	66	91
Grimpeurs..............	65	33	63	43	64
Passereaux.............	323	188	412	427	518
Colombes.	14	10	12	16	19
Gallinacés.............	23	6	20	19	33
Echassiers.............	108	36	91	124	136
Palmipèdes.............	83	10	40	58	87
TOTAL.........	686	300	697	753	948

A l'aide de ce tableau, il est aisé de formuler dans quels rapports les représentants Sénégambiens de chacun des ordres énumérés se trouvent, relativement à ceux des régions comparées; nous résumons ainsi ces rapports :

Rapaces Sénégambiens	411,07	p. 100 des Rapaces	du Gabon ;	
— —	135,05	—	—	d'Angola ;
— —	106,06	—	—	du Sud ;
— —	. 76,09	—	—	du Nord et de l'Est.
Grimpeurs Sénégambiens	197,18	p. 100 des Grimpeurs	du Gabon ;	
— —	103,01	—	—	d'Angola ;
— —	151,01	—	—	du Sud ;
— —	101,05	—	—	du Nord et de l'Est.
Passereaux Sénégambiens	171,08	p. 100 des Passereaux	du Gabon ;	
— —	78,03	—	—	d'Angola ;
— —	75,06	—	—	du Sud ;
— —	62,03	—	—	du Nord et de l'Est.

(1) Bien que la classification adoptée dans cet ouvrage ne soit pas celle des auteurs avec lesquels nous établissons nos comparaisons, à cause même de ces comparaisons et pour la plus grande exactitude de nos chiffres, nous réunissons cette fois seulement nos types, sous les mêmes appellations que les auteurs mis en cause.

Colombes de Sénégambie	140,00	p. 100 des Colombes du Gabon;
— —	119,60	— — d'Angola;
— —	87,05	— — du Sud;
— —	73.68	— — du Nord et de l'Est.
Gallinacés Sénégambiens	382,02	p. 100 des Gallinacés du Gabon;
— —	115,00	— — d'Angola;
— —	126,03	— — du Sud;
— —	69,06	— — du Nord et de l'Est.
Echassiers Sénégambiens	300,00	p. 100 des Echassiers du Gabon;
— —	118,06	— — d'Angola;
— —	87,00	— — du Sud;
— —	79,04	— — du Nord et de l'Est.
Palmipèdes Sénégambiens	830,00	p. 100 des Palmipèdes du Gabon;
— —	206,09	— — d'Angola;
— —	143,01	— — du Sud;
— —	95,04	— — du Nord et de l'Est.

Prises séparément ou réunies, les espèces Sénégambiennes donnent toujours un résultat prévu identique; pour les autres régions on trouverait des proportions analogues, preuve concluante de l'impossibilité de diviser le continent Africain en zônes zoologiques. Nous ne pouvons non plus accepter les trois sous-régions établies par Wallace, dans son ouvrage sur la distribution des animaux (*loc. cit.*).

Discuter pied à pied ces régions nous entraînerait à des longueurs inutiles, mais bien que l'aire considérable de sa sous-région Est, dans laquelle il réunit, on ne sait trop pourquoi, la Sénégambie tout entière, l'Égypte, l'Abyssinie, le Zanzibar, Angola, le Damara, la région des grands lacs, etc., l'ait conduit naturellement à reconnaître la grande diffusion des types Ornithologiques, toutefois il assigne à cette sous-région, comme propres à la caractériser, des types qu'elle est loin de posséder en particulier. Abstraction faite de l'exceptionnel genre *Baleniceps*, insuffisant à lui seul, ce nous semble, il cite (*loc. cit.*, t. I. p. 259) : les *Coracias nævia*, *Corythornis cyanostigma*, *Tockus nasutus*, *Tockus erythrorhynchus*, *Parus leucopterus*, *Buphaga Africana*, *Vidua paradisea*, lesquels, dit-il, ont été observés en Gambie, en Abyssinie, au Sud-Est de l'Afrique, « *But not in the West African subregion* ».

Cette sous-région Ouest, comprend, entre autres, Sierra-Leone, Fernando-Po, le Gabon, la Guinée, l'Ogôoué, Loango, Bissao, les Aschanties, etc.; or, le *Coracias nævia*, se retrouve au Gabon, à

Sierra-Leone, au Congo; le *Corythornis cyanostigma*, aux Aschanties, à la Côte-d'Or, au Gabon, au Congo ; le *Tockus nasutus*, au Gabon et aux Aschanties; le *Tockus erythrorhynchus*, à Sierra-Leone; le *Parus leucopterus*, à Bissao; le *Buphaga Africana*, en Guinée ; le *Vidua paradisea*, enfin, à Sierra-Leone et à Fernando-Po.

Wallace, on le voit, n'a pas été heureux dans le choix de ses espèces caractéristiques; il est vrai que son ouvrage remonte à 1876.

Quoi qu'il en soit, ce court aperçu des théories de l'auteur Anglais montre que la division du continent Africain en sous-régions n'est pas plus acceptable que la division en zônes zoologiques.

La faune Ornithologique Sénégambienne se fait remarquer par sa richesse en *Accipitres*, parmi lesquels on compte un assez grand nombre d'espèces jusqu'ici considérées comme lui étant complètement étrangères.

De ses onze espèces de *Psittacidæ*, plusieurs sont dans le même cas.

Les *Cuculidæ* occupent également une large part, ainsi que les divers groupes des *Capitonidæ*, les *Bucerotidæ*, les *Musophaga*, les *Colius* et les *Coracias*.

Parmi les *Passereaux*, les *Saxicola*, les *Cisticola*, les *Crinigier* dominent; il faut y ajouter les espèces du genre *Laniarius*, les *Hirundo*, les *Cynniridæ*, les *Lamprotornithidæ*, les genres *Hiphantornis*, les *Euplectes*, et les représentants si remarquables de la famille des *Spermestidæ*.

Il faut citer dans l'ordre des *Gallinacæ* : les *Pterocles*, les *Francolinus*, les *Coturnix* et le rare *Phasidus niger*.

Aux plaines habitées par ces genres appartiennent encore les grands *Echassiers*, les *Eupodotis*, les *Tantalus*, les *Mycteria*, les *Gruidæ*, etc. ; de même aussi les vallées humides, les marigots donnent asile à d'autres types du même ordre et aux légions de *Palmipèdes*, parmi lesquels on doit citer : les *Phœnicopterus*, les *Plectropterus*, etc., etc., et surtout les *Dendrocygna*, sur lesquels nous aurons à revenir longuement.

De tous ces éclaircissements, nous ne saurions tirer des conclusions différentes de celles précédemment posées pour les Mammifères; aux uns comme aux autres, elles s'appliquent indifféremment.

La faune Ornithologique Sénégambienne n'est pas plus UNE

que la faune Mammalogique; presque toutes les contrées de l'Afrique lui payent un large tribut; leurs familles, leurs genres, leurs espèces s'y trouvent en partie, et si, exceptionnellement, quelques types semblent lui appartenir en propre, parce qu'ils n'ont pas été jusqu'ici observés ailleurs, ils sont dans des proportions trop minimes pour que l'on soit en droit de les invoquer comme un caractère particulier.

Quant aux relations existant entre les types Ornithologiques soit de la Sénégambie, soit de l'Afrique prise dans son ensemble, et ceux des autres continents, la grande majorité des Naturalistes, nos recherches personnelles nous enseignent qu'il faut les demander à l'Asie et à l'archipel Indien.

L'Europe ne peut être comptée; ses espèces communes avec l'Afrique, étant essentiellement migratrices, n'auraient aucune valeur comparative.

Il en est de même pour l'Amérique; car si certains Oiseaux de ce continent se rencontrent en Afrique et en Sénégambie, les uns sont également voyageurs, et le chiffre des autres est encore trop faible pour qu'il puisse être utilement discuté.

§ III. — Avant de passer à l'étude des espèces, il est essentiel de considérer les plumes protectrices du corps, et d'insister sur certaines particularités qui leur sont propres, particularités invoquées par plusieurs Ornithologistes, comme caractéristiques de genres, de familles, parfois même d'ordres entiers.

« Un fait qui ne nous paraît pas avoir été signalé, du moins dans les plumes de nos espèces Européennes, dit M. Gerbe (1), est celui de l'existence de deux tiges sur le même tube. Cette particularité caractéristique des plumes du *Casoar* et de l'*Emou,* se montre d'une manière fort remarquable chez un grand nombre d'Oiseaux, mais notamment chez les Rapaces. Toutes leurs plumes sont pourvues, à la face interne de la tige principale et à sa base, d'une tige secondaire. Cette tige garnie de barbes, sur lesquelles se montrent des barbules excessivement fines et soyeuses, est constituée par conséquent comme une tige ordinaire. Ce fait nous a été démontré dans toute son exagération sur un grand nombre d'Oiseaux de proie; nous l'avons aussi

____

(1) *Dict. Univ. H. N.* d'Orbigny, 2ᵉ éd., t. IX, article *Oiseau*, p. 605, 1872.

rencontré chez les Palmipèdes, les Échassiers et les Passereaux. Une pareille disposition a, sans doute, pour but d'augmenter et de conserver la chaleur interne de l'Oiseau ; car c'est là le rôle que les plumes duveteuses paraissent destinées à remplir. En effet, leur quantité est toujours, ou presque toujours, en raison directe de la température. Elles sont d'autant plus nombreuses que l'Oiseau vit davantage dans les climats froids, ou ce qui revient à peu près au même, qu'il vit plus en haut des airs, ou qu'il demeure plus fréquemment sur l'eau ».

Cinquante-trois ans avant l'époque où M. Gerbe écrivait ces lignes, Dutrochet disait dans un savant mémoire (1) : « Il est des plumes qu'on pourrait appeler *doubles,* lesquelles ont deux tiges supportées par un même tuyau. Telles sont les plumes du *Casoar,* telles sont aussi la plupart des petites plumes des *Poules* de nos basses-cours.

« Ces plumes nous offrent deux tiges différentes de grandeur, dont les faces concaves se regardent et qui sont supportées par le même tuyau ».

Plus tard, mais cependant trente-deux ans encore avant M. Gerbe, Nitzsch publiait un ouvrage in-4° de 228 pages et X planches (2), où il décrivait les plumes à deux tiges chez un grand nombre de groupes à la caractéristique desquels il essayait de les faire servir.

Les observations de Dutrochet restèrent oubliées et l'ouvrage de Nitzsch fut traduit par M. Sclater en 1867 (3); mais depuis sa publication, comme aussi depuis sa traduction, l'attention s'est à peine portée sur cette disposition étrange des plumes, signalée pour la première fois par le savant Français.

Un mémoire de M. Sclater, sur le *Leptosoma discolor,* paru d'abord en 1865 (4), puis réédité dans la traduction de la Ptérylographie de Nitzsch (5);

---

(1) *Observations sur la structure et la régénération des plumes,* in *Journ. Phys. Chim. et H. N.,* t. LXXXVIII, p. 339, 1819.

(2) *System der Pterylographie,* Halle, 1840.

(3) *Nitzsch's Pterylography* (Ray Society), in-f°, 1867.

(4) *On the structure of Leptosoma discolor,* P. Z. S. of Lond., 1865, p. 682 et seq.

(5) *Loc. cit.,* p. 158 et seq.

Une note de M. Sharpe, concernant quelques types de la famille des *Coraciidæ* (1);

Enfin un travail de M. Murie, sur le *Rhinochetus jubatus* et le *Cancroma cochlearia* (2);

Telles sont, à notre connaissance, les seules publications saillantes, où les plumes du corps, doubles, aient été décrites et figurées.

Nous ferons observer en passant que le savant Senior Assistant du British Museum semble oublier qu'il est le traducteur de Nitzsch, en attachant une importance toute particulière à la plume double des *Leptosoma*, qu'il décrit du reste d'une façon inexacte, et que M. Sharpe commet la même erreur, quand il décrit les plumes des *Coraciidæ*. Nous démontrerons ces faits en traitant de cette famille; ici, il nous faut étudier avec Nitzsch les groupes chez lesquels il signale les plumes doubles, et examiner, *tout au moins* pour les types Sénégambiens (3), le plus ou moins d'exactitude des renseignements qu'il fournit; nous aurons ensuite à voir quelle peut être la valeur caractéristique de ces plumes, et ce que sont les hypothèses formulées par M. Gerbe.

Il importe, avant tout, de définir la plume double. « Elle consiste, a dit M. Gerbe (*loc. cit.*), dans la présence de deux tiges sur un même tube »; ce n'est en réalité qu'une plume ordinaire, portant, à sa base et dans une position déterminée, une seconde plume à peu près constituée comme elle.

Nitzsch a donné à cette seconde plume le nom de *Afterschaft* ou *Hyporrhachis;* nous l'appellerons simplement *plume adventice*. Le même auteur prend comme plumes typiques les plumes du corps de l'*Argus giganteus;* on admet plus généralement comme telles celles du *Casoar*.

---

(1) On the *Coraciidæ* of the Ethiop. region, *Ibis*, 1871, p. 184.

(2) On the dermal..... structure of the *Kagusun-Bittern*, and *Boatbill*, *Trans. Z. S. of Lond.*, vol. VII, p. 465 et seq., 1872.

(3) Nous choisirons naturellement de préférence les espèces Sénégambiennes, pour appuyer nos discussions; nous devrons cependant avoir parfois recours à des types complètement étrangers à la région. Toutes les plumes figurées et décrites par nous ont été prises uniquement sur des sujets faisant partie de nos collections personnelles, collections qui, sous peu, seront déposées dans un de nos Musées Nationaux.

« L'Hyporrhachis (ici nous traduisons Nitzsch) naît à la face inférieure de la plume, dans une petite cavité ombilicale et presque exactement à la place même où cet ombilic pénètre dans la hampe. Cette plume ressemble à la principale et porte également des barbules sur deux rangs opposés. Elle a l'aspect d'une double plume ».

On verra plus loin que cette définition est loin d'être conforme à ce qui existe pour la majorité des cas.

« C'est chez les Casoars, continue Nitzsch, qu'elle est la plus grande, car elle atteint l'extrémité de la hampe principale; chez les autres Oiseaux elle est courte et porte des barbules minces, telle est la plume dorsale de l'*Argus giganteus,* que j'ai figurée sur la Planche I, figure 1.

» J'ai trouvé une semblable plume accessoire chez les *Cypselus;* elle se montre plus petite chez les Oiseaux de proie diurnes, excepté dans le genre *Pandion,* puis chez les *Caprimulgus, Prodotes* (*Indicator* des auteurs), les *Musophaga,* les *Psittacus,* le plus grand nombre des Oiseaux des marais et chez les Oiseaux nageurs, tels que les *Longipennes,* les *Nasuta,* les *Tubinares,* les *Pygopodes;* toutefois elle est une exception chez les *Diomedea.*

» J'en ai rencontré une plus petite, flasque, très faible chez la plupart des *Passereaux* et dans le genre *Picus,* bien qu'elle paraisse manquer chez quelques-uns.

» Il existe beaucoup d'Oiseaux chez lesquels cette plume manque et est remplacée par de simples barbules isolées; parmi ceux-ci, on compte le genre *Pandion,* les Oiseaux de proie nocturnes, les *Cuculus, Centropus, Coracias, Merops, Upupa, Alcedo, Rhamphastos, Columba, Pterocles,* puis les Oiseaux nageurs de la famille des *Unguirostres* et les *Steganopodes* ».

Ces données générales sont complétées par des renseignements plus détaillés, que nous aurons à examiner successivement.

Une étude attentive des plumes du corps des Oiseaux permet d'établir, d'une manière irréfutable, plusieurs faits négligés jusqu'ici. La plume adventice manque exceptionnellement dans tels ou tels groupes; souvent elle fait défaut chez une espèce, quand, au contraire, elle existe chez une espèce voisine du même genre.

Variable dans ses formes, ses dimensions, sa composition, elle n'est pas toujours unique; très souvent on en rencontre deux ou un plus grand nombre, distinctes, indépendantes les unes des autres, quoique en connexion par leur insertion sur la tige de la plume principale. Ce mode d'insertion n'est pas non plus invariablement fixe ; on voit ces plumes adhérer tantôt directement à la face inférieure de la tige principale, tantôt en côté, soit au niveau de la cavité ombilicale citée par Nitzsch, soit en dessus ou en dessous, être sessiles ou pédicellées, disposées en couronne, etc., enfin dans aucun cas et sous aucun rapport, elles ne ressemblent à la plume principale.

ACCIPITRINI. — « Le caractère le plus important de l'ordre des Rapaces diurnes, dit Nitzsch (*loc. cit.*, p. 60), repose sur la présence d'une plume axillaire aux plumes de la surface du corps, mais cette plume manque dans les genres *Cathartes* et *Pandion* (1) ».

La plume adventice existe, il est vrai, chez tous les accipitres diurnes, mais elle diffère considérablement dans les différents types. Dans le genre *Gyps* (Pl. I, fig. 1), on en observe quatre parfaitement distinctes, situées de chaque côté de la base de la plume principale et disposées deux par deux ; les plumes de la collerette se comportent d'une manière semblable et Nitzsch l'a mal observée, quand il la donne comme étant généralement solide et roide ; elle est au contraire toujours touffue et molle (Pl. II, fig. 2).

Dans le genre *Cathartes,* auquel Nitzsch refuse la plume adventice, il en existe une très grande, égalant en hauteur la moitié environ de la plume principale, insérée tout à fait en dessous de l'ombilic et excessivement duveteuse.

Dans un grand nombre de *Falconidæ*, dans le *Poliohierax semitorquatus,* par exemple (Pl. I, fig. 3), on en rencontre quatre de chaque côté, minces, effilées, indépendantes les unes des autres et disposées en couronne par leur base.

Le genre *Circaetus* se distingue entre tous, par une disposition toute particulière ; indépendamment d'une longue plume adventice très molle et très déliée, placée à droite de la tige, on voit, à gauche et lui étant directement opposés, de trois à cinq longs poils flexibles, ornementés à leur sommet par des barbules courtes

---

(1) Dans l'exposé des caractères ptérylographiques des espèces, nous suivons la classification adoptée dans cet ouvrage, nous écartant ainsi de celle de Nitzsch, que nous ne pouvons accepter.

et rigides; cette disposition est unique dans l'ordre tout entier (Pl. II, fig. 1).

La plume adventice fait défaut aux soies du bec et de la barbe des *Gypaetus,* malgré l'opinion contraire de Nitzsch; ces soies, composées en général de trois tiges principales accompagnées chacune de barbules déliées, sont entourées, à leur base, de barbules semblables, sans aucune analogie avec la plume adventice (Pl. I, fig. 2); elles ressemblent aux soies du bec des Rapaces nocturnes, lesquelles toutefois sont plus roides et à une seule tige (Pl. I, fig. 5, 7).

PANDIONI. — Contrairement encore à l'assertion de Nitzsch, on constate, chez le genre *Pandion,* la présence non pas d'une, mais de quatre plumes adventices, petites il est vrai, mais tout à fait distinctes et insérées deux par deux de chaque côté (Pl. I, fig. 4).

STRIGI. — « Le manque absolu de plumes adventices, est un caractère fondamental des Rapaces nocturnes », dit Nitzsch (*loc. cit.,* p. 95). Tous les types n'en possèdent pas, mais, chez un assez grand nombre, cette plume atteint presque des dimensions pour ainsi dire colossales. La plume du *Bubo maculosus,* que nous figurons (Pl. I, fig. 6), en fournit un exemple remarquable; un énorme paquet de plumules légères, distinctes, entoure la base de la plume principale comme d'une couronne; les genres *Noctua* et *Glaucidium* sont dans le même cas. Ces plumules ne peuvent, dans aucun cas, être confondues avec le véritable duvet dont certaines plumes sont accompagnées; dans ce dernier cas, l'insertion, la forme des plumules duveteuses ne se différencient des barbules de la tige tout entière que par plus de finesse et de légèreté.

PSITTACI. — Pour Nitzsch, « une plume adventice large et distincte est probablement moins fréquente chez les *Perroquets* que chez les autres Oiseaux » (*loc. cit.,* p. 139). Il avait dit précédemment (*loc. cit.,* p. 121) : « chez tous les *Perroquets,* elle atteint une taille vraiment considérable, mais qui ne dépasse pas celle des *Gallinacés* ».

Nous avons examiné la plume adventice dans presque tous les genres de cet ordre et nous avons constaté des différences très grandes et nullement en rapport avec les deux opinions si contraires de Nitzsch; nous citerons seulement les exemples les plus concluants.

Dans les genres *Pœocephalus* (Pl. I, fig. 8), *Psittacus, Palæornis,* la plume adventice se montre sous un aspect qui rappelle les dispositions particulières aux Rapaces nocturnes; seulement cette plume, au lieu d'être duveteuse et molle, devient relativement rigide; les tigelles droites, peu flexibles, portent des barbules courtes et de consistance assez résistante.

Unique dans le genre *Caica,* elle s'insère au-dessus de l'ombilic, et atteint une longueur égale aux deux tiers de la plume principale; ses barbules extrêmement divisées sont molles et flexibles.

Une tigelle nue, longue et mince, supporte la plume adventice des *Sittace;* ses barbules acquièrent une grande finesse; tout au contraire, dans le genre *Domicella,* elle est courte, touffue et sessile.

Également touffue et sessile chez les *Microglossus,* elle prend son point d'appui au-dessous de l'ombilic; la même disposition existe chez les *Plissolophus;* enfin, énorme chez les *Stringops,* où elle dépasse en longueur la moitié de la plume principale, on la voit adhérer sur l'ombilic même. Elle est remarquable par la souplesse et la finesse de ses barbules.

Picari. — Une plume adventice existe chez la majeure partie des groupes de cet ordre; comme toujours, elle varie non seulement dans les familles et les genres, mais aussi suivant les espèces, et elle n'est nullement comparable à celle des *Passereaux.*

Parmi les *Picidæ,* malgré l'affirmation contraire de Nitzsch (*loc. cit.,* p. 136), qui la donne comme faible, nous l'avons toujours vue fortement développée, double, c'est-à-dire que la tige principale supporte de chaque côté de l'ombilic une plume adventice à barbules longues et passablement rigides (Pl. I, fig. 9).

Aux *Cuculidæ,* répond une plume adventice courte et excessivement touffue (Pl. I, fig. 10).

Chez les *Capitonidæ* (Pl. I, fig. 11), elle acquiert au contraire des dimensions exceptionnelles, et dépasse souvent en hauteur la plume principale.

Encore plus volumineuse chez les *Trogonidæ* (Pl. I, fig. 12), elle égale par ses dimensions la plume principale, étant en quelque sorte calquée sur elle, avec la seule différence que ses barbules sont molles au lieu d'être rigides.

Absente chez les *Bucorvidæ*, on la retrouve chez les *Bucerotidæ*, où, dans le genre *Tockus* (Pl. II, fig. 3), elle est molle, courte et touffue; chez les *Musophagidæ*, elle revient à des dimensions ordinaires et se montre touffue et duveteuse (Pl. I, fig. 13).

Enfin dans les *Meropidæ*, la plume principale, à barbules d'une grande mollesse relative, porte une plume adventice courte, à barbules déliées (Pl. I, fig. 14).

EPOPSINI. — Des deux familles comprises dans cet ordre, une seule possède une plume adventice, celle des *Irrisoridæ* (Pl. I, fig. 15); insérée au niveau de l'ombilic, elle se distingue par sa petitesse excessive et sa rigidité; elle égale à peine le cinquième de la plume principale.

OCYPTILINI. — « Une large plume adventice des plumes de la surface du corps, dit Nitzsch (*loc. cit.*, p. 122), constitue le caractère du groupe des *Cypselus;* les *Caprimulgidæ*, voisins ptérylographiquement des *Cypselus*, portent au contraire une très petite plume adventice (*loc. cit.*, p. 124) ».

Malgré nos recherches les plus minutieuses, aucune espèce des genres *Cypselus, Chætura*, etc., ne nous a fourni de plume adventice et nous affirmons que toutes indistinctement en sont dépourvues.

Pour nous encore, la « très petite plume » des *Caprimulgidæ* est grande et robuste (Pl. I, fig. 16), égalant plus de la moitié de la plume principale, et à barbules rigides.

PASSERI. — A peu d'exceptions près, tous les Oiseaux rangés dans l'ordre des *Passereaux* possèdent une plume axillaire. Toujours très mince, allongée, d'une flexibilité remarquable, elle varie peu, et se différencie chez les divers groupes par plus ou moins de longueur et de gracilité; sur nos planches I (fig. 17 à 26) et II (fig. 4 à 12), nous avons fait représenter les types les plus remarquables.

COLUMBI. — Toutes les espèces de cet ordre manquent invariablement de plume adventice.

GALLINI. — « Les plumes de la surface du corps des *Gallinacés*, écrit Nitzsch (*loc. cit.*, p. 160), portent une longue plume adventice, entièrement duveteuse, attachée à l'extrémité d'un tuyau excessivement fin et délicat en comparaison de la très grosse tige de la plume principale ».

Rien n'est plus faux; la plume adventice des *Gallinacés* ne diffère en aucune façon de celle des autres ordres précédemment examinés; comme chez eux, elle varie suivant les groupes; comme chez eux, souvent une ou plusieurs espèces d'un genre en possèdent, quand d'autres espèces du même genre en sont constamment dépourvues; le genre *Gallus* est un de ceux où ce phénomène est peut-être le plus accentué.

La plume adventice des *Gallinacés* peut être ramenée à trois types fondamentaux. Le premier type est fourni par le genre *Numida*, où l'on trouve cinq plumes adventices distinctes, d'inégale longueur, sessiles sur la tige principale et à insertion commune; leurs barbules sont assez fortes, courtes et médiocrement rigides (Pl. III, fig. 1).

Le second type appartient aux *Perdicidæ*, dont la plume axillaire, unique, longuement triangulaire, insérée au-dessous de l'ombilic, ne diffère de la plume principale que par un plus faible développement, lui étant identique à tous les autres points de vue (Pl. III, fig. 3).

Un aspect duveteux, des barbules minces et légères, supportées par des tigelles également légères et insérées autour de l'ombilic, constituent le troisième type dont le genre *Phasidus* nous montre un exemple (Pl. III, fig. 2).

GRALLATORI. — Ce que nous venons de dire des *Gallinacés* s'applique aux *Echassiers;* chez eux, toutefois, quand la plume adventice existe, ce qui n'est pas une loi fondamentale, comme semble le croire Nitzsch (*loc. cit.*, p. 172), on la trouve variable de formes et de dimensions, et pas plus que pour les autres ordres elle n'offre de caractère fixe et tranché.

La famille des *Otididæ* (Pl. III, fig. 4) se distingue par une plume adventice longue et ferme, insérée en dessous de l'ombilic, à barbules droites et courtes.

La plume adventice des *Cursoriidæ* (Pl. II, fig. 13) ressemble considérablement à celle des *Perdicidæ;* ses barbules seules sont plus molles. Souvent égale à la plume principale chez les *Charadriidæ* (Pl. II, fig. 8), elle ne se différencie pas de celle des *Cursorius*.

En général, chez les *Gruidæ*, elle est assez largement développée, à barbules molles et déliées; elle s'insère au-dessus de l'ombilic par un pédoncule long et nu (Pl. III, fig. 7).

Très longue, touffue, molle, chez les *Ardeidæ* (Pl. III, fig. 10), elle entoure ordinairement la tige principale au niveau de l'ombilic, et présente l'aspect d'un large pinceau; cette disposition est semblable chez les *Ibididæ* (Pl. III, fig. 6); tandis que chez les *Scopidæ* (Pl. III, fig. 11) et les *Tantalidæ* (Pl. III, fig. 5), elle est légère, duveteuse, touffue et insérée un peu en dessous de l'ombilic.

La plume axillaire des autres familles n'offre pas de caractères spéciaux, nous figurons comme exemple un type pris parmi les *Parridæ* (Pl. III, fig. 9).

On doit observer que chez les *Palamedea* la plume adventice n'est pas petite et délicate, comme le prétend Nitzsch (*loc. cit.*, p. 179), mais au contraire longue et touffue, et semblable à celle des *Tantalidæ*.

ODONTOGLOSSI. — La plume adventice des *Phænicopterus* peut être envisagée comme un assemblage de plumules indépendantes les unes des autres, à insertions alternes, échelonnées sur le tiers environ de la longueur de la plume principale; ces plumules très déliées retombent en tous sens comme un panache léger et duveteux (Pl. III, fig. 12).

ANSERINI. — C'est comme exception que Nitzsch (*loc. cit.*, p. 12) accorde aux « *Anas clangula* et *fuligula* une *petite plumule adventice très faible* »; il la refuse à tous les autres représentants de l'ordre. Elle manque, il est vrai, chez un grand nombre; nous l'avons cependant assez souvent observée; dans les *Dendrocygna*, entre autres (Pl. II, fig. 14), elle est très développée, semblable à celle des *Phœnicopterus*, moins la longueur des tigelles; chez les *Nettapus* (Pl. III, fig. 13), elle est effilée, légère, et tout aussi forte que dans la majeure partie des groupes jusqu'ici examinés.

GAVIÆI. — On constate les mêmes dispositions chez les *Laridæ*, où la plume adventice est forte et touffue; celle des *Sternidæ* est faiblement développée, quoique très apparente.

TUBINARII. — Rare dans cet ordre, la plume adventice s'observe toutefois dans le genre *Diomedea*, où elle est grande, touffue et duveteuse.

STEGANOPODI. — Également rare chez les *Steganopodes*, on la trouve chez certains *Plotus*, effilée, légère et à barbules très courtes.

PIGOPODI. — Enfin ici encore, on en observe une, courte et faiblement touffue.

Des trois questions posées au début de l'examen auquel nous venons de soumettre la plume adventice, dans les divers ordres Ornithologiques, deux sont, croyons-nous, suffisamment résolues.

Cet examen démontre, en effet, que les renseignements fournis par Nitzsch sont la plupart du temps inexacts, et que par conséquent la présence ou l'absence de la plume adventice, sa forme et sa disposition, dans tels ou tels groupes, ne peuvent, à aucun point de vue, servir à caractériser ces groupes.

L'absence prétendue de cet organe supplémentaire chez les *Rapaces nocturnes* entre autres, où nous l'avons montré ; son large développement chez les *Cypselidæ* où jamais on ne l'observe ; sa présence chez une espèce d'un genre donné, quand, tout à côté, une autre espèce du même genre en est toujours privée, sont autant d'arguments qu'on peut opposer à certaines lois ptérylographiques, données comme absolues par Nitzsch.

D'un autre côté, le rôle biologique que M. Gerbe fait jouer aux plumes adventices, repose sur une supposition purement gratuite et qui tombe devant les faits.

« Plus l'Oiseau vit dans les climats froids, a-t-il dit, ou ce qui revient au même, plus il habite en haut des airs ou dans le voisinage de l'eau, plus les plumes adventices (*les plumes doubles)* sont nombreuses ».

Pourquoi, dès lors, les Oiseaux des contrées tropicales portent-ils cette plume double ? Pourquoi fait-elle défaut chez les *Cypselus,* Oiseaux des hautes régions de l'atmosphère ? Pourquoi ses dimensions exagérées chez les *Gallinacés,* une partie des *Gralles,* Oiseaux des plaines sablonneuses et arides ? Pourquoi sa petitesse relative ou son absence constante chez la plupart des *Palmipèdes,* Oiseaux des lacs, des fleuves et des rivages maritimes ? Pourquoi chez beaucoup est-elle localisée plutôt sur une région du corps que sur une autre ? Pourquoi ?.... Chercher à résoudre ces énigmes serait vouloir accumuler hypothèses sur hypothèses, nous ne l'essayerons pas !

Nous avons dû appeler l'attention sur un phénomène évident et indiscutable, montrer qu'une observation attentive est seule capable de rectifier des données fausses, faire entrevoir le danger de classifications ou de théories établies sur des caractères sans valeur, signaler en somme des particularités qu'il n'est pas permis d'ignorer et dont il importait de faire mention dans cet ouvrage, rien de plus! Laissons à de plus audacieux, à de plus savants sans doute, le soin de poser des conclusions idéales; des faits existent, nous les signalons; les théories sans preuves tangibles retombent fatalement au pays des chimères, d'où un instant elles avaient été évoquées.

DESCRIPTION ET ÉNUMÉRATION DES ESPÈCES[1]

CARINATI Huxl.

ACCIPITRINI Illig.

Fam. **VULTURIDÆ** C. Bp

Gen. **GYPS** Savig.

1. GYPS OCCIDENTALIS C. Bp

Gyps occidentalis C. Bp., Consp. Av., t. I, p. 10, 1850.
Vultur fulvus occidentalis Schleg. u. Susem., Vög. Eur., p. 12, pl. 11.
    —   —   Heugl., Orn. Nordost Afr., t. 1, p. 3.
Vautour chasse-fiente Rüpp. (non Levaill.), Neue Wirb. Vög., p. 47.

N'Kougou. — Rare. — Massif de Kita, montagnes du Bandoubé, où on l'observe seulement au commencement de l'hivernage, et par couples isolés.

---

(1) L'ordre, dans lequel nous inscrivons les Oiseaux de la Sénégambie, est établi d'après la classification de Cuvier, modifiée par suite des découvertes postérieures aux travaux de l'immortel Naturaliste, et encore aujourd'hui suivie au Muséum d'Histoire Naturelle de Paris.

Cette classification, grâce à sa simplicité et à l'excellence des caractères sur lesquels elle repose, nous semble de beaucoup préférable à certains systèmes récents, systèmes éminemment scientifiques, nous le savons, mais malgré cela d'une application le plus généralement impossible.

Dans des publications récentes, M. le Dr Sclater, pour lequel les travaux de Cuvier sont sans valeur à l'heure actuelle : « The Cuvierian arrangement and

La distribution géographique de cette espèce serait limitée d'après M. Sharpe (*Geogr. distr. of Accipitres*, Journ. Lin. Soc. of Lond., vol. XIII, p. 7, 1878), à la partie Nord-Est du continent Africain ; il l'indique en effet le long des côtes de la Mer Rouge, en Égypte, en Nubie, en Abyssinie, dans le Kordofan ; Browne (*Discoveries in Africa,* p. 441, 1849) le donne comme fréquent dans le Darfour « *frequent in the country of Darfur* ».

Heuglin (*Orn. Nordost Afr.*, vol. I, p. 5) le signale sur les bords du Niger, parages voisins des localités où nous l'indiquons ; il se trouve également au Zambèze et au pays des Aschanties.

Le *Gyps occidentalis* C. Bp., bien distinct du *Gyps fulvus* Auct., commence la série des types de Vulturidés, non encore signalés

---

its modifications have been broken down by the criticisms of modern inquirers » (*Ibis*, 1880, p. 340), ému de voir les Ornithologistes continuer, faute de mieux, à suivre le système de Cuvier : « but no other system has arisen to take its place, or, at all events, has secured general adoption » (*Ibis, loc. cit.*), s'est efforcé à son tour de formuler un *Systema Avium*, où les caractéristiques de Nitzsch, tirées de la disposition de l'artère Carotide *(Obs. de Avium arteria Carotidæ Communi*, Halæ, 1829), de Mivart, établies d'après le système musculaire *(P. Z. S. of Lond., passim)*, celles de Garrod, Parker, Huxley, d'après la forme de la voûte palatine (*P. Z. S. of Lond., passim*), celles de Sundevall, basées sur la disposition du pied (*Œfr. K. Akad. Stockh.,* 1835, p. 69), etc., etc., sont tour à tour invoquées, pour l'édification de son système.

Les savants Anglais, naturellement, les Naturalistes Italiens, d'autres encore, ont accepté cette classification, sans contrôle.

Il ne nous appartient pas de discuter ici l'œuvre du Dr Sclater, mais avant d'adopter son système, il peut être prudent de remettre au temps le soin de lui donner une consécration semblable à celle dont n'a cessé de jouir la classification de Cuvier.

Un assez grand nombre d'espèces portent un nom indigène, mais souvent le même nom sert à désigner des animaux différents ; nous les avons néanmoins scrupuleusement recueillis.

M. le Professeur A. Milne Edwards a bien voulu s'intéresser de nouveau à nos études, en nous communiquant gracieusement les richesses Ornithologiques contenues dans son laboratoire et dans les galeries du Muséum ; nous nous faisons un devoir de lui en témoigner notre reconnaissance.

Que notre savant collègue M. Oustalet, Aide-naturaliste, reçoive également nos remerciements, nous devons à son affectueuse obligeance bien des renseignements précieux. Nous félicitons de nouveau M. Terrier, préparateur, pour nos planches remarquables, si habilement faites d'après nature. N'oublions pas M. Quentin, chef des travaux taxidermiques, à la complaisance duquel nous avons souvent fait appel.

en Sénégambie ; ces types vont en quelque sorte répondre au vœu
émis par M. le Professeur Barboza du Bocage, dans son *Ornithologie d'Angola* (p. 5), relativement à la dispersion sur tout le
continent Africain, des espèces Ornithologiques, dispersion que
nous avons affirmée dans les paragraphes précédents.

2. GYPS RÜPPELI C. Bp.

(Pl. IV, fig. 1).

Gyps Rüppeli C. Bp., Rev. et Mag. de Zool., 1854, p. 530.
    — *Rüppelii* Sharpe, Cat. Accip. Brit. Mus., 1874, p. 9.
Vultur Kolbii Cretz., in Atl. Rüpp. Vög., p. 47, tab. 32 (non Daud).
    — *Rüppellii* Heugl., Orn. Nordost Afr., 1869. p. 5.
Gyps fulvus Rüpp., Syst. Ueber., p. 9, 1845.

N'Kougou. — Rare. — Habite les mêmes régions que le *Gyps occidentalis*, avec lequel il se montre en petites troupes, au commencement
de l'hivernage. Quelques individus isolés apparaissent parfois dans le
Gangarau et sur la limite des forêts de Boukarié.

Le *Gyps Rüppeli,* très abondant sur les bords du Nil Blanc
(*Sharpe, loc. cit.*), habite la Nubie, le Kordofan, l'Abyssinie, le
Semien, le pays des Gallas, le Shoa, Angola, etc. ; rare dans le
Sud de l'Afrique, il a été observé par J. Verreaux, à Port-Natal,
et sur les bords de la rivière Orange.

Rüppel, dans son article consacré au *Vultur Kolbii* (*Atl. Nordl.
Afr.*, p. 47), a, sans aucun doute, confondu sous ce nom plusieurs espèces.

Chez cet Oiseau, dit-il, l'adulte (*avis adulta*) diffère du jeune :
« *Indumento toto lacteo; prolabi colore cacaotico; rectricibus
secundariis cinerascentibus; rectrices primariæ et remiges nigræ;
colli cute cærulescente* ».

Cette description s'applique au *Gyps Kolbii,* type de Daudin
(*Trait. Orn.,* t. II, p. 15, 1800), le Chasse-fiente de Levaillant (non
Rüppel), *Ois. Afr.*, t. I, p. 44, pl. X, 1799, dont une figure exacte
a été donnée par M. Sharpe (*Cat. Accip. Brit. Mus.,* pl. I, 1874).

Dans une revue critique des espèces du genre Vautour (*Ann.*

sc. nat., 1830), Rüppel complète cette diagnose, mais il continue à considérer comme un jeune de son *Vultur Kolbii,* l'exemplaire décrit et figuré par lui en 1826 (*loc. cit., tab.* 32), sous la qualification de jeune de l'année (*avis hornotina*); or cet *avis hornotina* représente précisément le *Gyps Rüppeli* adulte, type de Schlegel, Brehm, Bonaparte, etc., etc.

La diagnose de Rüppel est en effet identique, à part de faibles différences, à celle des précédents auteurs, à celle également de Heuglin et de Sharpe; nos exemplaires Sénégambiens se rapportent en tous points à cet Oiseau.

Le jeune de Rüppel (*avis juvenis*) doit être une troisième espèce, car aucun des caractères qu'il lui assigne ne se rencontre sur les deux premières, quel que soit l'âge auquel on les observe.

Les individus jeunes du *Gyps Rüppeli* se différencient seulement des adultes par les plumes de la collerette, fauves, bordées de roux pâle au lieu d'être d'un blanc jaunâtre « yellowish white » (Sharpe, *loc. cit.*); par les bordures et les taches des plumes d'un blanc pur et non d'un blanc crémeux « creamy white » (Sharpe, *loc. cit.*), et par quelques autres points que nous examinerons plus loin.

Nous établissons de la manière suivante, les caractères de l'exemplaire (jeune passant à la livrée de l'adulte) que nous figurons, exemplaire choisi parmi cinq autres en tout semblables.

G. — SUPRA FUSCO, SUBTUS PALLIDIORI, PLUMIS INTENSE ALBO MARGINATIS; JUGULO NIGRESCENTE RUFO; INTERSCAPULARIBUS PALLIDE FUSCO MARGINATIS; SCAPULARIBUS ET TECTRICIBUS APICE CONSPICUE ALBO MARGINATIS; REMIGIBUS RECTRICIBUSQUE ATRO FUSCIS, NITESCENTIBUS; SUPRACAUDALIBUS PROFUNDE FUSCIS, APICE ALBIS; UROPYGIO ALBO; CORONA AUCHENALI DECOMPOSITA, PLUMIS ANGUSTATIS, FUSCIS, PALLIDE MARGINATIS; LANUGINE CAPITIS ET COLLI ALBIDIS; PARTIBUS NUDIS, GRISEO CÆRULEIS; CEROMATE SUBNIGRO; ROSTRO FULVESCENTE AURANTIACO; IRIDE RUBRO; PEDIBUS PLUMBEIS.

Les dimensions du *Gyps Rüppeli,* notées par les auteurs, diffèrent d'une manière assez notable. Nous croyons utile d'en dresser un tableau comparatif; nos mesures représentent la moyenne de nos cinq exemplaires Sénégambiens; pour chacun, elles ont été réduites en millimètres.

DÉSIGNATION DES MESURES	D'APRÈS RÜPPEL	D'APRÈS HEUGLIN	D'APRÈS SHARPE	EXEMPLAIRES SÉNÉGAMBIENS
Longueur totale (maxima)	850	882	1000	1010
— de l'aile	570	541	820	850
— de la queue	»	216	270	311
— du bec (maxima)	80	56	70	90
— du tarse	90	75	100	110
— du doigt médian	90	»	120	121

M. Gurney (*Ibis*, 1860, p. 206) cite les différents modes de coloration, attribués par plusieurs auteurs à l'Iris du *Gyps Rüppeli*.

Pour M. Ayres, dit-il, il serait « very dark colour »; Rüppel le décrit : « white, intermixed with serpentine fibrelike lines of brown »; Brehm l'a vu : « silvery gray »; le Dr Vierthaler enfin le dit : « yellowish brown ». Ces variations, ajoute l'Ornithologiste Anglais, peuvent résulter de l'âge des individus examinés.

L'âge n'est pour rien dans ces couleurs, selon nous, mal interprétées; la véritable couleur de l'Iris chez le jeune *Gyps Rüppeli*, est d'un brun pâle, tandis que chez l'adulte, elle est invariablement d'un rouge groseille.

Il en est de même pour le bec dont la coloration a été faussement indiquée, notamment par Heuglin (*loc. cit.*) et par M. Gurney (*Ibis*, 1875, p. 90), d'après M. Ayres (*Ibis*, 1860, p. 206) et Müller (*Descr. Ois. Afr.*, Stuttgard, 1853). Pour ces Ornithologistes, le bec de l'adulte serait couleur de corne claire; celui du jeune, plus foncé, tournerait parfois au noir « sometimes black ».

D'après nos observations personnelles, le bec chez les jeunes sujets est brun jaunâtre; tandis que chez les adultes, sa couleur est d'un brun rouge tirant sur l'orangé.

M. Sharpe (*loc. cit.*), malgré l'opinion contraire de M. Gurney (*Ibis*, 1875, p. 90), est le seul dont la description serait exacte, s'il se bornait à dire : « bill deep orange », sans ajouter, « inclining to greenish horn-colour on edge of upper and on the whole of lower mandible ».

M. Gurney (*Ibis*, 1860, p. 206) a été également mal renseigné, lorsqu'il indique les parties nues du cou et de la tête « greenish white » chez le mâle, et ces mêmes parties ainsi que le bec et les pieds « black » chez la femelle.

Dans les deux sexes, comme dans les jeunes, la peau du cou et de la tête est d'un gris bleuâtre et les pieds présentent toujours une coloration gris de plomb.

Gen. **PSEUDOGYPS** Sharpe.

3. PSEUDOGYPS AFRICANUS Sharpe.

Pseudogyps Africanus Sharpe, Cat. Accip. Brit. Mus., 1874, p. 12.
—   B. du Boc., Orn. Ang., 1877, p. 1, pl. IX.
—   Bouvier, Cat. Ois. Voy. Marche et Compiègne, 1875, p. 5.
Gyps Africanus Salvad., Not. Stor. N. Acad. Torin., 1865, p. 133.
Vultur leuconotus Africanus Heugl., Orn. Nordost Afr., I, p. 6, 1869.
Gyps tenuirostris Antin., Cat. desc. Ucc., p. 5, 1864.

N'Tan. — Assez commun. — Rufisque, Joalles, Hann, M'Bao, Dakar.

Cette espèce vole par couples, et plane à une assez grande hauteur, toujours au voisinage des cases, s'écartant rarement des endroits habités.

Son aire d'habitat paraît assez étendue; M. Sharpe l'indique en Abyssinie, et dans la région du Nil Blanc; elle existe également à Angola.

Gen. **OTOGYPS** Gray.

4. OTOGYPS AURICULARIS Gray.

Otogyps auricularis Gray, Gen. of. B., I, p. 6, 1844.
—   Bouvier, Cat. Ois. Voy. Marche et Compiègne, p. 5.
—   Sharpe, Cat. Accip. Brit. Mus., p. 13.
Vultur auricularis Daud., Trait. Orn., II, p. 10, ex. Levaill.
L'Oricou Levaill., Ois. d'Af., I, p. 36, pl. IX.
Vultur Nubicus H. Smith, in Griff. An. Kingd., I, p. 164, 1829.

N'Tan. — Habite les mêmes localités que l'espèce précédente, où il est cependant moins fréquent; très commun à San-Iago, archipel du Cap Vert, où il a été signalé pour la première fois par M. Bouvier.

L'Abyssinie, l'Égypte et le Sud de l'Afrique, paraissent être également la patrie de ce Vautour.

Les exemplaires du Nord-Est, dit M. Sharpe, ont les appendices membraneux du cou moins développés que ceux des autres régions et sont considérés par plusieurs auteurs comme une espèce distincte.

Le degré de développement de ces appendices est variable sur les sujets provenant d'une même localité, ainsi que nous l'avons constaté; par conséquent cette seule caractéristique ne peut être suffisante pour autoriser la séparation des types du Nord-Est, de ceux de l'Ouest Africain.

Gen. **LOPHOGYPS** C. Bp.

5. **LOPHOGYPS OCCIPITALIS** C. Bp.

Lophogyps occipitalis C. Bp., Rev. et Mag. de Zool., 1854, p. 531.
       —   Bouvier, Cat. Ois. Voy. Marche et Compiègne, p. 5.
       —   Sharpe, Cat. Accip. Brit. Mus., p. 15.
Vultur occipitalis Burch., Trav., II, p. 329 (*Descr. orig.*).

N'Tan. — Se rencontre assez fréquemment sur le littoral, notamment à Dakar, Joalles, Rufisque, M'Bao, Deine, les Almadies. Il est signalé dans le Nord-Est et le Sud de l'Afrique, ainsi qu'à Bissao et à Angola, d'après M. Barboza du Bocage.

Nous rapportons sans hésitation à cette espèce le N'Tan d'Adanson (*Voy. au Sénég.*, 1757, p. 104, et *Cours H. N. Ed. Payer*, 1845, Vol. I, p. 525), nom sous lequel presque tous les Vautours sont désignés au Sénégal, et faussement attribué par le savant voyageur à une espèce unique, qu'il croyait être le Vautour Huppé de Brisson, ou Vautour à Aigrettes de Buffon, c'est-à-dire selon toute probabilité le *Vultur monachus* Lin. et Auctor.

Adanson donne à son N'Tan un plumage d'un brun noir, les ailes cendrées vers leur origine, les parties nues de la tête et du cou rouges; ces caractères ne peuvent s'appliquer qu'au *Lopho-gyps occipitalis*.

Quant aux nids, « semblables à de grands paniers ovales, de trois pieds au moins de long, ouverts par en bas, et dont les Nègres lui assurèrent que l'habitant était un N'Tan » (*loc. cit.*), nous démontrerons plus loin qu'ils appartiennent à un tout autre oiseau, sur le compte duquel bien des fables sont encore en faveur aujourd'hui, surtout parmi les Ornithologistes Anglais.

La coloration des parties nues du *Lophogyps occipitalis* vivant et adulte, est des plus remarquables ; nous la trouvons ainsi indiquée sur nos notes de voyage et figurée sur nos croquis :

Cire bleu cendré clair; paupières supérieures rouge livide; paupières inférieures bleu cendré foncé; peau nue de la face et du cou rouge couleur de chair; bec orange; iris brun; pieds rose vineux.

Fam. **NEOPHRONIDÆ** Savig.

Gen. **NEOPHRON** Savig.

6. NEOPHRON PERCNOPTERUS Savig.

Neophron percnopterus Savig., Ois. Egyp., p. 239, 1809.
—   Sharpe, Cat. Accip. Brit. Mus., p. 17.
—   B. du Boc., Orn. Angol., p. 4.
Vultur percnopterus Lin., Syst. Nat., I, p. 123, 1766.
Le Vautour brun Briss., Orn., I, p. 455, 1760 et Buff., II. N. Ois., I, p. 167.

Gikal. — Assez commun. — Dakar, Joalles, Rufisque; très commun à l'archipel du Cap Vert, notamment à Saint-Nicolas et sur le plateau de Porto-Praya; Darwin l'a observé à Santiago.

Nous trouvons entre les jeunes que nous avons étudiés et ceux décrits par plusieurs Ornithologistes, MM. Sharpe et Barboza du Bocage entre autres (*loc. cit.*), des différences assez grandes pour être signalées.

Chez tous nos jeunes, le dos est couleur isabelle, et chaque plume de cette région porte à la pointe une bande circulaire d'un blanc jaunâtre; la base du cou, la poitrine, le ventre et les cuisses sont d'un brun noir à reflets brillants; les grandes couvertures des ailes, les couvertures de la queue, sont d'un gris roussâtre légèrement métallique; la pointe des rectrices est d'un noir foncé; les parties nues de la tête et le bec sont d'un jaune verdâtre pâle; l'iris est brun clair; les pieds d'un rose sale.

7. NEOPHRON PILEATUS Gray.

Neophron pileatus Gray, Gen. of. B., I, p. 3, 1844.
    —   Sharpe, Cat. Accip. Brit. Mus., p. 18.
    —   Bouvier, Cat. Ois. Voy. Marche et Compiègne, p. 5.
Vultur pileatus Burch., Trav. II, p. 195, 1824.

Djakaiba. — Assez commun en Gambie et en Casamence, bords de la Melacorée, Sedhiou, Bathurst.

Le *Neophron pileatus* est donné par M. Sharpe (*loc. cit.*) comme spécial au Sud de l'Afrique; M. Bouvier l'indique à Sierra-Leone, et le mentionne (*loc. cit.*) comme ayant été recueilli à Rufisque; c'est par erreur que cette dernière localité est attribuée au *Neophron pileatus,* tout à fait étranger à cette partie du continent, où le *Neophron percnopterus* existe seul.

8. NEOPHRON MONACHUS Jard.

Neophron monachus Jard. et Selby, Illustr. of Orn., I, pl. XXXIII.
    —   Sharpe, Cat. Accip. Brit. Mus., p. 19.
Neophron pileatus Hartl., Orn. W. Afr., pp. 1 et 269.
    —   Heugl., Orn. Nordost Afr., I, p. 15.

Indiogoni. — Rare. — Boukarié, Maina, bords du Bakoy et du Bafing, parages de Bakel.

Malgré sa grande analogie avec l'espèce précédente, le *Neophron monachus* s'en distingue par plusieurs caractères suffisamment tranchés; son aire d'habitat est complètement différente, car il paraît se localiser de préférence dans la région Est et sur les bords du Niger (Sharpe, *loc. cit.*).

L'existence en Sénégambie des trois *Neophron* Africains nous est clairement démontrée, et leur répartition est réglée de la façon la plus tranchée.

Ainsi : le *Neophron percnopterus,* cantonné dans la région Ouest du littoral, ne descend que très exceptionnellement dans le Sud; le *Neophron pileatus* au contraire, propre au Sud, ne dépasse pas les contrées arrosées par la Casamence et la Gambie; tandis que le *Neophron monachus* habite toute la partie Est, sans visiter les deux autres et sans se mélanger, même momentanément, avec ses congénères.

Fam. **GYPAETIDÆ** C. Bp.

Gen. **GYPAETUS** Storr.

9. GYPAETUS OSSIFRAGUS Sharpe.

Gypaetus ossifragus Sharpe, Cat. Accip. Brit. Mus., p. 230.
Phene ossifraga Savig., Ois. Egypt., p. 245, 1809.
Gypaetus meridionalis Keys et Blas., Wirb. Eur., p. 28, 1840.
    —   *barbatus meridionalis* Schl., Mus. P. B., *Vultures,* p. 10.
    —   Heugl., Orn. Nordost Afr., I, p. 17.

Itkäjh. — Peu commun. — Tombocani, Makana, Kouguel, Taalari.

Indiqué comme spécial au Nord-Est et au Sud de l'Afrique, à l'Abyssinie et à l'Égypte, le *Gypaetus ossifragus* se montre dans la région Est de la Sénégambie, où on l'observe plus généralement à la fin de l'hivernage, par individus isolés, et toujours sur les points les plus élevés et les plus solitaires.

Voisin du *Gypaetus barbatus* Storr., il s'en distingue par une taille plus petite, par la région parotidienne entièrement blanche et par la portion inférieure des tarses entièrement nue.

M. Sharpe (*loc. cit.*) indique cette espèce comme existant à Angola, d'après M. Harris ?

Fam. **GYPOGERANIDÆ** C. Bp.

Gen. **SERPENTARIUS** Cuv.

10. SERPENTARIUS SECRETARIUS Daud.

(Pl. IV, fig. 1).

Serpentarius secretarius Daud., Trait. Orn., II, p. 20, pl. XI.
— Sharpe, Cat. Accip. Brit. Mus., p. 45.
Falco Serpentarius Miller, Various subj. H. N., pl. XVIII, A. B.
Secretarius reptilivorus Daud., Trait. Orn., II, p. 20, pl. XI.
Gypogeranus serpentarius Illig., Prod., p. 234, 1811; et B. du Boc.,
Orn. Ang., p. 6, 1877, t. I.
Le Secrétaire Sonn., Voy. N. Guin., pl. L, 1776.
Le Messager du Cap Buff., Pl. Enl., VIII., pl. 721.
Le Mangeur de Serpents Levaill., Ois. Afr., I, pl. 25.
Gypogeranus Capensis Ogilby, P. Z. S. of Lond., 1835, p. 104.
— *Philippensis* Ogilby, P. Z. S. of Lond., 1835, p. 106.
— *Gambiensis* Ogilby, P. Z. S. of Lond., 1835, p. 105.

Djiankhelkejh.—Fréquemment observé dans toute la région Sud de la Sénégambie. — Gambie, Casamence, Melacorée, plaines du Cagnout, Kagniac-Cay, Maloumb; plus rare dans l'Ouest : Gahé, M'Bilor; nous en avons tué un exemplaire à l'Ile de Safal et un second dans le Bahol; sédentaire dans toutes ces localités, il apparaît exceptionnellement dans le Nord-Est, où quelques individus nous ont été signalés à la fin de l'hivernage, dans les plaines de Taalari et de Banionkadougou.

Ogilby (*loc. cit.*) avait établi trois espèces dans le genre Serpentaire, d'après des caractères tirés de la disposition des plumes de la huppe occipitale.

Chez son *Gypogeranus Gambiensis,* « les plumes de la huppe sont implantées de chaque côté des pariétaux et de la partie postérieure du cou, de manière que, s'écartant à droite et à gauche, à la volonté de l'animal, elles forment une sorte d'éventail renversé, encadrant cette région du cou de plus de la moitié de sa longueur.

» Chez les individus du Cap et du Sud de l'Afrique, ces plumes ne composent pas de huppe, mais une sorte de crinière simple, un prolongement de la nuque. Les plumes sont superposées l'une à l'autre d'une façon graduée et seulement dans la partie médiane et postérieure du cou ».

Florent Prévost et O. des Murs (*Voy. Lefebvre Abyss.*, t. VI, p. 72), tout en penchant vers la distinction des espèces d'Ogilby, font observer avec raison, que la caractéristique invoquée par le Naturaliste Anglais, n'est pas constante; il n'y a donc pas lieu de séparer nos types du Sud et de l'Ouest de la Sénégambie.

Chez l'adulte du *Serpentarius secretarius*, l'iris est gris de perle brillant, et non légèrement brun comme l'indique M. Gurney (*Ibis*, 1859, p. 237), ou jaune rougeâtre suivant M. Barboza du Bocage, d'après M. d'Anchieta (*Orn. Ang.*, p. 6); la cire, la peau nue autour des yeux, sont d'un bel orangé brillant; le bec est blanc bleuâtre, à pointe couleur de corne claire; les pieds sont rosés.

Les très jeunes sujets, dont nous figurons un individu, présentent une teinte générale d'un gris roussâtre mélangé de brun et de jaune pâle; le dessus de la tête est d'un gris bleu; la région parotidienne, de même couleur, est lamée de blanc; la gorge, les côtés du cou, sont d'un blanc jaunâtre pâle, lamé de roux; la poitrine et l'abdomen gris brun; les scapulaires, le crissum, les cuisses sont d'un gris roux, à macules nuageuses brunâtres; le croupion est d'un blanc pur; les tectrices, d'un gris bleuâtre, ont leur pointe rousse; les rémiges sont noires; une large tache de même couleur se montre au pli du tibia; la huppe occipitale est formée de plumes courtes, noires, à base d'un gris bleuâtre; la cire, l'espace nu autour des yeux, les côtés de la bouche sont orangé pâle; le bec est brun de corne plus foncé à la pointe; l'iris brun clair; les pieds d'un jaune sale.

Le Serpentaire ne fait pas sa nourriture exclusive des Reptiles, du moins dans les régions où nous l'avons observé; il est loin de dédaigner la chair des animaux morts, et faute de mieux, il s'empare des Insectes.

Pendant le repos, il replie à angle droit ses longs tarses, qui lui servent ainsi de point d'appui, tel qu'il est figuré sur notre planche, habitude qu'il partage du reste avec tous les grands Échassiers; souvent après avoir pris cette attitude, il se couche à

plat sur le sol le cou tendu, les pennes de la queue droites et
écartées, et les ailes largement ouvertes horizontalement, offrant
ainsi l'aspect de ce que l'on est convenu de nommer une figure
de Saint-Esprit.

Il construit au milieu des buissons, rarement sur les grands
arbres, un nid composé de petites branches, lâchement reliées
entre elles par quelques herbes sèches, dans lequel il pond de
deux à *trois* œufs fortement pyriformes d'un blanc roussâtre sale.

Leur grand axe mesure 0,080 millimètres.

Leur plus grand diamètre égale 0,060 millimètres.

Nous figurons un de ces œufs exécuté d'après nature, sur notre
planche XXVIII, fig. I.

Fam. **POLYBORIDÆ** C. Bp.

Gen. **POLYBOROIDES** A. Smith.

11. **POLYBOROIDES TYPICUS** A. Smith.

Polyboroides typicus A. Smith., S. Afr. Quart. Journ., I, p. 107.
    —   Sharpe, Cat. Accip. Brit. Mus., p. 48.
Serpentarius typicus Guer. et Lafr., in Ferr. et Gal. Voy. Abyss., III,
      p. 181, 1847.
Polyboroides radiatus Strickl., Orn. Syn., p. 143.
Gymnogenys Malzacci J. et E. Verr., Rev. et Mag. de Zool., 1855, p. 349,
      pl. XIII.
Polyboroides radiatus var. *melanostictus* A. M. Edw. et Grand., H. N.
      Madag., vol. XII, p. 53.

Gnoni. — Assez commun. — Thièse, M'Bao, Joalles, Hann, Gambie,
Sedhiou, Bakel, Bafoulabé, Bandoubé.

Cette espèce est répandue sur tout le continent Africain.

Le *Polyboroides typicus*, bien distinct du type de Madagascar, en
diffère, comme le fait observer M. le Professeur A. Milne Edwards
(*loc. cit.*), par une taille plus grande, par sa coloration générale
un peu plus foncée et par les raies abdominales noires et plus
larges.

M. Gurney (*Ibis,* 1859, p. 221) remarque que M. Sharpe, dans sa description du *Polyboroides typicus* (*loc. cit.*), ne fait pas mention de l'étroitesse des bandes transverses des parties inférieures et spécialement des tibias, qu'il a observées chez quelques femelles probablement très vieilles.

L'étroitesse des bandes abdominales, donnée par M. le Professeur A. Milne Edwards, comme caractéristique du type de Madagascar, et que M. Sharpe a soin d'indiquer également, dans sa diagnose du *Polyboroides radiatus,* démontre que M. Gurney a confondu les deux espèces, dans ses critiques du catalogue de M. Sharpe.

Le plumage des jeunes *Polyboroides typicus,* d'âge à peu près égal, varie considérablement.

Chez l'un de nos sujets observés, la tête et le cou présentent une teinte brun foncé; la poitrine et l'abdomen, d'un brun plus clair, sont flammés de fauve; les plumes de la queue, noires, maculées de brun, portent une seule bande transversale large et blanche.

Chez l'autre, la tête, le cou, la poitrine et le ventre, d'un fauve isabelle clair, sont tachetés de brun; le dos est brun foncé; les ailes de même couleur portent des bandes onduleuses plus pâles; la queue est fauve clair, avec quatre bandes blanches et étroites en dessous.

Fam. CIRCINIDÆ C. Bp.

Gen. CIRCUS Lacep.

12. CIRCUS MAURUS Less.

Circus maurus Less., Trait. Orn., p. 87.
    —   Sharpe, Cat. Accip. Brit. Mus., p. 60.
Falco maurus Temm., Pl. Col., I, pl. 461.
Strigiceps maurus Kaup., Mus. Senck., III, p. 258.

Liguinba. — Assez fréquent dans la partie Sud de la Sénégambie: Melacorée, Gambie, Casamence, Sedhiou, Bathurst; remonte vers l'Ouest où il est plus rare. M. Bouvier (*Cat. Ois. Voy. Marche et Compiègne,* p. 6) le cite comme ayant été tué à Rufisque.

13. CIRCUS MACRURUS Sharpe

Circus macrurus Sharpe, Cat. Accip. Brit. Mus., p. 67.
Falco macrurus Gm., S. N., I, p. 269, 1788.
Circus Swainsonii A. Smith, S. Afr. Quart. Journ., I, p. 384.
      —   Hartl., Orn. W. Afr., p. 16.
Circus pallidus Sykes, P. Z. S. of Lond., 1832, p. 80.
Circus Dalmaticus Rüpp., Mus. Senck., II, p. 177, pl. II.
Circus æquipar Pucher., Rev. et Mag. de Zool., 1850, p. 14.

Liquinba. — Commun. — Gambie, Casamence, Dakar, Joalles, Deine, Thiese.

M. Sharpe (*loc. cit.*) commet deux erreurs relatives à l'habitat de cette espèce; quand il dit : « is winter in Africa, except the forest-region of the west coast ».

Le *Circus macrurus* est sédentaire dans les localités où nous l'avons rencontré, de plus il se tient dans toute la région boisée de la côte Ouest, depuis Joalles jusqu'à la Casamence. Notre affirmation se trouve suffisamment confirmée par les indications puisées dans les ouvrages de Hartlaub (*Orn. W. Afr., loc. cit.*) et Heuglin (*Orn. Nordost Afr.,* I, p. 106), où indépendamment du Nord-Est et du Sud de l'Afrique, le Sénégal et la Casamence sont indiqués comme régions habitées par cette espèce.

14. CIRCUS RANIVORUS Cuv.

Circus ranivorus Cuv., R. An., I, p. 358, 1829.
      —   Sharpe, Cat. Accip. Brit. Mus., p. 71.
Falco ranivorus Daud., Trait. Orn., II, p. 170.
Circus Levaillantii A. Smith., S. Afr. Quart. Journ., I, p. 387, 1830.
Le Grenouillard Levaill., Ois. Afr., I, pl. 23.

Liquinba. — Très rare. — Marigots de la Casamence et de la Melacorée.

Cette espèce, recueillie à Angola, est indiquée comme plus spéciale à l'Afrique Sud où elle serait sédentaire (Barboza du Bocage, *Orn. Ang.*, p. 12); elle ne séjourne pas dans la partie Sénégambienne où nous l'indiquons, et où ses apparitions pendant l'hivernage ne sont pas régulières.

Fam. **ACCIPITRIDÆ** Swain.

Gen. **MELIERAX** Gray.

15 MELIERAX POLYZONUS Rüpp.

Melierax polyzonus Rüpp., Syst. Ueber., p. 12.
— Sharpe, Cat. Accip. Brit. Mus., p. 88.
— Bouv., Cat. Ois. Voy. Marche et Compiègne, p. 6.
Falco polyzonus Rüpp., Neue Wirb. Vög., p. 36, pl. XV.
Melierax musicus Horsf. et Moore, Cat. B. Mus. E. I. Co., I, p. 40.
— Hartl., Orn. W. Afr., p. 12.

Liquin. — Assez commun. — Daranka où il est signalé par M. Bouvier (*loc. cit.*), Sedhiou, Diatacunda; plus rare dans l'Ouest, marigots de M'Bao. Nous en possédons un specimen tué près de l'étang de Kouguel.

Cette espèce a été signalée sur tout le continent : en Abyssinie, dans le Kordofan, à Angola, etc.

16. MELIERAX GABAR Hartl.

Melierax gabar Hartl., Abhandl. Geb. Nat., Hamb., 1852, p. 15.
— Sharpe, Cat. Accip. Brit. Mus., p. 89.
Falco gabar Daud., Trait. Orn., II, p. 87.
Sparvius gabar Vieill., N. Dict. H. N., X., p. 323, 1817.
Nisus gabar Cuv., R. An., I, p. 321.
Micronisus gabar Gray, List. Gen. B., p. 5, 1840.
— Hartl., Orn. W. Afr., p. 13.

Liquin. — Commun. — Dakar, Joalles, Rufisque, Saint-Louis, Sorres, Bakel, Médine, Kita, Sedhiou, Bathurst.

Indépendamment de la région Sénégambienne, le *Melierax gabar* habite la Nubie, le Sennaar, le Damara, le Kordofan, le Zambèze, le pays des Grands Namaquas et l'intérieur, vers la région des Lacs.

M. Sharpe (*loc. cit.*) lui donne pour habitat : « Africa generally, except the West coast, from Sierra-Leone to Angola ». M. Barboza du Bocage a démontré, depuis la publication du catalogue de M. Sharpe, que l'existence du *Melierax gabar* était parfaitement constatée à Angola et sur toute la côte depuis Sierra-Leone.

Heuglin (*Ibis*, 1861, p. 74), dans sa liste des oiseaux du Nord de l'Afrique, relate les observations déjà anciennes de Lichtenstein relatives au *Melierax gabar* : « specimina e Nubia et Africa australi, *Nisum* magnitudine superant : mas 14"; fœmina 15"$\frac{1}{2}$ longa; Senegalensia autem multo minora : mas 10"; fœmina 11" longa; sed vix species diversa ».

De son côté M. Sharpe (*loc. cit.*) établit en note, qu'après une comparaison minutieuse il n'a pu trouver de caractères propres à séparer les types du Nord et du Sud de l'Afrique : « after careful comparison, i am not able to separate the northern and southern specimens of this bird specifically ».

M. Gurney, au contraire (*Ibis*, 1859, p. 289), sépare les deux espèces : « the *smaller* Northern race, *Melierax Niloticus* (*Sundevall* OEfver. K. Akad. Stockh., 1850, p. 132), dit-il, may, I think, be accepted as specifically distinct ».

La manière de voir de M. Gurney doit incontestablement prévaloir, et comme preuves à l'appui, nous donnons comparativement la description des mâles, femelles et jeunes, choisis dans chacun des deux types.

Type du Sénégal. — ♂ *Adulte.* — Dessus de la tête, dos scapulaires, d'un gris ardoisé à reflets bruns; région parotidienne gris pâle; gorge, poitrine, gris teinté de roux vineux pâle; ventre, cuisses, d'un blanc sale ondulé de brunâtre, à ondulations denticulées; couvertures de la queue brunes, à pointe d'un blanc sale, et portant des bandes transversales brunes; queue blanchâtre en dessous avec bandes également brunes mais plus pâles ; croupion gris, lavé de brun ; cire et pieds jaunes ; iris brun.

Longueur totale	390	millimètres.
— de l'aile	211	—
— de la queue	190	—
— du bec	18	—
— du tarse	58	—
— du doigt médian	29	—

♀ *Adulte*. — Toutes les parties supérieures d'un brun foncé ; scapulaires ondées de brun brillant ; extrémité des rémiges d'un blanc pur ; région parotidienne brune, lavée de roux ; gorge et poitrine blanches à larges mouchetures roussâtres ; ventre, cuisses, blancs ondés de larges bandes d'un brun roux ; queue, en dessus, gris brun portant de larges bandes transversales d'un brun foncé ; cire et pieds jaune sale pâle ; iris brun.

Les dimensions générales sont un peu supérieures à celles du mâle.

Jeune. — Le plumage du jeune, presque identique à celui de la femelle, en diffère cependant par ses teintes plus pâles.

Type de l'Afrique australe. — ♂ *Adulte*. — Dessus de la tête gris noirâtre ; dos, scapulaires brun pâle ; région parotidienne gris ardoisé foncé ; gorge gris de perle ; poitrine gris blanchâtre ; ventre, cuisses d'un blanc pur ondé de brun ; les lignes onduleuses plus étroites et plus nombreuses que dans le type du Sénégal ; couvertures de la queue brunes ; croupion, dessous de la queue d'un blanc pur sans bandes ni taches ; cire et pieds jaune orangé pâle ; iris jaunâtre.

Longueur totale	339	millimètres.
— de l'aile	190	—
— de la queue	150	—
— du bec	15	—
— du tarse	50	—
— du doigt médian	24	—

♀ *Adulte*. — Teinte générale brun pâle sur les parties supé-

rieures ; poitrine et cuisses d'un roux rougeâtre à mouchetures
plus foncées ; ventre et cuisses grisâtres ondulés de blanc.

La taille est un peu plus forte que celle du mâle.

Jeune. — Le jeune se distingue de la femelle par les mouchetures de la poitrine en beaucoup plus grand nombre, de forme
moins allongée et d'une teinte plus foncée.

Ces caractères sont plus que suffisants pour autoriser la distinction des deux espèces ; et nous croyons que le nom de *Melierax
gabar* devra être appliqué aux types Sénégambiens, tandis que
celui de *Melierax Niloticus* servira à désigner ceux du Nord et
de l'Est de l'Afrique.

Nous ferons remarquer que nos descriptions diffèrent sous plusieurs rapports de celles jusqu'ici publiées ; faites d'après un
nombre assez considérable d'exemplaires vivants, elles présentent un degré d'exactitude qui ne peut être contesté ; nous ajouterons que Heuglin (*loc. cit.*) a commis la même erreur que
Lichtenstein (*loc. cit.*), en attribuant une plus forte taille aux
spécimens du Nord, erreur rectifiée par M. Gurney, pour lequel,
ce qui est hors de doute, les petits individus sont propres à cette
région Nord.

17. MELIERAX NIGER Lay.

Melierax niger Lay., B. S. Afr., p. 31, 1867.
  — Sharpe, Cat. Accip. Brit. Mus., p. 91.
Sparvius niger Bouv. et Vieil., Enc. Meth., III, p. 1269.
Nisus niger Cuv., R. An., I, p. 334.
Micronisus niger C. Bp., Consp. Av., I, p. 33, 1850.
  — Hartl., Orn. W. Afr., p. 14.

Liquin. — Assez commun. — Habite les mêmes localités que l'espèce
précédente.

Tous les mâles adultes que nous avons étudiés nous ont fourni
les caractères suivants :

Tête d'un noir brillant ; interscapulaires, cou, poitrine, ventre,
cuisses, parties inférieures de la queue d'un noir profond lavé de
fauve ; rémiges brun noir en dessus, blanchâtres en dessous et
rayées de brun clair, avec une ligne d'un gris fauve pâle,

tout le long de leur bord externe; rectrices ornées en dessous de larges macules blanches; cire orangée; bec et pieds, d'un rouge de corail éclatant; iris rouge groseille.

Longueur totale	300 millimètres.	
— de l'aile	166	—
— de la queue	134	—
— du bec	16	—
— du tarse	47	—
— du doigt médian	26	—

La couleur du plumage de nos spécimens est un peu différente de celle jusqu'ici indiquée; la diagnose de M. Barboza du Bocage (*Orn. Angol.*, I, p. 13) est celle qui s'en rapproche le plus; nous n'avons pu découvrir certains caractères signalés par Hartlaub (*Orn. W. Afr.*, p. 14), tels que celui-ci : « colli postici nuchæque plumis basi albis », propre au jeune et non à l'adulte.

Les variations dans la couleur du bec, de la cire et de l'iris, signalées par M. Barboza du Bocage d'après M. d'Anchieta, sont en raison de l'âge des individus observés; chez l'adulte, ces couleurs ne diffèrent jamais de celles précédemment indiquées.

La taille de nos sujets Sénégambiens dépasse notablement la taille des individus décrits, entre autres par M. Sharpe (*loc. cit.*).

Gen. **ASTUR** Lacep.

18. **ASTUR TIBIALIS** J. Verr.

Astur tibialis J. Verr., J. f. Orn., 1861, p. 100.
    —   Sharpe, Cat. Accip. Brit. Mus., p. 108.
Accipiter Hartlaubi Sharpe, P. Z. S. of Lond., 1871, p. 613 (non Verr.).

Biramba. Assez commun. — Bakel, Makana, Kita, bords de la Falémé; Rufisque, les deux Mammelles; Gambie, Melacorée, Casamence.

19. **ASTUR SPHENURUS** Sharpe.

Astur sphenurus Sharpe, Cat. Accip. Brit. Mus., p. 112.
Falco sphenurus Rüpp., Neue Wirb. Vög., p. 42.
Astur brachydactylus Hartl., Orn. W. Afr., p. 14.
Nisus badius Heugl., Orn. Nordost Afr., I, p. 70.

Biramba. — Plus commun que l'*Astur tibialis;* vit dans les mêmes localités et de préférence à l'extrême limite des côtes, où on l'observe en plus grand nombre que dans les parties avoisinant le haut du fleuve et les confins de l'Est et du Sud.

Hartlaub (*loc. cit.*) l'indique seulement en Gambie, en Casamence et à Bissao ; son habitat Sénégambien est mentionné par M. Sharpe (*loc. cit.*) ; M. Bouvier (*Cat. Ois. Voy. Marche et Compiègne*, p. 6) le signale sur les bords de la Melacorée.

Gen. **ACCIPITER** Briss.

20 ACCIPITER MINULUS Vig.

Accipiter minulus Vig., Zool. Journ., I, p. 338.
         —   Sharpe, Cat. Accip. Brit. Mus., p. 140.
Nisus binotatus Licht., Nomencl., p. 4, 1854.
Le Minule Levaill., Ois. Afr., I, p. 140, pl. XXXIV.

Maff. — Rare. — Forêts de Bakel et de Taalari, massif de Kita ; descend très exceptionnellement le long de la côte ; nous l'avons tué une seule fois dans les environs de M'Bao.

« La femelle, dit M. Sharpe (*loc. cit.*), est semblable au mâle, mais de taille plus forte » ; il faut ajouter qu'elle s'en distingue par une coloration générale plus foncée.

Cet oiseau pond de *quatre* à *cinq* œufs ; ceux que nous avons pu nous procurer et que nous figurons (Pl. XXVIII, f. 4), sont d'un ovale régulier, également obtus à chaque bout, d'un rose vineux assez vif ; ils sont fortement maculés de taches irrégulières brun laque, plus abondantes et plus foncées au gros bout. Leur grand axe mesure 0,034^mm, leur plus grand diamètre atteint 0,027^mm.

21. ACCIPITER HARTLAUBII Cass.

Accipiter Hartlaubii Cass., Proc. Ac. N. H. Sc. P. Philad., 1859, p. 32.
         --   Sharpe, Cat. Accip. Brit. Mus., p. 150.
Nisus Hartlaubii J. Verr., in Hartl. Orn. W. Afr., p. 15.

Maff. — Découvert par J. Verreaux sur les bords de la Casamence (teste Hartlaub, *loc. cit.);* remonte exceptionnellement dans l'Ouest. Nous possédons un individu tué à Diatacunda; on le rencontre également dans les plaines arrosées par la Melacorée.

Cette espèce est indiquée au Gabon et dans l'Ogooué (Sharpe, Bouvier).

22. ACCIPITER MELANOLEUCUS A. Smith.

Accipiter melanoleucus A. Smith., Illustr. S. Afr. Zool., pl. XVIII.
— Sharpe, Cat. Accip. Brit. Mus., p. 156.
Astur melanoleucus Hartl., Orn. W. Afr., p. 11, 269.
Nisus Verreauxii Schl., Mus. P. B., p. 37, 1862.

Maff. — Assez rare. — Bakel, Médine, Kita, Fouta-Kouro, Bandoubé.

L'*Accipiter melanoleucus* est propre à une grande partie du continent, son aire d'habitat s'étend en Abyssinie, au Gabon, au Niger et au Cap.

Fam. BUTEONIDÆ Swain.

Gen. BUTEO Cuv.

23 BUTEO AUGUR Rüpp.

Buteo augur Rüpp., Neue Wirb. Vög., p. 38, taf. 16.
— Sharpe, Cat. Accip. Brit. Mus., p. 175.
— B. du Boc., Orn. Ang., p. 24.

Peu commun. — Forêts de Kita et de Bandoubé, intérieur du Gangaran, Banioukadougou.

Le *Buteo augur* a été considéré comme spécial à l'Abyssinie, jusqu'au jour où M. Barboza du Bocage a indiqué sa présence sur les confins méridionaux d'Angola; les stations, où nous signalons sa présence, sont une nouvelle preuve à l'appui de notre manière de voir relative à la dispersion des espèces sur le continent Africain.

Gen. **KAUPIFALCO** C. Bp.

24. KAUPIFALCO MONOGRAMMICUS c. Bp.

Kaupifalco monogrammicus C. Bp., Rev. et Mag. de Zool., 1854, p. 535.
Asturinula monogrammica Sharpe, Cat. Accip. Brit. Mus., p. 275.
    —   B. du Boc., Orn. Angol., p. 33.
Micronisus monogrammicus Hartl., Orn. W. Afr., p. 13.

Commun. — Saint-Louis, Sorres, Ile de Thionk et de Babagaye, Rufisque, Bathurst, Sedhiou.

M. Gurney fait observer avec raison (*Ibis,* 1876, p. 484) que M. Sharpe, lors de la publication de son catalogue des Accipitres du British Muséum, ignorait sans doute l'existence du genre *Kaupifalco,* créé par Ch. Bonaparte, seize ans avant celui d'*Asturinula,* de Finsch et Hartlaub; le nom d'*Asturinula* doit donc être rejeté à la synonymie.

Fam. **AQUILIDÆ** Swain.

Gen. **AQUILA** Briss.

25. AQUILA RAPAX Less

Aquila rapax Less., Trait. Orn., p. 37, 1831.
    —   Sharpe, Cat. Accip. Brit. Mus., p. 242.
    —   B. du Boc., Orn. Angol., p. 26.
Aquila Senegala Cuv., R. An. I, p. 326 et Hartl., Orn. W. Afr., p. 3.
Aquila albicans Rüpp., Neue Wirb. Vög., p. 34.
Aquila nævioides Cuv., R. An., I, p. 326.

Gontout. — Commun. — Toute la Sénégambie, Saint-Louis, Sorres, Dagana, Saldé, Bakel, Dakar, Gambie, Casamence.

M. Sharpe (*loc. cit.*) se borne à donner la description du jeune
et de la femelle adulte de cette espèce; de son côté, M. Barboza
du Bocage (*loc. cit.*), sous le titre de mâle adulte, décrit un
individu ayant encore presque tous les caractères du jeune; il a
cependant soin d'ajouter : « en suivant les changements de plumage jusqu'à leur terme définitif, on reconnaît que les teintes
changent successivement de ton, passant du brun foncé au brun
roux, de celui-ci au roux fauve, et au fauve isabelle; les teintes
plus pâles remplacent peu à peu les autres, jusqu'à ce que l'on
arrive à la coloration uniforme d'un blanc sale, lavé de roussâtre,
qui caractérise l'*Aquila albicans* ».

Heuglin (*loc. cit.*) est, selon nous, celui dont la diagnose tend
à reproduire le plus exactement la livrée de l'adulte. Les nombreux exemplaires, observés par nous en Sénégambie (*mâles
adultes*), nous fournissent les caractères suivants :

Tête, cou, interscapulaires, poitrine, ventre, cuisses, croupion,
d'un blanc sale très faiblement lavé de roux isabelle; couvertures des ailes également d'un blanc sale sans trace de roux;
tectrices brunes à pointe blanche; rémiges primaires noires;
rectrices gris pâle légèrement teinté de fauve, à reflets métalliques; iris brun fauve : cire bleuâtre; bec brun de corne pâle à
pointe plus foncée; côtés de la bouche jaunes; pieds jaune orangé.

Malgré l'opinion de M. Gurney (*Ibis,* 1877, p. 231), il nous
paraît impossible de séparer spécifiquement l'*Aquila albicans* de
l'*Aquila rapax;* le premier n'est autre que l'adulte du second; les
types Abyssiniens et du Sud de l'Afrique, ceux de la Sénégambie
offrent entre eux les mêmes variations; ces variations dépendent
uniquement de l'âge, elles ne sont nullement la conséquence de
l'habitat et des conditions d'existence inhérentes à cet habitat;
en un mot elles ne constituent pas ce que quelques-uns appellent
races locales, auquel cas nous n'aurions pas hésité à les inscrire
comme *espèces.*

Nos œufs de l'*Aquila rapax* (Pl. XXVIII, fig. 3) diffèrent un
peu de ceux décrits par M. Layard (*Ibis,* 1869, p. 70); de forme
ovale, arrondis aux deux bouts, ils offrent une teinte générale
d'un blanc rose sale; des macules larges et irrégulières, d'un
brun rouge à reflets de laque, forment une couronne au gros
bout; ils mesurent 0,064^{mm} dans leur grand axe et 0,051^{mm} dans
leur plus grand diamètre.

C'est ordinairement sur les arbres élevés, souvent sur le sommet des Baobabs, que l'*Aquila rapax* construit son aire, composée de branchages grossièrement entrelacés, où il dépose de *deux* à *trois* œufs.

Cet oiseau vit par couples, planant des journées entières dans le voisinage des cases et des habitations, en faisant entendre un cri rauque et prolongé ; bien que se nourrissant de proie vivante, nous l'avons vu fréquemment s'abattre sur les quartiers de viande, aux abattoirs de Sorres et de Dakar notamment.

26. AQUILA WAHLBERGI Sundev.

Aquila Wahlbergi Sundev., Œfr. K. Akad. Stockh., 1850, p. 109.
    —   Sharpe, Cat. Accip. Brit Mus., p. 245.
Aquila Brehmii Müll., Naum., 1851, p. 24.
Aquila Desmurii J. Verr., in Hartl. Orn. W. Afr., p. 4.

Gontout. — Rare. — Environs de Bakel, Makana, Arondou ; lisière des forêts de Taalari ; s'observe exceptionnellement dans les régions arrosées par la Gambie et la Casamence.

Au dire de M. d'Anchieta (Barboza du Bocage, *Orn. Angol.*, p. 29), l'*Aquila Wahlbergi* serait « de tous les oiseaux de proie, le plus vulgaire au Humbe, où il se laisse voir en toute saison » ; M. Sharpe (*loc. cit.*) lui donne pour habitat « the whole of Africa » ; M. Gurney (*P. Z. S. of Lond.*, 1862, p. 145) semble le localiser plus particulièrement en Nubie, en Abyssinie et sur les bords du Nil Blanc.

La distribution de cette espèce en Sénégambie, où elle affectionne les régions Nord-Est, paraît donner raison à la manière de voir de M. Gurney.

Gen. NISAETUS Hodgs.

27. NISAETUS SPILOGASTER Sharpe.

Nisaetus spilogaster Sharpe, Cat. Accip. Brit. Mus., p. 252.
Spizaetus spilogaster C. Bp., Rev. et Mag. de Zool., 1850, p. 487.
Aquila Bonellii Brehm., J. f. Orn., 1853, p. 204 (non La Marm. nec Less.).
    —   Hartl., Orn. W. Afr., p. 3.

Peu commun. — Sedhiou, Bathurst, Diataconda.

M. Barboza du Bocage (*Orn. Ang.*, p. 30) décrit les caractères servant à distinguer cette espèce de sa congénère d'Europe.

C'est à tort que M. Sharpe (*loc. cit.*) donne en synonymie du *Nisaetus fasciatus*, l'*Aquila Bonellii* indiqué au Sénégal par Hartlaub (*loc. cit.*); le type décrit par l'auteur de l'Ornithologie de l'Afrique Ouest est un jeune de *Nisaetus spilogaster*.

28. NISAETUS PENNATUS Sharpe

Nisaetus pennatus Sharpe, Cat. Accip. Brit. Mus., p. 253.
Falco pennatus Gm., S. N., 1, p. 272, 1788.
Aquila pennata Vig., Zool. Journ., I, p. 337, 1827.
     —   Hartl., Orn. W. Afr., p. 4.

Gontout. — Commun dans toute la Sénégambie. — Sorres, Leybar, Thionk, Guet-N'Dar, Bakel, Kita; plus rare dans le Sud, Sedhiou, Bathurst.

Gen. SPIZAETUS Vieill.

29. SPIZAETUS BELLICOSUS Kaup.

Spizaetus bellicosus Kaup., Isis, 1847, p. 147.
     —   Sharpe, Cat. Accip. Brit. Mus., p. 265.
     —   Hartl., Orn. W. Afr., p. 5.
Aquila bellicosa Dumont, Dict. Sc. Nat., I, p. 347, 1816.
Le Griffard Levaill., Ois. Afr., I, pl. I, 1799.

Diagueye. — Peu commun. — Gambie, Casamence, Melacorée, Daranka, Cap Roxo.

Le *Spizaetus bellicosus*, assez fréquent dans la colonie du Cap et les régions avoisinantes (Layard, *Birds of S. Afr.*, p. 13, 1867), remonte jusqu'à Sierra-Leone où il est indiqué notamment par Hartlaub (*loc. cit.*).

Nous ne connaissons pas d'exemple où l'espèce ait été rencontrée en Sénégambie au delà des localités où nous l'indiquons.

30. SPIZAETUS ALBESCENS Gray.

Pl. VI, fig. 1.

Spizaetus albescens Gray, Gen. of B., I, p. 14, 1845.
Falco albescens Daud., Trait. Orn., II, p. 45, 1800.
— *coronatus* Lin., Syst. Nat., I, p. 124, 1766.
Le Blanchard Levaill., Ois. Afr., I, p. 12, pl. III.
Spizaetus coronatus C. Bp., Consp. Av., 1, p. 28.
—   Sharpe, Cat. Accip. Brit. Mus., p. 266.
—   Hartl., Orn. W. Afr., p. 5.
—   A. Smith, Illustr. S. Afr. Zool., pl. XL-XLI.
Aquila coronata Gray, Gen. of B., I, p. 14.
L'Aigle huppé d'Afrique Briss., Orn., 1, p. 448.

Diagueye. — Assez fréquemment rencontré dans les mêmes parages que l'espèce précédente ; s'observe plus rarement en remontant vers le Nord ; Thionk, Babaguey, Leybar ; nous en possédons un exemplaire tué à M'Bao.

C'est avec un profond étonnement que nous relevons le passage suivant, dans un travail de M. Gurney (*Birds from the colony of Natal* in *Ibis,* 1861, p. 129), passage consacré au *Spizaetus coronatus.*

« This species, dit l'auteur anglais, is well figured in pl. XL-XLI, of Aves of Smith, *Illustr. S. Afr. Zool.,* but, pl. XL, which is stated to represent an adult bird does, in fact, give the figure of an immature specimen, while, pl. XLI, which is described as representing an immature bird, is in reality a correct delineation of the adult plumage ».

Notre étonnement s'accroît devant l'opinion de M. Barboza du Bocage sur le même sujet ; il s'exprime ainsi (*Orn. Ang.,* p. 32) : « On doit à M. Gurney la connaissance exacte de la livrée du jeune et de l'adulte chez le *Spizaetus coronatus ;* grâce à cet

Ornithologiste distingué, on sait à présent que le plumage à teintes blanchâtres et uniformes en dessous, le seul connu de Levaillant, qui avait donné à cette espèce le nom de *Blanchard,* appartient au jeune âge, contrairement à ce que prétendait Smith ; réciproquement, la livrée décrite et figurée par cet auteur, comme celle du jeune, caractérise en réalité l'adulte ».

L'étude du *Spizaetus coronatus,* à différents âges, démontre de la façon la plus évidente que l'affirmation des deux savants Ornithologistes précités est complètement erronée, et que Smith avait parfaitement raison quand il décrivait comme adultes les individus au plumage clair, et comme jeunes, ceux à teintes sombres.

A de très rares exceptions près, chez les Accipitres diurnes, la livrée des jeunes se montre plus foncée que celle des adultes ; le *Spizaetus coronatus* pourrait évidemment rentrer dans l'exception, et nous l'eussions peut-être considéré comme tel, si quelques . spécimens de la même couvée, que nous avons possédés et élevés soigneusement pendant plus d'une année, ne nous avaient démontré l'exactitude des diagnoses de Smith.

Ce même auteur, à la suite de la description de son mâle adulte, ajoute : « specimens are frequently obtained, in which the under parts are more or less tinged with pale hyacinth red, and blotched with brown; such appearances are only to be regarded as indication of immaturity ».

Notre planche montre un individu porteur d'un plumage presque identique à l'un de ces spécimens de Smith ; seulement il ne représente pas « une livrée remarquable de sujet jeune », mais la dernière livrée caractéristique du jeune, passant au plumage définitif de l'adulte.

Levaillant en décrivant son *Blanchard* (*loc. cit.*) connaissait parfaitement l'adulte ; Daudin (*loc. cit.*) consacrait scientifiquement l'espèce de Levaillant par le nom de *Falco albescens,* sous lequel il le désignait. En choisissant le nom de *Spizaetus albescens,* bien qu'il soit postérieur à celui de *coronatus,* nous voulons faire ressortir tout particulièrement la caractéristique de Smith, la seule vraie, par conséquent la seule acceptable.

Gen. **LOPHOAETUS** Kaup.

31. LOPHOAETUS OCCIPITALIS Kaup.

Lophoaetus occipitalis Kaup., Isis, 1847, p. 165.
    —   Sharpe, Cat. Accip. Brit. Mus., p. 274.
Spizaetus occipitalis Gray, Gen. of B., I, p. 14.
    —   Hartl., Orn. W. Afr., p. 5.
Falco Senegalensis Daud., Trait. Orn., II, p. 41.
Le Huppard Levaill., Ois. Afr., I, p. 8, pl. II.

N'Gouagoni. — Assez fréquent dans la région Sud de la Sénégambie, Melacorée, Bathurst, Cap Roxo, Daranka, Sedhiou; plus rare au centre et au Nord, marigots de M'Bao, Thionk, Safal. Nous avons constaté sa présence à Richard Toll, et dans les environs du lac de N'Guer.

Le *Lophoaetus occipitalis* est indiqué par Hartlaub (*loc. cit.*) comme existant en Gambie et en Casamence; il provient également ment des Aschanties, du Gabon et de la côte d'Angola. Heuglin (*Orn. Nordost Afr.,* I, p. 57) le signale au Zambèze; M. Sharpe lui assigne le Sud de l'Afrique, en constatant néanmoins qu'il est très répandu sur tout le continent.

Tout en reconnaissant l'exactitude de cette assertion, nous croyons cependant que son aire d'habitat normale est plus particulièrement limitée au Sud de l'Afrique et aux régions avoisinantes; c'est du moins ce que nous avons constaté pour la Sénégambie, où l'espèce, stationnaire en Gambie et en Casamence par exemple, paraît être au contraire de passage, ou du moins apparaît exceptionnellement et à époques fixes, dans les parties Nord-Ouest et Nord-Est.

Fam. **CIRCAETIDÆ** Swain.

Gen. **CIRCAETUS** Vieill.

32. CIRCAETUS GALLICUS Vieill.

Circaetus Gallicus Vieill., N. Dict. H. N., VII, p. 137.
Falco Gallicus. Gm., S. N., I, p. 295.

Le Jean le Blanc Briss., Orn., I, p. 443.
Circaetos Gallicus Hartl., Orn. W. Afr., p. 6.

M'Bouajh. — Assez fréquemment rencontré à Dagana, N'Bilor, Gahé, Maina, Boukarié.

Sous le titre : *Observations sur le genre Circaetus, par J. Verreaux et O. des Murs, Ibis,* 1862, p. 208, on lit : « quoique le Dr Hartlaub signale cette espèce (*Gallicus*) dans son ouvrage sur les Oiseaux de l'Afrique occidentale, nous doutons encore que ce soit bien elle, avec d'autant plus de raison que l'un de nous a eu en sa possession au Cap de Bonne-Espérance de jeunes *Circaetus thoracicus,* qui avaient changé de plumage sous ses yeux et qui cependant, tout en ressemblant au *Gallicus,* finissaient deux années plus tard par prendre le plumage du vrai *thoracicus,* avec la région inférieure de la poitrine d'un blanc pur ».

Cette observation ne nous paraît démontrer, en aucune façon, l'absence du *Circaetus Gallicus* en Sénégambie ; qu'à un certain âge il présente quelques caractères de coloration, analogues, identiques même, si l'on veut, à ceux fournis par le *Circaetus thoracicus,* nous l'accordons, mais ce fait fournit-il un argument sérieux propre à infirmer l'indication vraie d'Hartlaub, et à nier l'existence du *Circaetus Gallicus* dans l'Afrique occidentale? évidemment non !

Nous avons tué le *Circaetus Gallicus* dans la partie Nord-Est de la Sénégambie, et quel que fût le sexe ou l'âge des sujets, nous les avons trouvés invariablement semblables à ceux d'Europe.

Le *Circaetus Gallicus* d'Europe, disent J. Verreaux et O. des Murs (*loc. cit.*), existe aussi dans le Nord de l'Afrique, dans l'Afrique orientale, en Nubie, etc.

D'après Shelly (*Ibis,* 1871, p. 41), cette espèce est partout abondante en Egypte et en Nubie.

La proximité des régions signalées, la communauté des espèces que l'on y a si souvent constatées, indiquaient naturellement la présence du *Circaetus Gallicus* Nubien au Sénégal par exemple, où Hartlaub le mentionne et où, en dernier lieu, nous l'avons observé.

33. CIRCAETUS CINEREUS Vieill.

Circaetus cinereus Vieill., N. Dict. H. N., XXIII, p. 445, 1818.
— Sharpe, Cat. Accip. Brit. Mus., p. 282.
Circaetus thoracicus C. Bp., Consp. Av., I, p. 16.
— Hartl., Orn. W. Afr., p. 6 et 269.
— J. Verr. et O. des Murs, Ibis, 1862, p. 209.

M'Bouajh. — Assez commun. — Se rencontre habituellement dans la région Nord-Est : Bakel, Tombocané, Taalari ; descend plus rarement dans le Sud : Ghimbering, Samatit, Cagnac-Cay.

J. Verreaux et O. des Murs (*loc. cit.*) donnent comme habitat de cette espèce : le Cap de Bonne-Espérance, l'Abyssinie, la Nubie, Bissao, le Sénégal.

Sa présence à Bissao, au Sénégal, à Angola, où M. d'Anchieta la dit très commune (Barboza du Bocage, *Orn. Ang.*, p. 36), dans le Maconjo et le Humbe ; son habitat en Casamence et en Gambie, constaté par nous, montrent combien M. Sharpe était mal renseigné quand il dit (*loc. cit.*, p. 283) : « Hab. the whole of Africa, *excepting the forest-region on the west coast* ».

34. CIRCAETUS BEAUDOUINII J. Verr. et des Murs.

Circaetus Beaudouinii J. Verr. et O. des Murs, Ibis, 1862, p. 212.
— Sharpe, Cat. Accip. Brit. Mus., p. 284.
Circaetus fasciatus Heugl., Syst. Ueber., p. 7, et Orn. Nordost Afr., p. 86.

M'Bouajh. — Assez rare. — Gambie, Casamence, Maloumb, Cagnout, Albreda.

M. Sharpe (*loc. cit.*) l'indique à Bissao et au Sénégal ; cette dernière indication est due au Baron Laugier de Chartrouse.

35. CIRCAETUS CINERASCENS Müll.

Circaetus cinerascens Müll., Naum., 1851, Heft IV, p. 27.
— Sharpe, Cat. Accip. Brit. Mus., p. 285.

Circaetus zonurus Pr. P. Wurt., M. S. Heugl., Syst. Ueber, p. 8.
Circaetus melanotis J. Verr., in Hartl. Orn. W. Afr., p. 7.

M'Bouajh. — Rare. — Habite les mêmes localités que l'espèce pré-cédente.

D'après J. Verreaux et O. des Murs (*loc. cit.*), partageant en cela l'opinion d'Heuglin, « le *Circaetus cinerascens* est le même oiseau (plus jeune) que le *Circaetus zonurus* du Prince P. de Wur-temberg, qui, à son tour, est le même, dans un âge moins avancé encore, que le *Circaetus melanotis* J. Verreaux, qui serait alors l'oiseau *parfaitement adulte* ».

Le nom de *Circaetus cinerascens* doit néanmoins avoir le rang de priorité, comme étant antérieur de six années au *Circaetus melanotis* et de cinq au *Circaetus zonurus.*

Gen. **HELOTARSUS** Smith.

36. HELOTARSUS ECAUDATUS Gray

Helotarsus ecaudatus Gray, List. Gen. B., p. 3.
— Sharpe, Cat. Accip. Brit. Mus., p. 300.
— Hartl., Orn. W. Afr., p. 7.
Falco ecaudatus Daud., Trait. Orn., II, p. 54.
Aquila ecaudata Dumont, Dict. Sc. Nat., I, p. 356.
Helotarsus typus A. Smith, S. Afr. Quart. Journ., I, p. 110, 1830.
Le Bateleur Levaill., Ois. Afr., I, p. 31, pl. VII, VIII.

Bouliba. — Commun dans toute la Sénégambie. — Diaranka, Sedhiou, M'Bao, Ponte, Deine, Joalles, Rufisque, Saint-Louis, Sorres, Bakel, Médine, Podor, Dagana, Thionk, Leybar, le Cayor, le Gangarau, le Fouta, etc., etc.

Le mâle adulte de l'*Helotarsus ecaudatus* a été décrit de la façon la plus complète par M. Barboza du Bocage (*Orn. Ang.,* p. 41), et l'on en trouve une figure à peu près exacte dans l'atlas d'Heuglin (*Orn. Nordost Afrik., Tab.* 11); tout au contraire, la planche VII de Levaillant est des plus défectueuses et ne peut donner qu'une idée fausse de cet oiseau.

Quant à la femelle, nous ne trouvons nulle part l'indication de sa livrée. M. Sharpe (*loc. cit.*) se borne à dire : « larger than the male », laissant ainsi supposer qu'elle ressemble en tout point au mâle.

Nous l'avons constamment trouvée semblable au jeune dont le même M. Sharpe donne une bonne diagnose. Elle s'en différencie seulement par sa cire d'un bleu livide, et non pas jaunâtre, et par ses pieds d'un rosé blanc.

Chez l'adulte vivant, la cire est d'un rouge vermillon à reflets orangés, le bec est d'un jaune de corne pâle, plus foncé à la pointe, les pieds sont rosés, et l'iris brun brillant.

L'*Helotarsus ecaudatus* est largement réparti sur tout le continent Africain ; il vit sur la lisière des grandes forêts, et construit un nid composé de branchages secs, ordinairement placé à l'enfourchure de deux branches à une certaine hauteur. Il y dépose de *trois* à *quatre* œufs de forme ovale arrondie, d'un blanc rougeâtre sale, chargés au gros bout de macules et de taches irrégulières brunâtres. Leur grand axe mesure $0,077^{mm}$; ils ont $0,061^{mm}$ dans leur plus grand diamètre (Pl. XXVIII, fig. 2).

M. Barboza du Bocage (*loc. cit.*) rapporte, d'après M. d'Anchieta, que l'*Helotarsus ecaudatus* « compte parmi les oiseaux de proie qu'on peut attirer en se servant comme appât de cadavres en décomposition », fait que nous n'avons jamais constaté ; les nombreux individus, que nous possédions en captivité, refusaient absolument la viande qui n'était pas parfaitement fraîche, en revanche ils avaient une prédilection marquée pour le Poisson.

Cet oiseau est susceptible d'une sorte d'éducation, il s'apprivoise facilement, reconnaît celui qui le soigne, obéit à son appel, et s'écarte rarement de l'endroit où l'on a coutume de lui apporter sa nourriture.

Suivant M. d'Anchieta (*loc. cit.*), « les indigènes du Humbe éprouvent toujours, en voyant l'*Helotarsus ecaudatus*, une crainte superstitieuse ; ils sont persuadés qu'il lui suffit de regarder en passant un jeune enfant dans les bras de sa mère pour le faire tomber dangereusement malade ».

Cette croyance n'existe pas en Sénégambie où les indigènes sont les fournisseurs attitrés des Européens, qui recherchent cet oiseau pour son plumage remarquable et sa docilité à l'état captif.

Fam. **HALIAETIDÆ** Blyth.

Gen. **HALIAETUS** Savig.

37. HALIAETUS VOCIFER Cuv.

Haliaetus vocifer Cuv., R. An., I, p. 316.
— Sharpe, Cat. Accip. Brit. Mus., p. 310.
— Hartl., Orn. W. Afr., p. 8.
Falco vocifer Daud., Trait. Orn., II, p. 65.
Aquila vocifera Dumont, Dict. Sc. Nat., I, p. 355.
Le Vocifer Levaill., Ois. Afr., I, p. 17, pl. IV.
? *Haliaetus hypogeolis* Geoff. Saint-Hil. *(Etiquette manuscr. Galeries
Mus. Paris).*
? *Le Pygargue tricolore* Vieill., Nouv. Dict. H. N., t. XXVIII, p. 278, 1819.

N'Guiarkhol. — Commun parmi les Palétuviers le long des mari-
gots. — Sorres, Leybar, Thionk, Babagaye, Saloum, Joalles, Rufisque,
Safal, lac de Pagnefoul, N'Guer, Dagana, Podor, Kita, Bafing, Albreda,
Ghimbering, Samatite, Cagnac-Cay, etc., etc.

Les observations d'Adanson sur l'*Haliaetus vocifer* sont em-
preintes d'un degré d'exactitude tel, que nous les reproduisons
sans commentaires (*Voy. au Sénégal,* p. 125).

« Le Faucon pêcheur, que les Ouolofs appellent N'Guiarkhol
et les Français Nonette, dit-il, est un oiseau de la grandeur
d'une Oye et dont le plumage est brun à l'exception de la tête,
du col, de la poitrine et de la queue, qui sont d'un très beau
blanc. Il a le bec très fort et crochu comme celui de l'Aigle et
des serres aiguës, courbées en demi-cercle, dont il se sert admi-
rablement bien pour la pêche.

» Il se tient ordinairement sur les arbres, au-dessus de l'eau,
et quand il voit un poisson approcher de la surface il fond dessus
et l'enlève avec ses serres.

» J'en tuai un, ce qui me fit regarder d'un très mauvais œil par
mes Nègres, parce que cet oiseau est craint et respecté par eux ;
ils portent même la superstition au point de le mettre au nombre
de leurs Marabouts ou Prêtres, qu'ils regardent comme des gens
sacrés et divins ».

Levaillant, qui a considéré avec raison comme son *Vocifer* l'Aigle mangeur de Poissons, cité par Gaby (*Relations de la Nigritie*, p. 147), Aigle appelé *Nonette*, « parce qu'il a le plumage de couleur de l'habit d'une Carmélite, avec son scapulaire blanc », a donné sur l'*Haliaetus vocifer* les renseignements les plus erronés.

« Son cri, dit-il (*H. N. Ois. Afr.*, t. I, p. 17) peut être traduit  par la phrase musicale suivante : il est à remarquer, ajoute-t-il, que c'est toujours en l'air qu'il fait entendre ce chant. Ce cri serait un cri d'amour. Ils jettent aussi souvent de grands cris et se répondent entre eux de fort loin. On les voit pendant ces conversations faire de grands mouvements du cou et de la tête, indice certain des efforts nécessaires à la production des accents variés de leur voix ».

L'*Haliaetus vocifer* vit isolé et solitaire, perché sur les bords des marigots et pousse de temps en temps un cri rauque et prolongé bien connu des Noirs et que nous traduisons textuellement par les trois notes ci-jointes. Les cris d'amour, les conversations entre voisins, sont autant de rêveries enfantées par l'imagination féconde de Levaillant ; en outre c'est seulement posé sur une branche qu'il pousse son cri, il est toujours muet en volant.

Vieillot, à l'article Pygargue du Nouveau Dictionnaire d'Histoire Naturelle (*Edit. Deterville, loc. cit.*, p. 278), considère l'*Haliaetus vocifer* comme devant former deux espèces qu'il décrit l'une sous le nom de *Vocifer*, l'autre sous celui de *Pygargue tricolore* ou *Aigle nonette*.

M. Sharpe ne connaissait pas, sans doute, le travail de Vieillot, car il n'en parle pas dans sa synonymie (*loc. cit.*).

La première espèce de Vieillot est incontestablement établie sur un jeune du type ; les taches noires longitudinales sur le fond blanc de la tête, du cou, de la gorge et de la poitrine, l'indiquent suffisamment.

Quant à sa seconde espèce, son Pygargue tricolore, c'est tout simplement un vieux mâle.

Nous rapportons à l'*Haliaetus vocifer* jeune, un spécimen des Galeries d'Ornithologie du Muséum de Paris, portant le nom d'*Haliaetus hypogeolis* Geoff. Saint-Hil., sur une étiquette manuscrite ; il est indiqué comme provenant du Sénégal.

Malgré les recherches les plus minutieuses, nous n'avons pu trouver la moindre trace du nom attribué à Geoffroy Saint-Hilaire dans les nombreux ouvrages que nous avons consultés. Quoi qu'il en soit, la livrée de ce sujet est assez remarquable pour que nous la décrivions.

Le dessus est d'un brun foncé, la tête, de même couleur, porte en arrière sur la nuque une large tache blanchâtre; la région parotidienne est d'un blanc sale; la poitrine, le ventre, les cuisses, également d'un blanc sale, portent des mouchetures brunes plus grandes et plus foncées sur la poitrine; le croupion est d'un blanc jaunâtre; les petites couvertures des ailes, d'un brun pâle, ont chaque plume largement marginée de fauve doré; la queue est d'un gris brun avec une large bande terminale noirâtre; une autre bande blanche partage les rectrices en dessous; la cire et les pieds sont jaunâtres; le bec brun pâle; l'iris de même couleur.

Longueur totale		710	millimètres.
—	de l'aile	490	—
—	de la queue	260	—
—	du bec	45	—
—	du tarse	92	—
—	du doigt médian	30	—

Plusieurs exemplaires jeunes recueillis en Sénégambie nous ont fourni une coloration presque identique à celle que M. Barboza du Bocage (*loc. cit.*, p. 40) donne au jeune *Haliaetus vocifer*.

Gen. **GYPOHIERAX** Rüpp.

38. **GYPOHIERAX ANGOLENSIS** Rüpp.

Gypohierax angolensis Rüpp., Neue Wirb. Vög., p. 46, 1835.
   —   Sharpe, Cat. Accip. Brit. Mus., p. 312.
   —   Hartl., Orn. W. Afr., p. 1 et 246.
Falco Angolensis Gm., S. N., I, p. 252.
Vultur Angolensis Daud., Trait. Orn., II, p. 27.

Alebajh. — Peu commun. — Gambie, Casamence, Albreda, Sedhiou; remonte la côte où nous l'avons recueilli à la pointe du Cap-Vert, les deux Mamelles, et à M'Bao dans les environs de Rufisque.

Fam. **MILVIDÆ** C. Bp.

Gen. **NAUCLERUS** Vigors.

39. NAUCLERUS RIOCOURI Vigors.

Naucierus Riocouri Vigors, Zool. Journ., 1825, p. 396.
         —   Sharpe, Cat. Accip. Brit. Mus., p. 318.
         —   Hartl., Orn. W. Afr., p. 11.
Falco Riocouri Temm., Pl. Col., I, pl. LXXXV.

Assez rare. — Rufisque, Joalles, Thionk, Leybar, Hann, M'Bao, où
l'indique également M. Bouvier *(Cat. Ois. Voy. Marche et Compiègne,
p. 6)*.

Les auteurs ne sont pas d'accord sur les couleurs de la cire,
des pieds et de l'iris chez cette espèce. Les spécimens adultes
nous ont présenté la cire orangée, les pieds jaune paille et l'iris
rosé foncé. M. Barboza du Bocage donne au jeune un iris jaune
d'or, d'après M. d'Anchieta *(Orn. Ang.,* p. 45); nous l'avons toujours vu d'un brun pâle.

Gen. **MILVUS** Cuv.

40. MILVUS ÆGYPTIUS Gray.

Milvus Ægyptius Gray, Cat. Accip., p. 44, 1848.
         —   Sharpe, Cat. Accip. Brit. Mus., p. 320.
Falco Ægyptius Gm., S. N., I, p. 261.
Milvus parasiticus Less., Trait. Orn., p. 71, pl. XIV, fig. 1.
         —   Hartl., Orn. W. Afr., p. 10.
Milvus Forskahli Strickl., Orn. Syn., p. 134.
Le Parasite Levaill., Ois. Afr., I, p. 88, pl. XXII.

Liquingajh. — Commun. — Saint-Louis, Guet-N'Dar, Thionk, Babagaye, Leybar, M'Bilor, Dagana, Podor, Bakel, Saldé, Kita, Falémé
Bafing, Rufisque, Joalles, Dakar, Gambie, Casamence.

Cette espèce est, sans contredit, la plus commune parmi les oiseaux de proie de la Sénégambie, où, contrairement à l'opinion d'Adanson (*Cours d'Hist. Nat. Éd. Payer*, t. I, p. 503, 1845), elle habite toute l'année, et non pas depuis Novembre jusqu'en Mai.

Le *Milvus Ægyptius* se plaît dans les lieux habités; on le voit occupé à planer des journées entières au-dessus des villages, qu'il abandonne momentanément au moment de la ponte. Il construit sur des arbres peu élevés un nid grossièrement fait de branchages et d'herbes desséchées, où il dépose *quatre* œufs ovales d'un blanc saumoné pur, couverts de taches et de raies rouge brique plus larges au gros bout; le grand axe mesure 0,054^{mm}, et le plus grand diamètre 0,041^{mm} (Pl. XXVIII, fig. 5).

« Le nid de cet oiseau, d'après M. Shelly (*Ibis,* 1871, p. 43), paraît contenir invariablement quelques morceaux de vieux chiffons : « some piece of old rag », fait que nous n'avons jamais observé.

» Le Milan ou Ecouffe du Sénégal, dit Adanson (*loc. cit.*), est si familier, qu'il vient dans les villages et enlève en plein jour la viande ou le poisson, que les Nègres portent dans les gamelles sur leur tête en revenant du marché. A défaut de viande, ils se nourrissent de fruits et particulièrement de Dattes ». Nous avons pu vérifier mainte fois l'exactitude de ces renseignements.

41. MILVUS KORSCHUN Sharpe.

Milvus Korschun Sharpe, Cat. Accip. Brit. Mus., p. 322.
Accipiter Korschun Gm., N. Comm. Petrop., XV, p. 444, 1771.
Milvus ater Daud., Trait. Orn., II, p. 149.
Falco ater Gm., S. N., I, p. 262.
Milvus niger C. Bp., Comp. List. B. Eur. and N. Am., p. 4.
Milvus migrans Strickl., Orn. Syn., p. 133.

Liquingajh. — Habite les mêmes localités que son congénère, où il est cependant moins commun. Ses mœurs sont identiques.

M. Bouvier (*Cat. Ois. Voy. Marche et Compiègne,* p. 7) cite le *Milvus Korschun* à l'île Mayo, archipel du Cap-Vert.

Gen. **ELANUS** Savig.

42. ELANUS CÆRULEUS Strickl.

Elanus cæruleus Strickl., Orn. Syn., p. 137.
— Sharpe, Cat. Accip. Brit. Mus., p. 336.
Falco cæruleus Desj., Mém. Acad. R. Sc., 1787, p. 503, pl. XV.
Elanus melanopterus Leach., Zool. Misc., p. 5, pl. CXXII.
— Hartl., Orn. W. Afr., p. 11.
Falco melanopterus Daud., Trait. Orn., II, p. 152.
Elanus cæsius Savig., Ois. Egyp., p. 274.
Le Blac Levaill., Ois. Afr., I, p. 147, pl. XXXVI, XXXVII.

Assez commun dans toute la Sénégambie, mais plus particullèrement dans la région Sud. — Gambie, Casamence, Melacorée.

Gen. **PERNIS** Cuv.

43. PERNIS APIVORUS Cuv.

Pernis apivorus Cuv., R. An., 1, p. 322.
— Sharpe, Cat. Accip. Brit. Mus., p. 344.
— Hartl., Orn. W. Afr., p. 10.
Falco apivorus Lin., Syst. Nat., I, p. 130, 1766.
La Bondrée Briss., Orn., I, p. 410. — Buff., pl. Enl., I, pl. CCCCXX.
Le Tachard Levaill., Ois. Afr., I, pl. XIX.

Seguelokoyo. — Rare. — De passage pendant l'hiver, dans la région Nord-Est; Kita, Bakel, Saldé. Descend quelquefois jusqu'à Saint-Louis. Nous l'avons tué à Rufisque.

Gen. **BAZA** Hodgs.

44. BAZA CUCULOIDES Schl.

Baza cuculoides Schl., Mus. P. B., p. 6, 1862.
— Sharpe, Cat. Accip. Brit. Mus., p. 354, pl. XI, f. 2.
— Sharpe et Bouv., Bull. Soc. Zool. France, I, p. 301.

5

Faucon tanas Adans., Cours Hist. Nat. Ed. Payer, I, p. 492.
Avicida cuculoides Swain., B. W. Afr., I, p. 104, pl. I, 1837.
— Hartl., Orn. W. Afr., p. 10.
Pernis cuculoides Kaup., Contr. Orn., 1850, p. 77.
Falco Piscator Gm., in Buff. pl. Enl., n° 478 (non Levaill., Ois. Afr.,
pl. XXVIII).

Tanass. — Peu commun. — Gambie, Melacorée, Sedhiou, Albreda ;
rare dans le Cayor et dans le pays des Serrères où nous l'avons tué.

Il paraît très douteux, dit Hartlaub (*loc. cit.*), que cet oiseau soit
le *Tannas* de Buffon (*Falco piscator* Gm.) et je considère, comme
spécifiquement distinct, le type du Sud-Est de l'Afrique « ob dieser
Vogel der Tanas Buffon's (*Falco piscator* Gm.) sei, bleibt höchst
zweifelhaft. Den Südost afrikanischen *Avicida Verreauxi* Lafr.
(*Hyptiopus Caffer* Sundev.) halte ich für specifisch verschieden ».

Bien que nous reconnaissions avec Hartlaub et la plupart des
Ornithologistes, la différence des spécimens de l'Ouest et du Sud
de l'Afrique, nous ne partageons pas ses doutes relativement
au *Tannas* d'Adanson et non pas de Buffon, comme le prétend
Hartlaub.

Ce nom de *Tannas*, donné encore aujourd'hui par les Nègres
au *Baza cuculoides*, type de la Sénégambie, est une preuve d'une
certaine valeur en faveur de l'identification de l'espèce ; d'un
autre côté, la description et la figure de Swainson (*loc. cit.*) se
rapportent bien réellement à l'un des âges de ce type Sénégambien, vu et décrit pour la première fois par Adanson (*loc. cit.*).

La fausse conjecture, émise par Hartlaub, provient très probablement des divergences considérables que l'on trouve dans les
descriptions des auteurs.

Sans tenir compte de la figure des plus défectueuses de la planche enluminée de Buffon (*loc. cit.*), on s'aperçoit, à la simple lecture
des diagnoses, qu'elles ont été faites d'après des individus d'âges
différents, et pour les travaux récents même, si l'on compare,
par exemple, la description et la figure de Swainson (*loc. cit.*)
d'une part, avec la description et la figure de M. Sharpe (*loc. cit.*)
de l'autre, ces descriptions et ces figures peuvent, à première
vue, s'appliquer à deux espèces nettement tranchées ; il n'en est
rien cependant, les différences résultant de l'âge des individus.

Dans notre pensée, chaque auteur aurait décrit comme type les sujets qu'il avait en mains, sans s'inquiéter de leur âge, tout au moins probable; de là l'erreur et la confusion qui règnent encore aujourd'hui au sujet du *Baza cuculoides*.

Nous ajouterons que le type figuré par Levaillant (*Ois. Afr.*, I, pl. XXVIII), nous semble se rapporter au *Baza Verreauxi* (*Avicida Verreauxi*) de Lafresnaye (*Rev. Zool.*, 1846, p. 130).

Avec M. Gurney (*Ibis*, 1880, p. 462), nous avons inscrit le *Baza cuculoides* à la fin des *Milvidæ* et non parmi les *Falconidæ*, comme l'a fait M. Sharpe (*loc. cit.*), nous basant sur les remarques suivantes de M. le Professeur A. Milne Edwards (*H. N. Madagas.*, vol. I, p. 75) : « l'étude détaillée des caractères ostéologiques du *Baza Madagascariensis* montre que cet oiseau diffère trop complètement des *Faucons* pour pouvoir prendre place dans la même famille; il ressemble bien plus aux *Milans* et aux *Bondrées;* et que si la forme de sa tête et de son appareil sternal n'était pas toute spéciale, on pourrait le considérer comme appartenant au genre *Pernis* ».

Fam. **FALCONIDÆ** C. Bp.

Gen. **POLIOHIERAX** Kaup.

45. POLIOHIERAX SEMITORQUATUS Kaup.

Pl. VII, fig. 1, 2.

Poliohierax semitorquatus Kaup., Isis, 1847, p. 47.
      —   Sharpe, Cat. Accip. Brit. Mus., p. 370.
Falco semitorquatus A. Smith, Illustr. S. Afric. Zool., p. I, pl. I.
Hypotriorchis semitorquatus Gray, Gen. of B., I, p. 20.
      —   *castanonotus* Heugl., Ibis, 1860, p. 407 et Sclat., Ibis, 1861, p. 346, pl. XIII.

Jkhoni. — Rare. — Observé seulement dans la région Nord-Est : Forêts de Taalari, intérieur du Gangaran, Maina.

Pendant longtemps, la femelle de cette espèce, caractérisée surtout par la région scapulaire et interscapulaire d'un brun marron, a été considérée comme une espèce à laquelle Heuglin, en 1860 (*loc. cit.*), avait donné le nom de *castanonotus;* en 1861, M. Sclater (*Ibis,* p. 346) se livrait à une discussion approfondie, pour démontrer, à l'aide de spécimens du Nord et du Sud de l'Afrique, l'erreur à laquelle Heuglin s'était laissé entraîner. A partir de cette époque, les Ornithologistes se sont empressés, avec raison du reste, d'accepter l'opinion de M. Sclater, mais cette manière de voir eût été moins tardive, si M. Sclater et partant ses disciples n'eussent pas oublié, sans doute, que Smith, l'auteur du *Poliohierax (Falco) semitorquatus,* avait le premier parfaitement distingué la femelle en disant (*loc. cit.*) : « in the female the scapulars and the back are deep chestnut brown; in the other respects the colours are similar to those of the male ».

La figure inexacte du mâle (A. Smith, *loc. cit.,* Pl. I), celle imparfaite de la femelle (Sclater, *loc. cit.,* Pl. XII), nous ont engagé à faire représenter, d'après nature, les deux sexes de cet oiseau.

Gen. **FALCO** Lin.

46. FALCO BARBARUS Lin.

Falco barbarus Lin., Syst. Nat., I, p. 125.
    —   Sharpe, Cat. Accip. Brit. Mus., p. 386
Falco peregrinoides Schl. et Susem., Vög. Eur., taf. IX, f. 1.
Le Faucon de Barbarie Briss., Orn., 1, p. 343.

Quieli. — Assez commun. — Daranka, Albreda, Bathurst; plus rare à Rufisque, M'Bao, Thiese.

Cette espèce est indiquée par M. Sharpe (*Ibis,* 1875, p. 255) comme habitant l'île Santiago de l'archipel du Cap-Vert. Le Muséum d'Histoire Naturelle de Paris en possède un spécimen de cette localité.

47. FALCO TANYPTERUS Schl.

Falco tanypterus Schl., Abhandl. Gel. Zool., p. 8, taf. XII, XIII.
    — —   Sharpe, Cat. Accip. Brit. Mus., p. 391.
Falco biarmicus Rüpp., Neue Wirb. Vög., p. 44 (non Temm.).

Quiell. — Peu commun. — Bakel, Dagana, Kita, rives du Bakoy et du Bafing.

Le *Falco tanypterus* est indiqué de Nubie, des bords du Niger, de la côte d'Angola, etc.

48. FALCO RUFICOLLIS Swain.

Falco ruficollis Swain., B. W. Afr., I, p. 407, pl. II.
      —   Sharpe, Cat. Accip. Brit. Mus., p. 404.
      —   Hartl., Orn. W. Afr., p. 8.
Falco chicqueroides A. Smith., S. Afr. Quart. Journ., I, p. 233.

Quiell. — Assez répandu dans toute la région Sénégambienne. — Sorres, Thionk, Leybar, Bakel, Rufisque, Casamence, Gambie.

Hartlaub, qui a très exactement décrit cette espèce, lui donne : « rostro apice cærulescente corneo, pedibus flavis, iride fusca » (*loc. cit.*); M. Ayres (*Ibis*, 1869, p. 288) et, d'après lui, M. Sharpe (*loc. cit.*), l'indiquent comme ayant : « orbits, cere, tarsi and feet yellow; bill bluish horn-colour, yellow at base; iris dark brown ».
Chez tous les exemplaires adultes et vivants que nous avons examinés, la cire et le tour des orbites étaient orangé brillant, le bec était jaune pâle à pointe noire, les pieds d'un jaune verdâtre, et l'iris brun-rouge très pâle.

Gen. CERCHNEIS Boie.

49. CERCHNEIS TINNUNCULA Boie.

Cerchneis tinnuncula Boie, Isis, 1828, p. 314.
      —   Sharpe, Cat. Accip. Brit. Mus., p. 425.
Falco tinnunculus Lin., Syst. Nat., I, p. 127.
Tinnunculus Alaudarius Gray, Gen. of B., I, p. 21.
Tinnunculus tinnunculus Hartl., Orn. W. Afr., p. 9.
La Cresserelle Briss., Orn., I, p. 393 et Buff., pl. Enl., I, pl. 401 471.

Ehsonghé. — Peu commun. — De passage dans la partie Nord-Est. Saldé, Dagana, Bakel; très rare vers le Sud-Ouest, M'Bao, Rufisque, Joalles.

Cette espèce Européenne est aussi indiquée du Sud et du Nord de l'Afrique, où elle émigre parfois « occasionally wandering » (Sharpe, *loc. cit.*, p. 426).

50. CERCHNEIS NEGLECTA Sharpe.

Cerchneis neglecta Sharpe, Cat. Accip. Brit. Mus., p. 428.
Falco neglectus Schleg., Mus. P. B. Rev. Accip., p. 43, 1873.

Assez commun. — Dakar, les deux Mamelles; recueilli à Santiago, archipel du Cap-Vert, par MM. Bouvier et Keulemans.

Avec M. Sharpe (*loc. cit.*) nous considérons le *Cerchneis neglecta,* comme distinct spécifiquement du *Cerchneis Tinnuncula.* Indépendamment des caractères différentiels, nous insistons sur ce fait : que la dernière espèce est de passage en Sénégambie, tandis que la première est sédentaire sur le continent, comme dans les îles de l'archipel du Cap-Vert.

51. CERCHNEIS RUPICOLA Boie.

Cerchneis rupicola Boie, Isis, 1828, p. 314.
   —   Sharpe, Cat. Accip. Brit. Mus., p. 429.
   —   B. du Boc., Orn. Ang., p. 49.
Tinnunculus rupicolus Gray, Gen. of B., I, p. 21.
Falco rupicolus Daud., Trait. Orn., II, p. 135.
Le Montagnard Levaill., Ois. Afr., I, p. 144, pl. XXXV.

Ehsonghé. — Rare. — Casamence, Gambie, Melacorée, où cette espèce remonte vers la fin de l'hivernage.

52. CERCHNEIS ARDESIACA. Sharpe.

Cerchneis ardesiaca Sharpe, Cat. Accip. Brit. Mus., p. 446.
Falco ardosiacus Bonn. et Vieill., Enc. Meth., I, p. 1238.
Æsalon ardosiacus Hartl., Orn. W. Afr., p. 9.
Falco concolor Temm., Pl. col., I, pl. CCCXXX.
Dissodectes ardesiacus Sclat., Ibis, 1864, p. 306.

Likmé. — Commun dans toute la Sénégambie. — Saint-Louis, Sorres, Thionk, Leybar, Rufisque, Joalles, Dakar, Babagaye, Maka, le Cayor, le Oualo, la Gambie, la Casamence, etc.

M. Sharpe donne pour habitat exclusif à cette espèce l'Ouest et le Nord-Ouest de l'Afrique.

PANDIONI Sharpe.

Fam. PANDIONIDÆ Sharpe.

Gen. PANDION Savig.

53. PANDION HALIÆTUS Less.

Pandion haliætus Less., Man. Orn., I, p. 86, 1828.
   —   Sharpe, Cat. Accip. Brit. Mus., p. 449.
   —   Hartl., Orn. W. Afr., p. 7.
Aigle de mer Briss., Orn., I, p. 440.
Falco haliætus Lin., Syst. Nat., I, p. 129.

Segueligo. — Assez rare — Hann, M'Bao, Joalles, Gorée, Dakar, Almadies, Gandiole, pointe de Ghimbering.

Le *Pandion haliætus* habite la zône littorale; ce n'est qu'exceptionnellement qu'on l'observe en remontant les fleuves, et toujours à de faibles distances de la côte. M. Bouvier (*Cat. Ois. Voy. Marche et Compiègne,* p. 7) le signale à Gorée où nous l'avons également tué.

STRIGI C. Bp.

Fam. BUBONIDÆ Swain.

Gen. SCOTOPELIA C. Bp.

54. SCOTOPELIA PELI C. Bp.

Scotopelia Peli C. Bp., Consp. Av., I, p. 44, ex Temm., M. S. in Mus. Lugd.
—   Sharpe, Cat. Strig. Brit. Mus., p. 10.
—   Hartl., Orn. W. Afr., p. 18.
—   Gurney, Ibis, 1859, p. 445, pl. XV.
Bubo Peli Kaup., Contr. Orn., 1852, p. 117.
Strix Pelii Schl., Handal. Dierk., I, p. 176, pl. I, f. 10.
Ketupa Peli Gray, Hand. l. B., I, p. 45.

Enkourou. — Rare. — Forêts de la Gambie, de la Casamence et de
la Melacorée; Cagnout, Samatite, Bering, Kagniac-Cay.

M. Sharpe (*loc. cit.*) indique cette espèce de la Sénégambie au
Gabon, et dans la région du Zambèze. M. Barboza du Bocage
l'inscrit dans son Ornithologie d'Angola (p. 55), « sous la res-
ponsabilité, dit-il, de M. Sharpe, qui l'a vue parmi d'autres
oiseaux rapportés du Quanza ».

Les spécimens du Zambèze, fait observer M. Sharpe (*loc. cit.*),
« sont d'une taille moins forte que ceux du Gabon, ils sont en
outre différemment colorés; les parties inférieures sont fauves
avec des taches longitudinales noires, et en forme de flèches;
parfois on observe des taches cordiformes sur la région des
flancs; quelques-unes des plumes de la poitrine sont terminées
par des taches noires. Mais, ajoute l'auteur Anglais, comme ces
caractères se retrouvent sur la planche de M. Gurney (*Ibis*, 1859,
loc. cit.) représentant un type de l'Ouest Afrique, il est probable
qu'ils ne peuvent servir à distinguer une espèce (*it is probably
not a specific character*) et désignent plutôt la livrée du jeune
âge (*but the sign of nonage*) ».

Ne connaissant pas les spécimens du Zambèze, nous ne pouvons discuter la valeur des caractères précédemment énumérés; aussi nous bornerons-nous à traduire textuellement l'excellente description que M. Sharpe donne du *Scotopelia Peli* type, afin de permettre la comparaison de cette espèce avec la suivante, que nous considérons comme en étant tout à fait distincte.

« *Sujet adulte*. — En dessus d'un roux châtain foncé orné de bandes nombreuses irrégulières noires, moins distinctes sur la tête; celle-ci légèrement fauve; pennes et couvertures des ailes châtain avec bandes noires exactement comme sur le dos; face inférieure des ailes de couleur rousse et barrée de la même façon que la face supérieure; queue d'un roux fauve un peu plus clair que le dos, traversée de bandes noires; parties inférieures du corps châtain clair avec des taches cordiformes noires, de forme souvent un peu irrégulière; couverture inférieure des ailes roux châtain avec quelques taches et quelques raies noires plus distinctes sur les rangs inférieurs; cire bleu de plomb; bec de la même couleur que la cire, mais d'une teinte plus foncée excepté vers le bout; tarses d'un blanc sale, nuancés de rose bleuâtre; serres couleur de corne claire, teintées de bleuâtre; iris brun noir prononcé ».

Longueur totale	....	575	millimètres.
—	de l'aile....................	420	—
—	de la queue.................	250	—
—	du bec.......	50	—
—	du tarse....................	52	—

55. SCOTEPELIA OUSTALETI Rochbr.

Pl. VIII, fig. 1.

Scotopelia Oustaleti Rochbr., Bull. Soc. Phil., 2 août 1883.

S. — Supra nitide fulvo cinnamomea, castaneo fasciolata; capite pallidiore, fasciis minutis rarioribus; facie luteo cinerea; collo, pectore, epigastro, læte albo cinnamomeis, rufo maculatis; tectricibus cinnamomeo rufis, maculis subtriquetris castaneis; remigibus pallidioribus, rachide aurato, fasciis fuscis transversim notatis; subalaribus dilute cinnamomeis, fasciis griseo rufis;

RECTRICIBUS SIMILLIMIS; UROPYGIO LUTEO ALBESCENTE, MINUTE FULVO STRIOLATO; CRISSO GRISEO LUTESCENTE, FUSCO FASCIATO; CRURIBUS ALBO CINNAMOMEIS, IMMACULATIS; CERA RUBRO CARNEA; ROSTRO SORDIDE CÆRULEO, APICE NIGRO; SETIS BASALIBUS RIGIDIS, LONGIS, LUTEO ALBIS; PEDIBUS ET TARSIS INFERIORIBUS NUDIS, LUTEO AURANTIACIS; IRIDE CÆRULEO.

En dessus fauve cannelle à reflets brillants, chaque plume marquée de petites bandes irrégulières brun marron; la tête de couleur plus pâle à bandes moins nombreuses et de dimensions plus faibles; région parotidienne d'un jaune blanc châtain sans taches; cou, poitrine, ventre d'une teinte chamois très pâle, à mouchetures brun noir, plus arrondies sur la poitrine; couvertures des ailes roux cannelle avec nombreuses macules triangulaires brun marron; les pennes de couleur plus claire, à rachis d'un beau jaune orange doré, marquées transversalement de bandes fauves; surface inférieure des ailes chamois pâle à bandes d'un gris roussâtre: queue en dessus comme les pennes de l'aile; croupion jaune blanchâtre finement strié en travers de lignes onduleuses fauves; dessous de la queue d'un jaunâtre pâle à bandes brunes; cuisses d'un blanc chamois sans aucune trace de taches; cire d'un rouge carné; bec d'un bleu légèrement plombé, noirâtre au milieu de la mandibule supérieure ainsi qu'à la pointe; poils de la base du bec rigides, longs, d'un blanc jaunâtre; tarse et pieds nus, d'un jaune orangé; iris brun rouge pâle.

Longueur totale	690	millimètres.
— de l'aile	502	—
— de la queue	261	—
— du bec	59	—
— des tarses	60	—
— du doigt médian	30	—
— moyenne des ongles	45	—

Enkourouba. — Rare. — Forêts du Cayor; a été tué en remontant le fleuve, à Saldé; s'observe quelquefois à l'île de Thionk où nous l'avons vu; excessivement rare sur la Gambie.

La livrée du sujet adulte et mâle que nous venons de décrire, sa taille considérable, les localités où on le rencontre, sont autant de points sur lesquels nous nous sommes appuyé pour le distinguer du *Scotopelia Peli*. Lorsque nous voyons M. Gurney (*P. Z. S. of London,* 1871, p. 48 et in *Ander. B. Dam.,* p. 42) accorder une valeur non seulement spécifique, mais qui plus est, générique, à la couleur de l'iris chez certains *Accipitres* nocturnes; lorsque nous voyons plusieurs Ornithologistes accepter cette caractéristique, que nous nous permettons de regarder comme discutable, nous n'hésitons pas à spécifier un type, toutes les fois qu'il réunit, comme notre *Scotopelia Oustaleti,* une somme notable de caractères particuliers.

Gen. **BUBO** Cuv.

56. BUBO MACULOSUS C. Bp.

Bubo maculosus C. Bp., Consp. Av., I, p. 49.
      —   Sharpe, Cat. Strig. Brit. Mus., p. 30.
Strix maculosa Vieill., N. Dict. H. N., VII, p. 44.
Otus Africanus Steph., Gen. Zool., XIII, pt. 2, p. 58.
Bubo Africanus Boie, Isis, 1826, p. 976.

Loye. — Peu commun. — Bathurst, Sedhiou, forêts de la région arrosée par la Melacorée.

Cette espèce de Sierra-Leone et du Gabon existe également au Zambèze et dans le Sud de l'Afrique; elle remonte dans la basse Sénégambie, où elle apparaît périodiquement.

57. BUBO CINERASCENS Guer.

Bubo cinerascens Guer., Rev. Zool., 1843, p. 321.
      —   Sharpe, Cat. Strig. Brit. Mus., p. 32.
Bubo maculosus Hartl., Orn. W. Afr., p. 19 (non Vieill.).

Loye. — Assez fréquent dans la région Nord-Est. — Bakel, Médine, Podor, forêts de Maina et de Baudoubé; notre excellent confrère M. le Dr Colin nous l'a rapporté de cette dernière localité.

M. Sharpe (*loc. cit.*) l'indique sur les bords du Niger.

58. BUBO LACTEUS Steph.

Bubo lacteus Steph., Gen. Zool., XIII, pt. 2, p. 55.
—   Sharpe, Cat. Strig. Brit. Mus., p. 33.
—   Hartl., Orn. W. Afr., p. 19.

Loye. — Assez commun dans les mêmes parages que l'espèce précédente.

L'Est et l'Ouest du continent Africain paraissent limiter l'aire d'habitat du *Bubo lacteus;* avec M. Gurney (*Ibis,* 1868, p. 148) nous considérons comme distinct le type du Sud que nous désignons comme lui sous le nom de *Bubo Verreauxi,* imposé par C. Bonaparte (*Consp. Av.,* I, p. 49).

Gen. SCOPS Savig.

59. SCOPS SENEGALENSIS Swain.

Scops Senegalensis Swain., B. W. Afr., I, p. 127.
—   Finsch., Trans. Z. S. of Lond., VII, p. 210.
—   Hartl., Orn. W. Afr., p. 19.
Scops giu Sharpe, Cat. Strig. Brit. Mus., p. 47 à 52.

Touti Loye. — Commun. — Sorres, Saint-Louis, Thionk, Dakar, M'Bao, Joalles, Rufisque, etc.

Le Dr Finsch considère le *Scops Senegalensis* comme très voisin de l'espèce d'Europe; il en diffère cependant, dit-il, par ses ailes plus courtes, caractère qu'il n'hésite pas à regarder comme spécifique (*loc. cit.*).

Pour M. Sharpe (*loc. cit.*) rien ne les distingue; le *Scops Senegalensis* n'est qu'une race locale du *Scops giu,* de taille un peu plus petite; on sait que les *races locales* jouent un grand rôle dans les travaux de M. Sharpe.

L'auteur du *Scops Senegalensis,* et tous ceux qui, comme nous,

ont adopté son espèce, reconnaissent des caractères suffisants
pour le distinguer.

« Dans le *Scops Senegalensis,* dit Swainson (*loc. cit.*), la face
intérieure des rémiges est légèrement brune passant au roux et
marquée en travers de *six* bandes noirâtres dirigées obliquement,
et s'étendant en travers sur toute la largeur des plumes ; dans
le *Scops Europæus,* ces bandes sont blanchâtres, moins larges
et ne règnent pas sur toute la surface des rémiges ; on en compte
six sur la première chez le *Scops Senegalensis,* et *neuf* chez le
Scops Europæus ; les petites couvertures des ailes de cette dernière espèce sont d'un brun roux foncé ; elles sont jaunâtres
lavées de roux chez le *Scops Senegalensis ;* celui-ci a les ailes
plus courtes, la deuxième rémige est moins longue que la cinquième, la troisième et la quatrième sont égales, tandis que la
deuxième rémige du *Scops Europæus* égale la quatrième et que
la troisième dépasse les autres ».

Adanson (*Cours H. Nat.* Éd. *Payer,* t. I, p. 534) a bien connu
cette espèce. « J'ai tué en juin, dit-il, dans les bois qui avoisinent
l'île du Sénégal, un petit *Scops* différant de celui d'Europe, en
ce que ses oreilles sont composées chacune de six plumes, en ce
qu'il est moins roux, plus cendré et marqué de six bandes transversales sur chaque aile ».

60. SCOPS LEUCOTIS Swain.

Scops leucotis Swain., B. W. Afr., I, p. 124.
    —   Sharpe, Cat. Strig. Brit. Mus., p. 97.
    —   Hartl., Orn. W. Afr., p. 20.
Strix leucotis Temm., Pl. Col., I, pl. XVI.
Bubo leucotis Schleg., Mus. P. B., p. 17.

Vekh Loye. — Commun. — Dakar, M'Bao, Cap-Vert, Rufisque,
Sorres, Thionk, île Befisch, Bakel, Saldé, Dagana, Kita, forêts de la
Gambie et de la Casamence.

L'espèce se rencontre à Angola, au Gabon, dans la Cafrerie, le
Damara, le Zambèze, etc. Son aire d'habitat comprend ainsi tout
le continent.

Fam. **SURNIDÆ** C. Bp.

Gen. **NOCTUA** Savig.

61. NOCTUA SPILOGASTRA Heugl.

Noctua spilogastra Heugl., Orn. Nordost Afr., p. 119, taf. IV.
Carine spilogastra Sharpe, Ibis, 1875, p. 258 et Cat. Strig. Brit. Mus.,
p. 138.

Polor. — Peu commun. — Forêts de Taalari et de Bandoubé, Kita,
Banion-Kadougou.

Cette espèce, considérée comme Abyssinienne, a été découverte
dans les localités où nous l'indiquons par M. le Dr Colin, qui a
bien voulu nous communiquer un magnifique exemplaire tué
par lui.

Gen. **GLAUCIDIUM** Boie.

62. GLAUCIDIUM PERLATUM Sharpe.

Glaucidium perlatum Sharpe, Cat. Strig. Brit. Mus., p. 210.
Athene perlata Gray, Gen. of B., I, p. 35.
    —   Hartl., Orn. W. Afr., p. 17.
Strix Senegalensis Chapm., Trav. S. Afr., II, app. p. 393.
La Chevechette perlée Levaill., Ois. Afr., VI, pl. CCLXXXIV.
Strix perlata Vieill., N. Dict. H. N., VII, p. 26.

Oualajh. — Assez commun. — Bathurst, Daranka, Sedhiou, Melacorée, Diataconda.

La présence de cette espèce en Gambie, où M. Bouvier (*Cat.
Ois. Voy. Marche et Compiègne*, p. 7) l'a indiquée avant nous,
détruit l'assertion de M. Sharpe (*loc. cit.*) « HAB. the whole of
Africa south of the Sahara, *excepting the forest regions of the
west coast* ».

Parmi les Ornithologistes qui ont étudié le *Glaucidium perlatum,* MM. Ayres, Finsh, Sharpe entre autres, déclarent l'impossibilité de distinguer les types du Sud et du Nord-Est; tout ce
qu'ils affirment, c'est que les individus du Sud ont une coloration
moins foncée.

L'examen d'un nombre assez considérable de sujets de tout
âge nous a démontré que, contrairement à l'opinion des auteurs
précités, les spécimens provenant du Sud sont ceux dont le plumage présente les *teintes les plus sombres,* et en second lieu que
les uns et les autres fournissent des caractères suffisants pour
autoriser leur séparation.

Les spécimens à plumage sombre ont été décrits comme types
du *Glaucidium perlatum,* nous reproduisons leur diagnose :

Adulte ♂. — « En dessus d'un brun marron nuancé de roux sur
la tête et varié de taches arrondies blanches, liserées de noirâtre,
plus petites et plus rapprochées sur la tête et le cou; au dessous
de la nuque un demi-collier blanc et roux bordé de noir. Parties
inférieures blanc lavé de roussâtre, tachetées de roux sur la
gorge et la poitrine, fortement striées de brun sur l'abdomen;
sous-caudales blanches sans taches; joues blanchâtres; rémiges
brun olivâtre, marquées en dehors et en dedans de grandes
taches blanc fauve, régulièrement espacées; queue longue, de
la couleur du dos, ornée de taches allongées blanches, disposées
en deux séries régulières sur chaque rectrice; cire, bec et doigts
jaune verdâtre; iris jaune ».

Longueur totale		210 millimètres.
—	de l'aile	122	—
—	de la queue	88	—
—	du bec	16	—
—	du tarse	21	—
—	du doigt médian	20	—

Cette description s'applique, selon nous, et nous insistons sur
ce point, aux exemplaires *seuls* provenant du Sud-Ouest et du
Sud-Est de l'Afrique.

Nous désignerons, dès lors, les exemplaires du Nord-Ouest et
du Nord-Est, que nous allons examiner comparativement (exemplaires à teintes pâles), sous le nom imposé par Lichtenstein aux
types présentant ce mode de coloration.

63. GLAUCIDIUM LICUA Rochbr.

Pl. IX, fig. 1.

Glaucidium licua Rochbr., Notes M. S., 1876.
Strix licua Licht., Verz. Saüg. u. Võg. Kaffernl., p. 12.
Athene licua Strickl. et Sclat., Contr. Orn., 1852, p. 142.

Sibalajh. — Peu commun. — Bakel, forêts de Makana, Kouguel, Arondou, Kita, Bandoubé, bords du Bakoy et de la Falémé.

Adulte ♂ — En dessus, d'un jaune chamois; la tête de cette dernière couleur, ornée de petites taches arrondies, blanches, bordées de noir; sourcils blancs, joues brunâtres; en dessous de la nuque un demi-collier blanc pur mélangé de noir; toutes les parties inférieures d'un blanc pur très lâchement tachetées de brun fauve, les taches de la poitrine arrondies irrégulières, celles de l'abdomen un peu plus foncées et allongées; petites couvertures des ailes, d'un fauve rougeâtre clair, mélangées de taches blanches larges et irrégulières; rémiges d'un fauve tirant sur le gris, marquées de taches quadrangulaires blanches, alternant avec des taches semblables d'un noir pâle et régulièrement barrées de brun en dessus et en dessous; queue courte, chamois en dessus, ornée de taches blanches, arrondies; en dessous d'un gris brun, à larges taches quadrangulaires, blanchâtres; cire brunâtre; bec d'un jaune brun, ainsi que les pieds; iris jaune clair.

Longueur totale.	180 millimètres.	
— de l'aile.	105	—
— de la queue.	71	—
— du bec.	13	—
— du tarse.	22	—
— du doigt médian.	17	—

Nous n'insisterons pas sur ces différences, pleinement suffisantes pour séparer nos deux types; nous poserons seulement une simple question, question applicable à bon nombre d'espèces dont nous aurons à nous occuper : pourquoi certaines variations dans la coloration, considérées comme *sans valeur* pour plusieurs types, sont-elles *unanimement acceptées comme caractères spécifiques* pour d'autres ?

Fam. **SYRNIIDÆ** Sharpe.

Gen. **ASIO** Briss.

64. ASIO ABYSSINICUS Strickl.

Asio Abyssinicus Strickl., Orn. Syn., p. 211.
— Sharpe, Cat. Strig. Brit. Mus., p. 227.
Otus Abyssinicus Guer. Men. Rev. Zool., 1843, p. 321.
— Heugl., Orn. Nordost Afr., p. 107.

Kheurguedjh. — Commun. -- Kita, Falémé, Bakoy et Bafing ; montagnes du Fouta sur la lisière des Forêts ; Maina, Bandoubé.

Nous possédions cette espèce de la région Nord-Est de la Sénégambie, où M. le Dr Colin l'a recueillie depuis nous ; il a bien voulu nous en communiquer deux exemplaires.

65. ASIO CAPENSIS Strickl.

Asio Capensis Strickl., Orn. Syn., p. 211.
— Sharpe, Cat. Strig. Brit. Mus., p. 239.
Otus Capensis A. Smith., S. Afr. Quart. Journ., ser. 2, par. I, p. 316.
— B. du Boc., Orn. Ang., p. 61.

Assez commun. — Forêts des bords de la Gambie et de la Casamence, Diatacunda, Sedhiou, Bathurst.

L'*Asio Capensis* du Sud de l'Afrique, cité à Angola par M. Barboza du Bocage (*loc. cit.*), également indiqué dans le Benguela, le Zambèze, remonte jusqu'à la limite Sud de la Sénégambie où il séjourne momentanément.

6

Gen. **SYRNIUM** Savig.

66. SYRNIUM NUCHALE Sharpe.

Syrnium nuchale Sharpe, Ibis, 1870, p. 487.
   —   Sharpe, Cat. Strig. Brit. Mus., p. 265.

Kheurguedjh. — Assez commun. — Forêts du haut du fleuve, Saldé, Matham, Bakel, Podor; nous l'avons observé à l'île de Thionk, à Babagaye, ainsi qu'à Leybar.

67. SYRNIUM WOODFORDI. C. Bp.

Syrnium Woodfordi C. Bp., Consp. Av., I, p. 52.
   —   Sharpe, Cat. Strig. Brit. Mus., p. 267.
   —   Hartl., Orn. W. Afr., p. 21.
Athene Woodfordi A. Smith., Illust. S. Afr. Zool., pl. LXXI.

Kheurguedjh. — Assez commun. — Gambie, Casamence, Mélacorée, Bathurst, Ghimbering, Cagnout, forêts de Wagran.

M. Sharpe (*Ibis*, 1870, p. 487) prétend que le *Syrnium nuchale* remplace le *Syrnium Woodfordi,* dans l'Afrique occidentale; nous affirmons que les deux espèces se trouvent en Sénégambie où nous les avons tuées; mais elles paraissent localisées : la première dans les régions Nord-Ouest et Est, la seconde dans la région Sud.

Le *Syrnium nuchale,* dit M. Sharpe (*loc. cit.*), est « *affine S. Woodfordi, sed multo saturatius, collo postico fasciis latis albis notato, pectore saturate brunneo, late albo transfasciato* ».

Ainsi, le *Syrnium nuchale,* espèce acceptée par tous les ornithologistes, par M. Gurney lui-même (*this bird which M. Gurney agrees with me in considering to be undescribed,* Sharpe, *Ibis,* 1870, p. 487), se distingue uniquement du *Syrnium Woodfordi,* par des teintes plus foncées et par l'absence presque complète de taches blanches et de vermiculations sur les couvertures des ailes et sur le dos; ne serait-ce pas le cas de renouveler la question précédemment posée ?

Fam. **STRIGIDÆ** C. Bp.

Gen. **STRIX** Linn.

68. STRIX FLAMMEA Linn.

Strix flammea Linn., Syst. Nat., I, p. 133.
   —   Sharpe, Cat. Strig. Brit. Mus., p. 291.

S. — SUPRA CINERASCENS, TENUISSIME NIGRICANTE VERMICULATA, MACULIS MINUTIS CREBRIS ALBIS; GULA ET FACIE ALBIDIS; CORONA LÆTE FULVO MARGINATA, PERIOPHTHALMIS OBSCURIORIBUS; SUBTUS PALLIDE FULVESCENS, MACULIS MINUTIS ROTUNDATIS NIGRIS; CAUDA ET ALIS FULVIS, CINEREO FASCIATIS, NIGRICANTE VARIEGATIS; TARSIS ALBIDIS, FERE NUDIS, IRIDE CROCEO.

Loye Loye. — Commun. — Dakar, Joalles, M'Bao, Sorres, Saint-Louis, Thionk, etc.

69. STRIX INSULARIS Pelz.

Strix insularis Pelz., J. f. Orn., 1872, p. 23.
Strix flammea (Dark phase) Sharpe, Cat. Strig. Brit. Mus., p. 300,
    pl. XIV, fig. *a* (Var. *insularis*).

S. — SUPRA BRUNNEO FULVESCENS, MACULIS MINUTIS CÆRULEO ALBIDIS REGULARITER DISPOSITIS PICTA; GULA ET FACIE FULVIS; CORONA AURANTIACA, PERIOPHTHALMIS INTENSE RUFIS; SUBTUS CINNAMOMEO PALLESCENS, MACULIS CASTANEIS SPARSIS; CAUDA ET ALIS RUFIS, BRUNNEO LATE FASCIATIS; TARSIS LUTEO RUFIS, FERE NUDIS; IRIDE CASTANEO.

Loye Loye. — Commun. — Iles de l'archipel du Cap-Vert; Santiago, Porto-Praya; plus rare sur le continent où on l'observe cependant, notamment : aux Almadies, au Cap Blanc, aux deux Mamelles, à Dakar, à Gorée; très rare dans les environs immédiats de Saint-Louis où nous en avons capturé un exemplaire unique.

70. STRIX POENSIS Fras.

Strix Poensis Fras., P. Z. S. of Lond., 1842, p. 189.
      —   Hartl., Orn. W. Afr., p. 22.
Strix flammea (Light phase) Sharpe, Cat. Strig. Brit. Mus., p. 300 (Var.
      Poensis).

S.— SUPRA CERVINO FLAVESCENS, ALBO ET PURPURASCENTE ADSPERSA, PLUMARUM OMNIUM SCAPIS 2-3 GUTTATIS, SPATIIS INTERMEDIIS NIGRIS; FACIE ALBA; REMIGIBUS PRIMARIIS ET SECUNDARIIS OBSOLETE FASCIATIS; CAUDA FULVESCENTE, FUSCO FASCIATA, RARIUSQUE ALBO GUTTATA; SUBTUS FLAVESCENTE ALBA, GUTTIS TRIANGULARIBUS NIGRICANTIBUS; TARSIS FERE AD DIGITOS USQUE, ALBO LANUGINOSIS; IRIDE LUTEO (1).

Loye Loye. — Commun. — Gambie, Casamence, Bathurst, Albreda, Bering, Samatite, Itou, Maling.

Après une longue, très longue dissertation sur les *Strix* des différentes parties du monde, M. Sharpe, que nous venons de voir distinguer le *Syrnium nuchale* du *Syrnium Woodfordi,* à cause de son plumage « *multo saturatius* », conclut ainsi (*loc. cit.,* p. 296) : « my conclusion with regard to the Barn-Owls is, that there is one dominant type which prevails generally over the continents of the old and new worlds, being darker or lighter according to different localities, but possessing no distinctive specific characters ».

Pour l'Ornithologiste Anglais, la coloration, la disposition des teintes, dans le genre *Strix* ne sont rien, il y a deux teintes dans le plumage, ce qu'il appelle *light phase* et *dark phase,* rien de plus.

Ne partageant pas cette manière de voir et d'accord en cela avec plusieurs Ornithologistes d'une valeur indiscutable, comme l'est M. Sharpe lui-même du reste, nous avons donné, suivant les auteurs et après un minutieux contrôle, la diagnose comparative

---

(1) Les trois diagnoses précédentes sont textuellement copiées dans Hartlaub *(loc. cit.).*

des trois types Sénégambiens, afin de montrer que les *light* et
dark phases ne doivent pas être seules mises en cause.

« The African Barn-Owl, dit encore M. Sharpe (*loc. cit.*, p. 295),
according to my experience, *is always darker than the European,*
especially the specimens from *Southern Africa;* but they are
again scarcely distinguished from the *dark phase* of *Strix
flammea* ».

C'est encore une erreur, puisque nous avons décrit le *Strix
flammea* type, de Dakar, Joalles, Saint-Louis, identique aux
types français, *à plumage des plus pâles;* et que ce ne sont pas
les exemplaires du Sud qui présentent la coloration la plus
foncée, témoin le *Strix Poensis,* que l'on peut classer dans les
light phase; mais bien au contraire le *Strix insularis* des îles du
Cap-Vert, de Dakar, etc., par conséquent de l'Ouest.

PSITTACI Nitz.

Fam. PALÆORNITHIDÆ Gray.

Gen. PALÆORNIS Vig.

71. PALÆORNIS PARVIROSTRIS C. Bp.

Palæornis parvirostris C. Bp., Rev. et Mag. Zool., 1854, p. 152.
Psittacus docilis Vieill., Nouv. Dict. H. N. XXV, p. 343.
Palæornis torquatus Hartl., Orn. W. Afr., p. 166.
    —   *Subspecies docilis* Reichen., J. f. Orn., 1881, p. 236.

N'Tioi. — Commun. — Forêts du haut du fleuve d'où les nègres en
rapportent de grandes quantités; Saldé, Dagana, Bakel, Podor.

Habituellement confondu avec le *Palæornis torquatus* de l'Inde,
cette espèce est décrite comme *sous-espèce* par Reichenow (*Consp.
Psittacorum, loc. cit.*), et ainsi caractérisée : *P. torquato simil-
limus, sed alis brevioribus, rostro debiliore* ».

Les innombrables exemplaires qu'il nous a été si facile d'examiner nous ont montré d'autres différences : chez tous indistinc-

tement en effet, l'occiput et le cou sont d'un gris perle des plus
accusés ; le collier est beaucoup plus large, à bande noire plus
intense, tandis que la bande rose est à peine indiquée ; enfin les
rémiges sont bleues et non pas vertes ; toutes les dimensions
sont aussi plus faibles :

Longueur totale	380	millimètres.
— de l'aile	155	—
— de la queue	221	—
— du bec	18	—
— du tarse	11	—

C'est parmi les Oiseaux dits de volière, une des espèces les
plus communes, et l'objet d'un commerce important.

Gen. **AGAPORNIS** Selby.

72. **AGAPORNIS TARANTÆ** Reichen.

Agapornis Tarantæ Reichen., J. f. Orn., 1881, p. 257.
Psittacus Tarantæ Stanl., Salt. Trav. Abyss. app.

N'Douro — Peu commun. — Bords du Bakoy et du Bafing, Kita,
forêts du Fouta-Kouro.

Cette espèce, considérée jusqu'ici comme exclusivement Abyssinienne, se montre dans la région Nord-Est de la Sénégambie vers
la fin de l'hivernage ; elle arrive par petites troupes composées
de huit à dix individus, et se plaît sur la lisière des grands bois.
Nous avons pu nous procurer un exemplaire sans doute égaré,
tué à Saldé par le capitaine Daboville ; depuis M. le Dr Colin l'a
rapportée des localités où nous l'indiquons.

73. **AGAPORNIS PULLARIA** Selby.

Agapornis pullaria Selby, Nat. Libr., p. 117.
        —   Reichen., J. f. Orn., 1881, p. 257.
        —   Hartl., Orn. W. Afr., p. 168.
        —   Oustal., Nouv. Arch. Mus., 1879, p. 55.
Psittacus pullarius Lin., Mus. Ad. Fried., II, p. 15.
Psittacula Guineensis Briss., Orn., IV, p. 387.

Singogo. — Assez commun. — Gambie, Casamence, Mélacorée, Bathurst, Gilfré.

L'*Agapornis pullaria* se tient en troupes à la lisière des bois, au milieu des buissons d'*Haronya Madagascariensis.*

Notre collègue M. Oustalet la donne comme habitant depuis la Guinée, jusqu'au pays d'Angola inclusivement (*loc. cit.*); elle remonte jusque dans la basse Sénégambie, comme l'établissent les localités où nous l'avons observée, elle occupe donc une aire plus vaste qu'on ne le supposait jusqu'ici.

Fam. **PSITTACIDÆ** Leach.

Gen. **PSITTACUS** Lin.

74. **PSITTACUS TIMNEH** Fras.

Psittacus Timneh Fras., P. Z. S. of Lond., 1844, p. 38.
— *carycinurus* Reichen., J. f. Orn., p. 262.
Perroquet cendré-noir Levaill., H. N. Perr., pl. CII.

N'Gogo. — Rare. — Gambie, Casamence, Mélacorée, où il habite dans les forêts d'*Elais Guineensis.*

75. **PSITTACUS ERYTHACUS** Lin.

Psittacus erythacus Lin., Syst. Nat., I, p. 144.
— Hartl., Orn. W. Afr., p. 166.
— Reichen., J. f. Orn., 1881, p. 262.
Psittacus ruber Scop., Ann., I, p. 32.
Le Jaco Buff., H. N. Ois., VII, p. 81.
Perroquet cendré Levaill., H. N. Perr , pl. IC.
Psittacus Guineensis cinereus Briss., Orn. IV, p. 310.

N'Gogo. — Commun. — Gambie, Casamence, Mélacorée; remonte parfois plus à l'Ouest, notamment à Leybar où nous en avons tué deux exemplaires.

— 84 —

Le *Psittacus erythacus* est fréquemment apporté à Saint-Louis
par les Noirs. Cette espèce est très recherchée des Européens.

76. PSITTACUS RUBROVARIUS Rochbr.

Pl. X, fig. 1.

Psittacus rubrovarius Rochbr., Notes M. S.
Psittacus erythacus Var. *Tapirée* Auctor.
Psittacus Guineensis rubrovarius Briss., Orn., IV, p. 313.
Perroquet cendré Tapiré de rouge Levaill., H. N. Perr., pl. CI, p. 75.

P. — CINEREO NIGRESCENTE, PLUMIS ALBO MARGINATIS; SCAPULARIBUS,
GENIS. NUCHÆ, PECTORE ET ABDOMINE INTENSE SALMONEO ROSEIS; REMI-
GIBUS ARDOSIACEIS, EXTERNE NIGRO LIMBATIS; SUBCAUDALIBUS VINACEO
RUBRIS; FACIE CARNEO CÆRULESCENTE, ROSTRO ARDOSIACO; PEDIBUS
VINACEIS, IRIDE ALBO CÆRULESCENTE.

Teinte générale d'un gris noirâtre, pâle sur la tête et la nuque,
foncé sur les côtés du cou et la gorge; couvertures des ailes,
tout l'abdomen et une partie de la poitrine, les joues, la nuque,
d'un rouge saumon foncé, mélangé de quelques plumes gris
noirâtre; toutes les plumes largement bordées de blanc; rémiges
d'un gris d'ardoise foncé, liserées extérieurement de noir; dessous de la queue d'un rouge vineux intense; parties nues de la
face rose de chair, bleuâtres à la base du bec; celui-ci d'un noir
brun pâle; pieds rougeâtre vineux pâle; iris d'un blanc bleuâtre.

Longueur totale	350	millimètres.
— de l'aile	220	—
— de la queue	110	—
— du bec	40	—
— du tarse	20	—

Oga N'Gogo. — Assez rare. — Haute Gambie et haute Casamence.

Le Perroquet que nous inscrivons ici comme espèce, est envisagé
par tous les Ornithologistes, comme une simple variété du *Psittacus erythacus,* disons mieux comme le représentant d'individus

maladifs, exemple pour eux le plus concluant de ce que l'on a coutume de désigner sous le nom de *Tapiré*.

Certes, si la coloration rouge de certaines régions du corps ordinairement grises était, comme on l'a dit : soit l'effet d'un état morbide de l'animal, soit le résultat d'une opération pratiquée par les Indigènes, soit enfin un cas accidentel, suivant l'opinion acceptée, nous nous serions contenté de noter la variation sans lui accorder aucune importance.

Mais il n'en est pas ainsi ; non seulement la prétendue variation ne peut être attribuée à aucune des causes précitées, mais elle est fixe et constante ; les sujets Tapirés (*nous employons ce mot à dessein*), naissent Tapirés et se reproduisent de même (le fait pour nous est démontré) ; en outre, ils vivent dans des localités où le type gris n'existe pas ; celui-ci vit dans les forêts voisines de la côte ; le Tapiré ne s'y rencontre pas et se localise dans les forêts de l'intérieur.

M. Barboza du Bocage avait déjà signalé cette particularité (*Orn. Ang.*, p. 67) : « la variété à plumage rouge ou Tapiré de rouge, dit-il, est beaucoup plus rare, il paraît que tous les individus de cette variété que les Noirs de l'intérieur apportent vivants à Loanda, viennent de localités très éloignées de la côte, telles que Cassange et Lunda ».

Que parmi les espèces du genre *Psittacus*, il existe des variétés purement accidentelles, nous le savons ; que certains Sauvages changent à volonté les teintes de leur plumage, en arrachant les plumes pendant le jeune âge et en frottant la partie dépouillée avec le sang d'une *Raine bleue à raies jaunes*, comme le raconte Vieillot (*Dict. H. N. Ed. Deterville*, 1816, t. XXV, p. 315), ou avec du Rocou (*Vieillot, loc. cit.*) d'après d'Azara, nous voudrions le croire, mais nous en doutons ; qu'enfin, sous l'influence d'un état morbide, des variations dans le plumage apparaissent, surtout à l'état de domesticité (*Levaillant, H. N. Perr.*, 1805, t. II, p. 75), c'est incontestable ; mais qu'à l'état de nature, les choses se passent ainsi, nous le nions.

Le Perroquet cendré Tapiré de rouge de la Sénégambie existe *sauvage et libre* dans ses forêts, il se *reproduit tel*, nous le répétons, il vit dans des *régions déterminées*, et, il faut bien le dire, il jouit d'une *santé parfaite ; variété* pour les uns, *race locale* pour d'autres, il est pour nous le *type d'une espèce*, qu'en vertu du système de nomenclature adopté dans cet ouvrage, nous devons nommer, et à laquelle nous appliquons la caractéristique de Brisson, qui, lui aussi, le décrivait comme variété de son *Psittacus Guineensis.*

Les dimensions du *Psittacus rubrovarius* sont supérieures à celles du *Psittacus erythacus,* comme le montre le tableau comparatif suivant :

	P. rubrovarius	*P. erythacus*
Longueur totale.....................	350 millim.	339 millim.
— de l'aile....................	220 —	214 —
— de la queue...............	110 —	99 —
— du bec....................	40 —	36 —
— du tarse	20 —	14 —

Fam. **PIONIDÆ** Reichen.

Gen. **POEOCEPHALUS** Swain.

77. POEOCEPHALUS ROBUSTUS Reichen.

Poeocephalus robustus Reichen., J. f. Orn., 1881, p. 383.
Psittacus robustus Gmel., Syst. Nat., I, p. 344.
    — *Levaillantii* Lath., Ind. Orn., Supp., p. 23.
    — *infuscatus* Shaw., Gen. Zool., VIII, p. 523.
Poeocephalus Vaillantii C. Bp., Rev. et Mag. Zool., 1854, p. 154.

Kyiombo. — Peu commun. — Gambie, Casamence, Cagnout, forêts de Wagran.

78. POEOCEPHALUS FUSCICOLLIS Reichen.

Pl. XI, fig. 1.

Poeocephalus fuscicollis Reichen., J. f. Orn., 1881, p. 383 (subspecies).
Psittacus fuscicollis Kuhl., Comp. Psitt., p. 93.
Phaeocephalus pachyrhynchus Hartl., Orn. W. Afr., p. 167.
Poeocephalus magnirostris C. Bp., Comp. Psitt., I, p. 5.

Kyiombo. — Peu commun. — Observé dans les mêmes localités que l'espèce précédente.

De tous les auteurs dont les descriptions du *Poeocephalus fuscicollis* nous sont connues, M. de Souancé (*Rev. et Mag. Zool.,* 1856, p. 216) est le seul à peu près exact : « les plumes de la tête, du cou et du haut de la poitrine, dit-il, sont d'un gris argentin très brillant ».

La figure que nous donnons de cette espèce est celle d'un mâle adulte; tous ceux que nous avons étudiés et que nous possédons, du même âge et du même sexe, sont caractérisés de la façon suivante :

En dessus : d'un vert brun foncé à plumes marginées de vert olivâtre; tête, cou, région parotidienne, d'un blanc rosé, chaque plume marquée sur le milieu (rachis) d'une ligne brune; sommet de la poitrine d'un beau gris de perle; poitrine, abdomen, vert pré clair, brillant; couvertures des ailes vert olive teinté de jaune; rémiges vert olive foncé, bordées de brun; pli de l'aile, tectrice médiane externe, poignet, d'un beau rouge vermillon; couvertures supérieures de la queue vert foncé métallique; rectrices brun foncé, à bords passant au fauve; bec jaune de corne; parties nues de la face couleur de chair; pieds brun jaunâtre; iris brun rouge.

Reichenow (*loc. cit.*), considère le *Poeocephalus fuscicollis,* comme une *sous espèce* du *Poeocephalus robustus ;* nous sommes encore à nous demander ce que veut dire le mot *sous espèce?* Les ouvrages Anglais et Allemands fourmillent de ces expressions métisses, ayant la prétention de simplifier la science! certains Naturalistes Français s'empressent de les accepter; nous ne pouvons que les plaindre, en conseillant de ne pas les imiter.

79. POEOCEPHALUS GULIELMI C. Bp.

Poeocephalus Gulielmi C. Bp., Rev. et Mag. Zool., 1854, p. 154.
Pionus Gulielmi Jard., Contr. Orn., 1849, p. 64.
Psittacus Gulielmi Sharpe, Cat. Afr. Bird., p. 19.
   —   Oustal., Nouv Arch. Mus., 1879, p. 54.
Phaeocephalus Gulielmi Hartl., Orn. W. Afr., p. 167.

Kyiombo. — Rare. — Gambie, Casamence, Albreda, Ghimbering, Maloumb, Samatite.

La présence de cette espèce en Gambie et en Casamence, où nous l'avons tuée, modifie l'affirmation un peu trop absolue de notre savant collègue M. Oustalet (*loc. cit.*) : « le *Psittacus Guilielmi,* habite l'Afrique occidentale, depuis la Guinée, jusqu'au pays d'Angola inclusivement ».

80. POEOCEPHALUS SENEGALUS Swain.

Poeocephalus Senegalus Swain., Class. Birds, II, p. 301.
Psittacus Senegalus Lin., Syst. Nat., I, p. 149.
Phaeocephalus Senegalus Hart., Orn. W. Afr., p. 170.

Tout N'Gogo. — Commun. — Podor, Saldé, Dagana, Bakel, tout le Cayor, le pays des Serrères où il est plus rare, descend exceptionnellement au Sud de la région où nous en avons observé quelques individus, égarés, sans doute, à Bathurst par exemple.

Chassée par les indigènes, cette jolie espèce est l'objet d'un commerce important comme Oiseau de volière.

81. POEOCEPHALUS FLAVIFRONS C. Bp.

Poeocephalus flavifrons C. Bp., Rev. et Mag. Zool, 1854, p. 145.
      —   Reichen., J. f. Orn., 1881, p. 386.
Pionus flavifrons Rüpp., Syst. U. d. Vög. N. O. Afrik., p. 81, pl. XXXI.
Pionias citrinocapillus Heugl., Orn. Nordost Afr. I, p. 744, taf. XXIV

Peu commun. — Bakel, Kita, forêts du Fouta-Kouro, d'où il a été rapporté par M. le Dr Colin.

Nous ne voyons dans la description et la figure de Heuglin relatives à son *Pionias citrinocapillus*, rien qui permette de le distinguer du *Pionus flavifrons* de Rüppel ; l'un et l'autre pour nous sont identiques ; l'espèce de Rüppel repose sur un jeune, tandis que Heuglin a décrit un adulte.

PICARI Nitz.

Fam. PICIDÆ C. Bp..

Gen. DENDROPICUS Malh.

82. DENDROPICUS LAFRESNEYI Malh.

Dendropicus Lafresneyi Malh., Rev. et Mag. Zool., 1849, p. 532, et
Monog. Picid., I, p. 204, tab. 44.
Picus Lafresneyi Sundev., Consp., p. 43, n° 127.

Saké. — Commun. — Saldé, Dagana, Thionk, Leybar, Babagaye,
Bathurst, Mélacorée.

Cette espèce vit par paires sur la lisière des grands bois.

83. DENDROPICUS AFRICANUS Gray.

Dendropicus Africanus Gray, Zool. miscel, I, p. 19.
— Malh., Monog. Picid., I, p. 205.
Picus Africanus Sundev., Consp., p. 42, n° 123.

Ejhoké. — Assez rare. — Gambie, Casamence, Mélacorée, dans les
forêts d'*Elais Guineensis*.

M. Bouvier (*Cat. Ois. Voy. Marche et Compiègne*, p. 29) l'indique
du Gabon et de l'Ogooué; cette espèce se trouve également à
Sierra-Leone.

84. DENDROPICUS OBSOLETUS Malh.

Dendropicus obsoletus Malh., Monog. Picid., I, p. 206, t. 45.
— Hartl., Orn. W. Afr., p. 178.
Picus obsoletus Wagl., Isis, 1829, p. 510.
— Sundev., Consp., p. 31, n° 92.

Saké. — Commun. — Ile de Thionk, Dakar-Bango, Leybar, M'Bao, Joalles, Rufisque.

Nous avons constamment observé cette espèce sur les arbustes et les buissons des localités précitées, en chasse des Insectes dont elle fait sa nourriture. C'est par exception qu'elle se réfugie sur les grands arbres ; elle niche dans les troncs de Baobab où elle dépose sur le bois en décomposition, de quatre à six œufs d'un blanc rosé et de forme arrondie.

85. DENDROPICUS ABYSSINICUS Heugl.

Dendropicus Abyssinicus Heugl., Syst. Ueber, Nr. 346.
Picus Abyssinicus Stanl., Salts. Voy., app. p. 361.
Dendropicus Desmursi Malh., Monog. Picid., I. 202, t. 42.

Konojk. — Peu commun. -- Bakel, Podor, forêts des bords de la Falémé, Kita.

Le *Dendropicus Abyssinicus,* considéré comme propre au Nord-Est de l'Afrique, nous a été communiqué par M. le Dr Colin, qui l'a capturé dans les environs immédiats de Kita.

86. DENDROPICUS MINUTUS Malh.

Dendropicus minutus Malh,, Monog. Picid., I, p. 208, t. 45.
       —   Hartl., Orn. W. Afr., p. 117.
Picus minutus Temm., Pl. color., 197, f. 2.

Saké. — Commun. — Dans toute la Sénégambie ; et plus particulièrement, dans les bois des environs de Saldé, à l'Ile de Thionk, à M'Bao ; plus rare dans la région Sud, à Albreda et à Bathurst.

Gen. MESOPICUS Mahl.

87. MESOPICUS PYRRHOGASTER Malh.

Mesopicus pyrrhogaster Malh., Monog. Picid., II, p. 41, t. 58.
Picus pyrrhogaster Sundev., Consp., p. 45, n° 131.
       —   Hartl., Orn. W. Afr., p. 180.

Ejhoke. — Peu commun. — Gambie, Casamence, Mélacorée, bois de Cagnout, pointe de Ghimbering.

Indiqué à Sierra-Leone, aux Aschanties, etc. Cette espèce remonte dans le Sud de la Sénégambie, où elle se cantonne, dans les bois et les forêts de la côte.

88. MESOPICUS MENSTRUUS Malh.

Mesopicus menstruus Malh., Monog. Picid., II, p. 42, t. 62.
Picus menstruus Scop., Mus. Hein., 134.
        —   Sundev., Consp., p. 45, n° 132.
Picus Capensis Gmel. (ex. Buff., Pl. Enl., 786).

Saké. — Rare. — Pays des Serrères, M'Bao, Hann, Thiese.

Le *Mesopicus menstruus*, d'après Sundevall (*loc. cit.*), n'existerait pas dans l'Afrique occidentale, son aire d'habitat serait limitée au Cap, exclusivement; M. Barboza du Bocage (*Orn. Ang.*, p. 74) met avec raison cette assertion en doute, sans vouloir se prononcer toutefois sur l'identité spécifique de cette espèce et du *Mesopicus immaculatus* de Swainson.

La présence du *Mesopicus immaculatus*, à Angola, détruit l'affirmation de Sundevall; de plus MM. Bouvier et Sharpe (*Bull. Soc. Zool. France,* 1878, p. 73) ont démontré que les deux types étaient parfaitement distincts. L'un et l'autre, du reste, se rencontrent en Sénégambie, et notre affirmation à ce sujet, pour le *Mesopicus menstruus,* du moins, est corroborée par M. Bouvier (*Cat. Ois. Voy. Marche et Compiègne,* p. 30) où il indique l'espèce à Deine (Sénégal).

89. MESOPICUS IMMACULATUS Malh.

Mesopicus immaculatus Malh., Monog. Picid., II, p. 47.
Dendrobates immaculatus Swain., Bird. W. Afr., II, p. 152.
        —   B. du Boc., Orn. Ang., p. 56.
        —   Sharpe et Bouv., Bul. Soc. Zool. Fr., 1878, p. 73.
Picus immaculatus Sundev., Consp., p. 45, n° 132 (*observ.*).
        —   Hartl., Orn. W. Afr., p. 180.

Saké. — Rare. — Habite les mêmes localités que l'espèce précédente.

On ne doit pas comparer cette espèce avec le *Mesopicus menstruus,* disent MM. Sharpe et Bouvier *(loc. cit.),* car il s'en distingue au premier coup d'œil par sa poitrine cendrée comme chez le *Mesopicus goertan,* dont il est beaucoup plus voisin; mais il diffère de ce dernier par l'absence presque totale de la teinte orangée du dos qui est grisâtre et par le gris du front beaucoup plus étendu chez le mâle.

90. **MESOPICUS GOERTAN** Malh

Mesopicus goertan Malh., Classif., p. 29.
      —   Hartl., Orn. W. Afr., p. 179.
Picus goertan Gmel. (Pl. Enl. 320).
      —   Sundev., Consp., p. 45, n° 133.
Dendrobates poliocephalus Svain., Birds W. Afr., II, p. 154.
      —   *spodocephalus* C. Bp., Consp. Av., 1, p. 125.
      —   *poliocephalus* Rüpp. (non Swain.), Beschr. N. Abyss.
          Klett., p. 119.

Saké. — Assez commun. — Saldé, Podor, Thionk, Dakar-Bango, M'Bao, Hann, Thiese, Rufisque, Casamence, Gambie.

Sundevall *(loc. cit.)* distingue deux formes dans cette espèce : l'une Occidentale, type du *Mesopicus goertan* Gm., l'autre Orientale, désignée sous le nom de *Mesopicus spodocephalus* C. Bp. *(loc. cit.),* qui est le *Mesopicus poliocephalus* de Rüppel *(loc. cit.);* de son côté Swainson *(loc. cit.)* décrit un *Mesopicus poliocephalus.*

Après un examen comparatif sérieux de chacune des descriptions des auteurs cités, il est impossible de trouver des caractères suffisants pour légitimer leurs espèces.

D'un autre côté, nous avons étudié une suite nombreuse d'individus de l'Afrique Occidentale et Orientale, et tout ce que nous avons pu découvrir, se réduit à une taille à peine plus petite chez les spécimens Orientaux, aux teintes grises de la tête plus pâles, et à la tache rouge du croupion moins intense; pour tout le reste ils sont identiques aux échantillons Occidentaux.

Ces différences sont trop faibles pour caractériser même les deux types de Sundevall, aussi avons nous cru devoir les réunir au *Mesopicus goertan.*

Fam. **GECINIDÆ** Gray.

Gen. **CHRYSOPICUS** Malh.

91. CHRYSOPICUS NIVOSUS Malh.

Chrysopicus nivosus Malh., Monog. Picid., II, p. 151, t. 92.
Dendromus nivosus Swain., Birds W. Afr., II, p. 162.
Pardipicus nivosus Hartl., Orn. W. Afr., p. 183.
Picus pardinus Temm., Mus. Lugd.
    —   Sundev., Comp., p. 56, n° 164.

Saké. — Assez commun. — Leybar, Galam, tout le Cayor, le pays des Serrères, M'Bao, Hann, Rufisque.

Sundevall, à l'article *Picus pardinus (loc. cit.*), observe : « nomen antiquius *nivosus,* pessime huic datum, rejiciendum ». Pourquoi et comment ce nom de *nivosus* est-il mauvais? l'auteur ne le dit pas, mais fût-il plus mauvais encore qu'il ne le suppose, nous ne voyons pas en vertu de quel droit il l'a supprimé. Nous n'avons pas ici à discuter les règles admises en nomenclature ; nous avons toujours pensé que le nom le plus anciennement imposé, bon ou mauvais (tout dépend de la manière de voir) devait être maintenu ; c'est ce que nous avons fait jusqu'ici et ce que nous continuerons de faire.

92. CHRYSOPICUS MACULOSUS Malh.

Chrysopicus maculosus Malh., Monog. Picid., II, 156, t. 92.
Dendromus brachyrhynchus Swain., Birds W. Afr., II, p. 160.
    —   Hartl., Orn. W Afr., p. 182.
Picus maculosus Valenc., Dict. Sc. Nat., XL, 18 , p. 173.
    — *chloronotus* Cuv. Pucher., Rev. et Mag. Zool., 1852, p. 479.
    —   Sundev., Comp., p. 62, n° 183.

7

Saké. — Assez commun. — Galam, le Cayor, Thionk, Saldé, Dagana, Podor.

Le type d'après lequel Valenciennes a créé le *Picus maculosus*, type que Cuvier avait désigné sous le nom de *chloronotus* sur une étiquette manuscrite du Muséum de Paris, n'est autre que la femelle du *Dendromus brachyrhynchus* de Swainson.

En examinant le spécimen déterminé par Cuvier et Valenciennes, spécimen que nous avons sous les yeux, on ne peut conserver aucun doute à ce sujet. La tache occipitale rouge fait défaut, c'est le seul point qui le différencie de l'espèce de Swainson.

Sundevall (*loc. cit.*) avait donc supposé avec raison que l'un était la femelle ou le jeune de l'autre : « hanc avem (*maculosus*) ipse non vidi, crederem vero eam a precedente (*brachyrhynchus*) non, nisi sexu et ætate differre. Hæc enim (*maculosus*) est fœmina senior; altera vero (*brachyrhynchus*) ex junioribus et ex mare seniore ejusdem speciei descripta videtur ».

93. CHRYSOPICUS CHRYSURUS Malh.

Chrysopicus chrysurus Malh., Monog. Picid., II, p. 153, t. 94.
Dendromus chrysurus Swain., Birds W. Afr., II, p. 158.
    —   Hartl., Orn. W. Afr., p. 182.
Picus chrysurus Sundev., Consp., p. 64, n° 188 a.

Ejhoke. — Peu commun. — Gambie, Bathurst, Sedhiou, Mélacorée, Galam.

94. CHRYSOPICUS NUBICUS Malh.

Chrysopicus Nubicus Malh., Monog. Picid., II, p. 159, t. 93.
Picus Nubicus Gm., Lath. Ind. Orn., I, p. 233.
    —   Sundev., Consp., p. 67, n° 192.
Dendrobates Æthiopicus C. Bp., Consp. Av., I, p. 123.
Pic tacheté de Nubie Buff., Pl. enl., 667.

Konojh. — Rare. — Kita, Falémé, Bakoy, Bafing, forêts des environs de Bakel.

Cette espèce nous a été rapportée par M. le Dr Colin.

95. CHRYSOPICUS PUNCTATUS Malh.

Chrysopicus punctatus Malh., Monog. Picid., II, p. 164; t. 92.
Picus punctatus Valenc., Dict. Sc. Nat., XL, p. 71.
Dendromus punctatus Swain., Birds W. Afr., II, p. 163.
Picus punctuligerus Wagl., Syst. Av., sp. 36.
   —   Hartl., Orn. W. Afr., p. 181.
   —   Sundev., Consp., p. 67, n° 193.

Saké. — Commun. — Sorres, Leybar, Thionk, Dakar-Bango, Saldé Dagana, Podor, Bathurst, Sedhiou, M'Bao, Hann, Rufisque, Joalles.

Le *Chrysopicus punctatus* est l'une des espèces de Pics les plus communes dans toute la Sénégambie. On l'observe de préférence dans les forêts, au sommet des arbres les plus élevés, d'où il s'écarte rarement.

Fam. **PICUMNIDÆ** C. Bp.

Gen. **VERREAUXIA** Hartl.

96. VERREAUXIA AFRICANA Hartl.

Verreauxia Africana Hartl., Orn. W. Afr., p. 176.
Sasia Africana J. et E. Verr., Rev. et Mag. de Zool., 1855, p. 218
Picumnus Verreauxi Malh., Monog. Picid., II, p. 284, t. 118.
   — *Africanus* Sundev., Consp., p. 106, n° 28.

M'Banba. — Peu commun. — Albreda, Bathurst, Mélacorée.

Les Ornithologistes donnent cette espèce comme spéciale au Gabon; J. et E. Verreaux, qui les premiers l'ont fait connaître (*loc. cit.*), ont cependant soin de dire : « Elle n'est que de passage au Gabon et n'y séjourne que près de la moitié de l'année pendant la belle saison », ce qui implique évidemment qu'elle vit dans d'autres localités.

Elle apparaît en basse Sénégambie, vers la moitié de l'hivernage, probablement au moment où elle quitte les parages du Gabon ; c'est du moins à cette époque seulement que nous l'avons observée et que nous avons pu nous procurer les deux exemplaires que nous possédons ; les Indigènes nous ont affirmé que le M'Banba quitte la région où nous l'indiquons, au commencement de la saison des pluies.

Fam. **YUNGIDÆ** C. Bp.

Gen. **YUNX** Lin.

97. **YUNX ÆQUATORIALIS** Rüpp.

Yunx æquatorialis Rüpp., Mus. Senck., III, 121.
     —   Malh., Monog. Picid., II, p. 291, t. 121.
     —   Sundev., Consp., p. 109, n° 4.

Peu commun. — Forêts des environs de Bakel, du Gangaran, Kita, Bandoubé.

Le *Yunx æquatorialis* paraît être de passage dans la région Nord-Est de la Sénégambie, où il se montre pendant l'hivernage.

Son congénère le *Yunx pectoralis,* indiqué à Angola, ne nous est pas connu de la basse Sénégambie. Quant au *Yunx torquilla,* que quelques-uns donnent comme visitant l'Afrique pendant l'hiver, nous ne l'avons jamais rencontré dans nos explorations.

Fam. **CUCULIDÆ** Swain.

Gen. **CUCULUS** Lin.

98. **CUCULUS CANORUS** Lin.

Cuculus canorus Lin., Syst. Nat., p. 168, 1766.
     —   Sharpe, P. Z. S. of Lond., 1873, p. 580.
     —   Hartl., Orn. W. Afr., p. 266.
Le Coucou d'Europe Levaill., Ois. Afr., V, pl. CCII.

Peu commun. — M'Bao, Sorres, Saldé, Thionk, Bathurst, Sedhiou.

Le *Coucou* d'*Europe* visite le continent Africain où on l'observe à peu près partout, d'après la liste fournie par M. Sharpe (*loc. cit.*), mais son apparition n'aurait pas lieu aux mêmes époques; c'est ainsi que M. Hartmann l'a vu en Nubie pendant le mois de Mars; Heuglin prétend l'avoir observé en Mai dans le Sennaar; c'est en Septembre et en Avril qu'il se tiendrait dans le Dongola; il habiterait le Cap en Novembre, le Damara en Février, l'Ondonga enfin en Décembre.

C'est d'Octobre à Janvier, que nous l'avons tué en Sénégambie; passé cette époque il quitte définitivement la région, pour réapparaître l'année suivante dès les premiers jours d'Octobre.

99. CUCULUS SOLITARIUS Steph.

Cuculus solitarius Steph., Gen. Zool., IX, pt. I, p. 84, pl. XVIII.
— Sharpe, P. Z. S. of Lond., 1873, p. 582.
Cuculus rubiculus Swain., Birds W. Afr., II, p. 181.
— Hartl., Orn. W. Afr., p. 190.
Le Coucou solitaire Levaill., Ois. Afr., V, p. 206.

Dedoba. — Assez rare. — Kita, forêts de Bakel, bords de la Gambie, Casamence.

La présence du *Cuculus solitarius* en Sénégambie montre que la manière de voir de M. Sharpe (*loc. cit., note*) était trop affirmative en 1873 : « Its occurrence in Senegal, on Swainson's authority, is untrustworthy ». Cet oiseau niche dans les trous des vieux arbres; il pond de deux à trois œufs de forme ovale, presque également gros aux deux extrémités; sur un fond d'un rose pâle, existent des taches irrégulières rougeâtres plus nombreuses au gros bout (Pl. XXIX, fig. 1). Ils mesurent 0,026^{mm} dans leur plus grand axe, et 0,017^{mm} dans leur plus grand diamètre.

100. CUCULUS GULARIS Steph.

Cuculus gularis Steph., Gen. Zool., IX, pt. I, p. 83, pl. XVII.
— Sharpe, P. Z. S. of Lond., 1873, p. 585.
— Hartl., Orn. W. Afr., p. 189.

Cuculus lineatus Swain., Birds W. Afr., II, p. 178, pl. XVIII.
Le Coucou vulgaire d'Afrique Levaill., Ois. Afr., V, pl. CC-CCl.
Cuculus aurantiirostris Sharpe, P. Z. S. of Lond., 1873, p. 584.

Dedoba. — Commun. — Dans les mêmes localités que le *Cuculus solitarius*.

Cette espèce se rencontre dans toute la Sénégambie, aussi bien au Sud qu'au Nord-Est et à l'Ouest.

M. Sharpe (*loc. cit.*) a cru devoir créer une espèce sur des échantillons recueillis en Gâmbie et en Casamence, dont l'unique caractère distinctif consiste dans la coloration jaune orangée du bec, et l'étroitesse des bandes des parties inférieures : « Like *C. gularis*, the Gambian Cuckoo has the nostrils situated in, and of the same colour as, the yellow portion of the back; but this is much more brilliantly coloured (*rich orange*, blackish along the culmen and towards the tip of both mandibles) have the name suggested. The cross bars of the under surface are very much narrower than in true *C. gularis*, the chestnut shade on the under parts is another character ».

M. Sharpe en conclut que son *Cuculus aurantiirostris* est le même que celui de la Casamence décrit par Hartlaub sous le nom de *Cuculus gularis* (*Orn. W. Afr., loc. cit.*), et que, selon toute probabilité, il est spécial à la Sénégambie : « the bird noticed by Hartlaub from Casamanze is *clearly C. aurantiirostris*, so that it is by no means improbable, that Senegambia has its peculiar species of Cuckoo ».

Si M. Sharpe, un peu trop sévère pour certains types établis avant lui, avait examiné une série à peu près complète de sujets du *Cuculus gularis*, il aurait hésité avant de publier son espèce; car il lui eût été facile de voir que le bec de ce *gularis*, variant avec l'âge et le sexe, d'abord jaune verdâtre, devient jaune orangé; que la largeur des bandes des parties inférieures varie également de dimensions, et il n'eût pas donné comme caractéristique de deux régions opposées, un Coucou à bec verdâtre d'une part, un Coucou à bec orangé de l'autre.

101 CUCULUS CLAMOSUS Lath.

Cuculus clamosus Lath., Ind. Orn., Suppl., p. XXX.
— Sharpe, P. Z. S. of Lond., p. 587.
Cuculus nigricans Swain., Birds W. Afr., II, p. 180.
— Hartl., Orn. W. Afr., p. 190.
Le Coucou criard Levaill., Ois. Afr., V, pl. CCIV-CCV.

Kadj. — Commun. — Bakel, Dagana, Kita, Leybar, Thionk, Sorres, Dakar-Bango, M'Bao, Hann, Rufisque, Gambie, Casamence.

Le *Cuculus clamosus,* désigné par les Européens sous le nom de Coq de pagode, vit solitaire, perché pendant des heures entières sur le sommet des cases des Nègres, faisant entendre, à des intervalles assez rapprochés, un cri saccadé et retentissant.

Gen. CHRYSOCOCCYX Boie.

102. CHRYSOCOCCYX SMARAGDINEUS Strickl.

Pl. XII, fig. 1, 2.

Chrysococcyx smaragdineus Strickl., Contr. Orn., 1851, p. 135.
— Hartl., Orn. W. Af., p. 191.
Cuculus smaragdineus Sharpe, P. Z. S. of Lond., 1873, p. 588.
Chalcites cupreus Rüpp., Neue Wirb. Vög., p. 62.
Cuculus cupreus Shaw. (non Bodd.), Mus. Lever., p. 157, 1792.

N'Docoum. — Rare. — Gambie, Casamence, Mélacorée, Albreda; plus rare vers l'Ouest, M'Bao, Hann, Leybar, Thionk, Saint-Louis.

M. Bouvier (*Cat. Ois. Voy. Marche et Compiègne,* p. 31) indique cette espèce à Zekinkior. C'est, avec les espèces suivantes, l'une des plus recherchées dans la colonie comme Oiseau dit de parure; les Nègres en apportent souvent des quantités considérables, qu'ils vendent aux commerçants Européens; ces derniers les désignent sous le nom de *Foliotocoles.*
Les descriptions des auteurs laissent quelque peu à désirer, et si le mâle adulte et la femelle ont été décrits à peu près exacte-

ment, le jeune a été négligé par tous : grâce à la bienveillante obligeance de notre excellent ami M. le Dr Savatier, Médecin en Chef de la Marine, auquel nous devons plusieurs espèces précieuses, nous pouvons décrire minutieusement le mâle, la femelle et le jeune de ce magnifique oiseau.

Adulte ♂ — (*Type figuré* Pl. XII, fig. 1). — Plumage d'un vert métallique à reflets cuivrés, chaque plume semblable à une écaille à centre d'un vert foncé des plus brillants; joues *rouge cuivré*; poitrine, ventre, sous-caudales, d'un beau jaune vif; ailes de la couleur du dos à reflets rouge cuivré; rémiges et rectrices portant extérieurement de larges taches blanches; bec d'un noir bleu, avec le milieu des mandibules jaune; pieds d'un bleu pâle; iris jaune et non pas brun ou gris (*Barboza du Bocage, Orn. Ang.*, p. 142, *et Heugl.*).

Jeune ♂ — (*Type figuré* Pl. XII, fig. 2). — Chez le jeune, toutes les parties supérieures sont semblables à celles de l'adulte, avec cette différence que le vert métallique est plus foncé et manque complètement de reflets rouge cuivré; la tache parotidienne cuivrée est également ici moins étendue; mais le caractère dominant est la coloration, d'un blanc pur éclatant, de toutes les parties jaune brillant de l'adulte; les pieds, le bec et l'iris ne présentent aucune différence.

Adulte ♀ — Chez les femelles, les teintes générales vert métallique de l'adulte et du jeune sont en général beaucoup plus pâles et moins brillantes; quant aux parties jaunes de l'un et blanches de l'autre, elles sont ici d'un blanc sale, finement barrées en travers de lignes étroites roussâtres.

103. CHRYSOCOCCYX CUPREUS Finsch.

Chrysococcyx cupreus Finsch. et Hartl., Vög. Ost Afr., p. 522.
Cuculus cupreus Bodd., Tab. Pl. Enl., p. 40.
   —   Sharpe, P. Z. S. of Lond., p. 591.
Le Coucou vert doré et blanc Buff., H. N. Ois., VI, p. 385.
Le Coucou Didric Levaill., Ois. Afr., V, p. 46.
Chrysococcyx auratus C. Bp., Consp. Av., I, p. 105.
   —   Hartl., Orn. W. Afr., p. 190.

N'Docoum. — Commun dans toute la Sénégambie.

Le *Chrysococcyx cupreus* est répandu sur tout le continent Africain. M. Oustalet mentionne *Gorée* au nombre des localités diverses où l'espèce a été rencontrée (*Nouv. Arch. Mus.*, 1879, p. 59); l'île de Gorée doit être rayée de la liste, car jamais le *Chrysococcyx cupreus* n'y a été et n'y sera rencontré. Le rocher aride qui constitue l'île ne peut nourrir une espèce propre aux grandes forêts. La même erreur se reproduira souvent pour d'autres, car beaucoup de voyageurs, ayant coutume d'acheter des Oiseaux en peau, chez les commerçants de Gorée, sans s'inquiéter du véritable lieu d'origine, leurs étiquettes portent de fausses indications. Nous avons déjà signalé un fait de cette nature dans la partie Mammalogique de cet ouvrage.

M. Sharpe (*loc. cit.*) déclare qu'il n'existe pas de différence entre le mâle et la femelle du *Chrysococcyx cupreus* : « no difference has been shown to exist between the sexes of this little Cuckoo ».

La grande quantité de spécimens que nous avons minutieusement examinés, nous autorise à affirmer que la femelle adulte est *identiquement semblable au jeune,* tel que le décrit M. Barboza du Bocage, dont nous reproduisons la diagnose :

« Dessus d'un roux cannelle, nuancé de vert doré sur le dos et le croupion, avec les sus-caudales plus distinctement ornées de bandes de cette couleur; les couvertures alaires roux cannelle, barrées de vert doré et en partie variées de blanc; régions inférieures d'un blanc sale, tachetées de noirâtre sur la gorge et au devant de la poitrine, barrées sur les flancs et sur les côtés du ventre d'un brun noirâtre à reflets verts peu distincts; rémiges primaires et secondaires roux cannelle, barrées de brun; rectrices rousses, barrées et variées de vert doré ».

Nous ajouterons que le bec et les pieds sont noirâtres, et que chez les tout jeunes sujets, la teinte générale est plus foncée.

104. CHRYSOCOCCYX KLAASI C. Bp.

Chrysococcyx Klaasi C. Bp., Consp. Av., p. 105.
Cuculus Klaasii Vieill., N. Dict. H. N., VIII, p. 230.
      —   Sharpe, P. Z. S. of Lond., p. 592.
Chrysococcyx Claasii Hartl., Orn. W. Af., p. 190.
Le Coucou de Klaas Levaill., Ois. Afr., V, p. 53, pl. CCXII.

N'Docoum. — Commun. — Toute la Sénégambie, Kita, Bakoy, Saldé, Dagana, Leybar, Thionk, Sorres, M'Bao, Joalles, Casamence, Gambie, Sedhiou, Bathurst, etc., etc.

Le *Chrysococcyx Klaasi*, objet d'un commerce important comme ses deux congénères, ne leur cède en rien sous le rapport du nombre considérable d'individus qu'il fournit, malgré l'opinion contraire de M. Sharpe (*loc. cit.*) : « much rarer than the other Emerald Cuckoos ».

Gen. **COCCYSTES** Gloger.

105. COCCYSTES GLANDARIUS Heugl.

Coccystes glandarius Heugl., Syst. Ueber., p. 48, 1856.
      —   Sharpe, P. Z. S. of Lond., p. 594.
Cuculus glandarius Lin., Syst. Nat., I, p. 169.
Oxylophus glandarius Hartl., Orn. W. Afr., p. 188.

Dedoba. — Commun. — Saint-Louis, Sorres, Thionk, Leybar, Baba-gaye, Saldé, Matam, Podor, Dagana, tout le Cayor, le pays des Serrères, Ghimbering, Cagnout, Albreda, Gandiole, N'Bor.

L'aire d'habitat de cette espèce s'étend sur tout le continent Africain. M. Bouvier (*Cat. Ois. Voy. Marche et Compiègne*, p. 31) l'indique au Cap-Vert.

106. COCCYSTES CAFFER Sharpe.

Coccystes Caffer Sharpe, Ibis, 1870, p. 58, et P. Z. S. of Lond., 1873, p. 596.
Cuculus Caffer Licht., Cat. Rer. Nat., Hamb., p. 14, 1793.
Oxylophus ater Rüpp., Syst. Ueber., p. 96.
      —   Hartl., Orn. W. Afr., p. 188.
Cuculus Levaillantii Less., Trait. Orn., p. 148.

Dedoba. — Commun. — De même que l'espèce précédente, le *Coccystes Caffer*, que nous avons rencontré dans les mêmes localités, est largement distribué sur tout le continent.

107. COCCYSTES JACOBINUS Cab. et Hein.

Coccystes Jacobinus Cab. et Hein., Mus. Hein., t. IV, p. 45.
      —   Sharpe, P. Z. S. of Lond., 1873, p. 597.
Cuculus Jacobinus Bodd., Tab. Pl. Enl., p. 53.
Le Coucou Edolio Levaill., Ois. Afr., V, pl. CCVIII.

Dedoba. — Commun. — Kita, Bakoy, Bafing, Falémé, Bakel, Maina, Boukarié; plus rare dans la région Sud, Daranka, Sedhiou, Bathurst.

Fam. PHÆNICOPHAIDÆ Gray.

Gen. CEUTHMOCHARES Cab. et Hein.

108. CEUTHMOCHARES FLAVIROSTRIS Rochbr.

Ceuthmochares flavirostris Rochbr., Notes M. S.
Zanclostomus flavirostris Swain., Birds W. Afr., II, p. 183.
Phænicophaes flavirostris Schl., Mus. P. B., p. 50.

Dedoba. — Assez commun. — Gambie, Casamence, Sedhiou, Bathurst, Leybar, Thionk, Dagana, Podor, Kita, M'Bao, etc.

Schlegel d'abord, M. Sharpe ensuite, ont séparé spécifiquement les individus de l'Afrique Occidentale et ceux de l'Afrique Australe. Nous ne connaissons pas ces derniers, mais nos types Sénégambiens, différant un peu, quant à la livrée, des descriptions jusqu'ici données, nous croyons utile de faire ressortir ces différences.

Adulte ♂ -- Dessus de la tête noir; dos, scapulaires, d'un noir bleu métallique; cou, gorge, gris d'ardoise pâle; poitrine plus foncée; ventre noirâtre; rémiges et couvertures de la queue d'un noir bleu à reflets pourprés; extrémité des rémiges brune; bec jaune; pieds jaunâtre sale; iris blanc bleuâtre.

Longueur totale		320	millimètres.
—	de l'aile	116	—
—	de la queue	175	—
—	du bec	21	—
—	du tarse	28	—

Adulte ♀ — Tête et cou gris brun; parties supérieures et couvertures de la queue d'un noir verdâtre brillant; gorge gris pâle; poitrine, ventre, cuisses, gris d'ardoise; rémiges brun foncé à reflets métalliques; bec jaune pâle; pieds brunâtres; iris d'un brun très clair.

Longueur totale......................	328	millimètres.
— de l'aile.....................	119	—
— de la queue..................	181	—
— du bec......................	22	—
— du tarse....................	30	—

Le jeune diffère de la femelle par une teinte générale plus pâle.

Nos diagnoses sont faites d'après un nombre assez considérable de spécimens de tout âge.

Les types de l'Afrique Australe nous sont inconnus, nous le répétons; nous remarquerons cependant que la description de l'adulte du *Ceuthmochares Australis* Sharpe (*loc. cit.*, p. 609) se rapproche singulièrement de celle de notre femelle de *Ceuthmochares flavirostris*.

Les œufs de cette espèce, dont nous avons pu nous procurer deux exemplaires en parfait état de fraîcheur, présentent une forme régulièrement ovoïde, d'un rougeâtre brique pâle; ils portent des taches brunes disposées en plus grand nombre au gros bout; leur grand axe mesure 0,024^{mm}, leur plus grand diamètre 0,014^{mm}. Nous en avons fait figurer un (Pl. XXIX, fig. 2).

Fam. **CENTROPODIDÆ** C. Bp.

Gen. **CENTROPUS** Illig.

109. CENTROPUS SENEGALENSIS Kuhl.

Centropus Senegalensis Kuhl. et Swind., Nom. Syst., p. 6.
    —   Hartl., Orn. W. Afr., p. 187.
    —   Sharpe, P. Z. S. of Lond., 1873, p. 617.
Cuculus Senegalensis Lin., Syst. Nat., I, p. 169.
Le Coucou du Sénégal Briss., Orn., IV, p. 120; pl. VIII, fig. 1.

Kadjhba. — Commun. — Kita, Bafing, Falémé, Dagana, Podor, Leybar, Thionk, Sorres, Cap-Vert, M'Bao, Joalles, Bathurst, Daranka, Mélacorée.

110. CENTROPUS MONACHUS Rüpp.

Centropus monachus Rüpp., Neue Wirb. Vög., p. 57, t. XXI, f. 2.
   —   Sharpe, P. Z. S. of Lond., 1873, p. 620.
   —   Hartl., Orn. W. Afr., p. 187.

Kadjhba. — Assez commun, mais moins que l'espèce précédente. — Kita, Bakel, Podor, Saldé; rare à Thionk, M'Bao, Joalles.

Cette espèce se rencontre soit dans les parties boisées de la côte, soit sur les hauteurs, sans affecter de préférence telle ou telle de ces localités, comme elle semblerait le faire en Abyssinie (*Blanfort, Zool. et Géol. Abyss.*, p. 314 *et seq.*) et à Angola (*Barboza du Bocage, Orn. Ang.*, p. 152). Elle se comporte, à cet égard, comme l'espèce suivante avec laquelle on la voit fréquemment, et comme tous nos Coucous Africains en général.

111. CENTROPUS SUPERCILIOSUS Hemp. et Ehr.

Centropus superciliosus Hemp. et Ehr., Symb. Phys. f. R., 1828.
   —   Sharpe, P. Z. S. of Lond., 1873, p. 620.

Kadjhba. — Peu commun. — Mêmes localités que le *Centropus monachus*, seulement dans la région Nord-Est; très rarement dans la partie Ouest, où nous ne l'avons vu qu'une seule fois à Gandiole.

Fam. **INDICATORIDÆ** Swain.

Gen. **INDICATOR** Vieill.

112. INDICATOR SPARRMANNI Steph.

Indicator Sparrmanni Steph., Gen. Zool., IX, p. 138.
   —   Heugl., Orn. Nordost Afr., I, p. 767.
Indicator albirostris Temm., Pl. Col., 867.
   —   Hartl., Orn. W. Afr., p. 184.

Jobouga. — Assez commun. — M'Bao, Cayor, Gambie, Casamence, Albreda, Ghimbering, Samatit, Cagnout.

Déjà connue de la Gambie et de la Casamence, cette espèce n'avait pas été encore signalée, que nous sachions, en Sénégambie au delà de ces deux régions.

113. INDICATOR MAJOR Steph.

Indicator major Steph., Gen. Zool., IX, p. 1, t. 27.
— Hartl., Orn. W. Afr., p. 183.
Indicator flavicollis Swain., Birds W. Afr., II, p. 198.

Jobouga. — Assez rare. — Gambie, Casamence, Mélacorée; très rare dans l'Ouest et le Nord.

Quoique cet Oiseau soit plus spécial à l'Afrique Australe, sa présence en Sénégambie était déja constatée par J. Verreaux.

114. INDICATOR MINOR Steph.

Indicator minor Steph., Gen. Zool., IX, p. 140.
— Hartl., Orn. W. Afr., p. 184.
Le Petit indicateur Levaill., Ois. Afr., pl. CCXLII.

Jobouga. — Commun. — Bakel, Kita, Falémé, Podor, Dagana, Saldé, Thionk, Leybar, Sorres, M'Bao, Rufisque, tout le Cayor, le Oualo, le Sin.

L'*Indicator minor* ne nous est pas connu du Sud de la Sénégambie.

Fam. POGONORHYNCHIDÆ Marsh.

Gen. POGONORHYNCHUS V. der Hoev.

115. POGONORHYNCHUS DUBIUS V. der Hoev.

Pogonorhynchus dubius V. der Hoev., Handl., II, p. 461.
— Marsh., Monog. Cap., pl. IV.

Bucco dubius Gm., S. N., I, p. 109.
Pogonias dubius Hartl., Orn. W. Afr., p. 169.
Le Barbican Levaill., Barb., t. 18.

M'Pijhki. — Assez commun dans la région Sud. — Casamence, Gambie, Mélacorée ; très rare en remontant la côte et en pénétrant dans les régions boisées de l'intérieur.

La femelle diffère simplement du mâle en ce que les teintes rouges du cou et de l'abdomen sont d'une couleur plus pâle, et par le bec et les pattes moins vivement colorés en jaune.

Le *Pogonorhynchus dubius* se montre seulement pendant l'hivernage, ce qui viendrait confirmer l'opinion de Levaillant (*loc. cit.*), qui le considère comme de passage dans certains districts de l'Afrique Sud.

116. POGONORHYNCHUS BIDENTATUS Heugl.

Pogonorhynchus bidentatus Heugl., Ibis, 1861, p. 123.
        —   Marsh., Monog. Cap., pl. VI.
Pogonias bidentatus Hartl., Orn. W. Afr., p. 170.

Okenjek. — Commun. — Bakel, Kita, Podor, Saldé, Casamence, Mélacorée, Sedhiou, Bathurst.

MM. Sharpe et Bouvier (*Bull. Soc. Zool. France*, 1878, p. 77), d'après les renseignements fournis par MM. Lucan et Petit, donnent à la femelle de cette espèce, d'après un spécimen provenant de Landana : « les yeux blancs, les paupières et le bec jaunes, les pattes noires ».

Nous n'avons jamais vu d'individus vivants de Landana, mais ceux de Sénégambie ont les yeux bruns, les paupières orangées, le bec d'un jaune de Naples pâle et les pieds d'un jaune brun, couleurs parfaitement reproduites sur la planche citée de M. M. Marshall.

Sur la foi de Heuglin (*Ibis*, 1861, p. 123), les auteurs de la Monographie des Capitonidæ donnent à ces oiseaux (*African Barbets*), comme nourriture presque exclusive, les fruits du

Ficus Sycomorus; nous avons acquis la certitude qu'ils se nourrissent souvent d'insectes, et ordinairement de gros Coléoptères.

Le *Pogonorhynchus bidentatus* niche dans les creux des vieux arbres, où il pond de quatre à six œufs relativement gros eu égard à sa taille. Ces œufs, largement ovoïdes, présentent, sur un fond blanc bleuâtre, des taches irrégulières d'un bleu foncé. Leur grand axe mesure 0,029^{mm}, et leur plus grand diamètre 0,021^{mm} (Pl. XXIX, fig. 3).

L'aire d'habitat de cette espèce ne semble pas dépasser le district d'Angola. On la reçoit souvent du Gabon et de la côte de Guinée.

117. POGONORHYNCHUS VIEILLOTI Strick.

Pogonorhynchus Vieilloti Strick., P. Z. S. of Lond., 1850, p. 219.
     —   Marsh., Monog. Cap., pl. XI.
Pogonias Vieilloti Leach., Misc. Zool., t. 97.
     —   Hartl., Orn. W. Afr., p. 170.
Le Barbu brunâtre Vieill., N. Dict. H. N., III, p. 241.
Pogonias Senegalensis Licht., Verz. Doubl., p. 9.

Okenjek. — Commun. — Kita, Bakel, Dagana, Podor, M'Bao, Casamence, Gambie, Mélacorée.

Cette espèce est l'une des plus communes du groupe; les riches teintes dont elle est ornée la font rechercher parmi les Oiseaux de parure.

118. POGONORHYNCHUS MELANOCEPHALUS Goff.

Pogonorhynchus melanocephalus Goff., Mus. P. B., p. 10.
     —   Marsh., Monog. Capit., pl. XV.
Pogonias melanocephalus Rüpp., Atl., t. 28, f. *a,* p. 41.
Laimodon bifrenatus Gray, Gen. of B., II, p. 429.
     —   Hartl., Orn. W. Afr., p. 171.

Okenjek. — Assez rare. — Kita, Bakel, bords du Bakoy et du Bafing, Saldé, Podor, Dagana.

Fam. **MEGALÆMIDÆ** Marsh.

Gen. **XYLOBUCCO** C. Bp.

119. XYLOBUCCO SCOLOPACEUS Hartl.

Xylobucco scolopaceus Hartl., J. f. Orn., 1854, p. 195.
— Marsh., Monog. Capit., pl. XLVI.
Barbatula scolopacea C. Bp., Çonsp. Av., p. 12.
Megalaima stellata Gray, Cat. Brit. Mus., p. 16.

M'Pijh.—Assez commun.— Gambie, Casamence, Samatite, Kagniac-Cay, Maloumb, Albreda, Ghimbering.

Jusqu'ici, le *Xylobucco scolopaceus* avait été indiqué comme spécial au Gabon, à la Côte-d'Or, à Loango, à Fernando-Po et au Dabocrom.

Gen. **BARBATULA** Less.

120. BARBATULA PUSILLA Hartl.

Barbatula pusilla Hartl., Rev. Zool., 1841, p. 337.
— Marsh., Monog. Cap., pl. XLVII.
Megalæma pusilla Finsh., Trans. Zool. Soc. of Lond., VII, p. 282.
Barbatula minuta Hartl., Orn. W. Afr., p. 173.
Le Barbion Levaill., Barbus., pl. XXXII.

M'Pijh. — Assez fréquent. — Kita, Bakel, Dagana, M'Bao, Thionk, Albreda, Ghimbering, Bathurst.

121. BARBATULA CHRYSOCOMA Marsh.

Barbatula chrysocoma Marsh., Monog. Capit., pl. XLVIII, f. 2.
— Hartl., Orn. W. Afr., p. 173.
Bucco chrysocomus Temm., Pl. Col., 536, f. 2.
Barbatula uropygialis Heugl., J. f. Orn., 1862, p. 37.
— Marsh., Monog. Capit., pl. XLVIII, f. 1.

M'Pijh. — Assez commun. — Kita, Podor, Bakel, Casamence, Gambie.

Cette espèce, que l'on observe dans le Nord-Est comme dans le Sud de la Sénégambie, existe également au Nord-Est et au Sud de l'Afrique, en Abyssinie, au Sennaar, à Angola, etc.

Sous le nom de *Barbatula uropygialis,* Heuglin (*loc. cit.*) a décrit un type Abyssinien, cantonné, disent MM. Marshall dans leur monographie (*loc. cit.*) « to mountains of Bogos and Beni-Amer, on the Blue Nile up to Chartum, etc. This species, ajoutent-ils, has probably been confounded with : *B. chrysocoma* from which, however, it is easily distinguished by the *orange rump* and *scarlet forehead* ».

La présence, en Sénégambie, des deux formes (*Barbatula uropygialis,* à front écarlate et à croupion orange; *Barbatula chrysocoma,* à front jaune d'or et à croupion jaune de soufre) détruit la première assertion de Heuglin et de MM. Marshall, relative au cantonnement de ces formes; de plus, l'examen d'une suite d'individus démontre péremptoirement que l'une et l'autre appartiennent à la même espèce; le *Barbatula chrysocoma* n'est autre que la femelle, tandis que le *Barbatula uropygialis* est le mâle.

A part la coloration du front et du croupion, de l'aveu même des auteurs de la monographie des Capitonidæ, rien absolument ne les différencie.

Le nom de *chrysocoma,* imposé par Temminck, bien qu'établi sur une femelle, doit néanmoins être maintenu de préférence à celui d'*uropygialis,* postérieur au premier de vingt et un ans.

122. **BARBATULA ATROFLAVA** Strick.

Barbatula atroflava Strick., Contr. Orn., p. 135.

    —   Marsh., Monog. Capit., pl. XLIX.

    —   Hartl., Orn. W. Afr., p. 172.

Bucco atroflavus Blum., Abb. Nat. Geg., t. 65.

Le Barbion à dos rouge Levaill., Barbus, n° 57.

M'Pijh. — Rare. — Galam, Gambie, Casamence, Albreda, Ghimbering.

123. BARBATULA SUBSULPHUREA Fras.

Barbatula subsulphurea Fras., P. Z. S. of Lond., 1843, p. 3.
     —   Marsh., Monog. Capit., pl. L, f. 1.
     —   Hartl., Orn. W. Afr., p. 172.
Barbatula leucolæma Verr., Rev. et Mag. de Zool., 1851, p. 3.
     —   Marsh., Monog. Capit., pl. L, f. 2.
     —   Hartl., Orn. W. Afr., p. 173.

M'Pijh. — Rare. — Mêmes localités que l'espèce précédente.

Nous ferons, pour cette espèce, les mêmes observations que pour le *Barbatula chrysocoma*.

« The present species (*B. leucolæma*), disent MM. Marshall (*loc. cit.*), is very nearly allied to *Barbatula subsulphurea*, the sole difference being in the colour of the rump and the edges of the wingfeathers, the former bird having these *sulphur yellow*, and the latter *golden yellow* ».

Le *Barbatula leucolæma* est en réalité la femelle du *Barbatula subsulphurea*, et doit être inscrit comme tel dans les catalogues systématiques.

Gen. GYMNOBUCCO C. Bp.

124. GYMNOBUCCO CALVUS Hartl.

Gymnobucco calvus Hartl., J. f. O., 1854, p. 195.
     —   Hartl., Orn. W. Afr., p. 174.
     —   Marsh., Monog. Capit., pl. LIII.
Bucco calvus Lafresn., Rev. Zool., 1841, p. 241.

Rare. —- Gambie, Casamence, Samatite, Bering, Oasis de Cagnout.

Le *Gymnobucco calvus* est de passage dans la basse Séné-gambie, où il se montre dans les derniers mois de l'hivernage. Nous en possédons un spécimen tué en août, dans les bois de Samatite.

Fam. **CAPITONIDÆ** Briss.

Gen. **TRACHYPHONUS** Ranz.

125. TRACHYPHONUS PURPURATUS Verr.

Trachyphonus purpuratus Verr., Rev. et Mag. de Zool., 1851, p. 260.
— Marsh., Monog. Capit., pl. LIX.
— Hartl., Orn. W. Afr., p. 175.
Capito purpuratus Goff., Mus. P. B. Cap., p. 71.

Peu commun. — Gambie, Casamence, Kagniac-Cay, Wagran, dans les forêts d'*Elais Guineensis*, environs de Maloumb.

Cette belle espèce du Gabon remonte jusque dans la région Sud de la Sénégambie, où elle est sédentaire.

Fam. **TROGONIDÆ** C. Bp.

Gen. **TROGON** Lin.

126. TROGON NARINA Vieill.

Trogon Narina Vieill., N. Dict. H. N., VIII, p. 318.
— Hartl., Orn. W. Afr., p. 263.
Apaloderma Narina Less., Trait. Orn., p. 121.
Le Couroucou Narina Levaill., Ois. Afr., pl. CCXXVIII.

Sikorojh. — Assez rare. — Podor, Saldé, Albreda, Ghimbering.

Le *Trogon Narina* est un des Oiseaux les plus recherchés comme Oiseau de parure.

Les spécimens que nous possédons, et dont un mâle et une femelle adultes ont été tués à Saldé par notre ami regretté, le Capitaine Daboville, présentent la livrée suivante :

Adulte ♂ — Parties supérieures, gorge, poitrine, d'un vert doré métallique; rectrices intermédiaires de même couleur, toutes les autres noires; les grandes tectrices grisâtres, à vermiculations brun foncé brillant; rémiges brunes, portant une tache blanche à la base; les primaires liserées de blanc en dehors; poitrine et abdomen d'un magnifique rose; bec jaune doré à pointe bleuâtre; pieds bruns; iris rouge de laque.

Adulte ♀ — Parties supérieures vert doré mat; front brun olive; rectrices médianes d'un noir gris à reflets cuivrés; poitrine olivâtre pâle; abdomen et sous-caudales d'un blanc rosé; le reste comme chez le mâle, mais avec des teintes moins vives; bec jaune verdâtre; pieds gris brun; iris brun pâle.

Fam. **BUCORVIDÆ** Elliot.

Gen. **BUCORVUS** Less.

127. BUCORVUS ABYSSINICUS Less

Bucorvus Abyssinicus Less., trait. Orn., p. 256.
   —   *a.* Elliot, Monog. Bucer., pl. III.
Buceros Abyssinicus Bodd., Tab. Pl. Enl. d'Auben., n° 779.
   — *carunculatus Abyssinicus* Schleg., Mus. P. B., p. 19.
Bucorax Abyssinicus B. du Boc., P. Z. S. of Lond., 1873, p. 698, et
     Bull. Soc. Zool. France, 1877, p. 374.
Le Calao caronculé Levaill., Ois. Afr., V, p. 109, pl. CCXXX-CCXXXI.

Guinar. — Commun. — Thionk, Leybar, tout le Cayor, le Oualo, Gandiole, M'Bao, Rufisque, Hann, Joalles.

128. BUCORVUS GUINEENSIS B. du Boc

Bucorvus Guineensis B. du Boc., Bull. Soc. Zool. France, 1877, p. 375.
  —   — *b.* Elliot, Monog. Bucer, p. 2, fig. 1, 2, 3.
  — *carunculatus Guineensis* Schleg., Mus. P. B., p. 20.
Bucorax Abyssinicus Hartl., Orn. W. Afr., p. 165.
Bucorvus pyrrhops Elliot, Ann. and Mag. Nat. Hist., 1877, p. 171, et
   Monog. Bucer , pl. IV.

Guinar. — Commun. — Mêmes localités que l'espèce précédente.

129. BUCORVUS CAFFER B. du Boc.

Bucorvus Caffer B. du Boc., Bull. Soc. Zool. France, 1877, p. 375,
    —   —   c. Elliot, Monog. Bucer., p. 3, f. 1, 2.
    —   *carunculatus Caffer* Schleg., Mus. P. B., p. 20.

Guinar. — Peu commun. — Gambie, Casamence, Mélacorée; s'observe quelquefois dans l'Ouest et le Nord de la Sénégambie, notamment à Gandiole et dans le Oualo.

Les trois espèces, que nous venons d'inscrire, ont donné lieu à d'interminables discussions; aujourd'hui encore elles ne sont pas généralement admises; les uns y voient des variétés de sexe et surtout d'âge d'un même type, les autres des *races géographiques,* ce terme si commode quand on ne veut pas se compromettre, ou que l'on ne sait comment qualifier un animal difficile à déterminer.

M. Barboza du Bocage est le seul qui ait compris les espèces du genre *Bucorvus,* et nous nous empressons de nous ranger à son avis, pleinement confirmé du reste par nos observations personnelles.

« Le *Bucorvus Abyssinicus,* dit le savant directeur du Musée de Lisbonne (*Bull. Soc. Zool. France, loc. cit.*) se distingue des *Bucorvus Guineensis* et *Caffer* par la supériorité de sa taille, la forme et les dimensions de son casque d'une courbure fort prononcée et largement ouvert par devant chez l'adulte, et par la présence d'une plaque étendue, roussâtre à la base de la mâchoire.

» Le *Bucorvus Guineensis,* dont le *Bucorvus pyrrhops* d'Elliot (*loc. cit.*) n'est que l'état complètement adulte, se différencie du *Bucorvus Abyssinicus* par une taille plus petite et un casque de dimensions plus restreintes, ouvert par devant chez l'adulte et fermé chez le jeune ».

Nous rapportons à cette espèce la figure 232 de Levaillant que l'on regarde, à tort selon nous, comme appartenant au *Bucorvus Abyssinicus.*

« Enfin le *Bucorvus Caffer,* continue M. Barboza du Bocage, se distingue de ses deux congénères par l'absence de la plaque roussâtre à la base de la mâchoire, et par la forme du casque très peu élevé, très comprimé, et présentant chez les individus les plus âgés une fente étroite à l'extrémité ».

A l'exemple de ses prédécesseurs, M. Barboza du Bocage assigne à chacune des trois espèces une région distincte; ainsi « l'habitat du *Bucorvus Abyssinicus* semble restreint, dit-il, à l'Abyssinie et aux pays voisins, il est fort douteux qu'il soit répandu jusqu'aux régions du Zambèze et de Natal.

» Le *Bucorvus Guineensis* a été observé dans la Guinée Portugaise, à la Côte-d'Or et au Congo; celui du Nord d'Angola pourrait lui être identique, mais il faut rayer de son habitat le Damaraland.

» Le *Bucorvus Caffer* enfin habite la partie méridionale d'Angola. Le Calao, rapporté de Damara par Anderssoon, appartient aussi à cette espèce, qui doit probablement se répandre dans l'Afrique Australe jusqu'au Zambèze ».

Nous n'acceptons pas cette manière de voir, car les trois *Bucorvus* vivent en Sénégambie, où nous les avons vus et chassés. Chose étrange, ni Elliot, ni M. Barboza du Bocage, ne disent un mot de cet habitat, que Hartlaub donne avec doute (*Orn. W. Afr.*, p. 166 : *Sénégal?*) et que plusieurs Ornithologistes modernes paraissent ignorer.

Le R. P. Labat (*Nouvelle relation de l'Afr. Occid.*, t. IV, p. 160, fig. 1) est le premier, si nous ne nous trompons, qui ait cité le *Bucorvus* en Sénégambie; la figure qu'il en donne est des plus défectueuses, mais malgré ses imperfections, elle doit être rapportée plutôt au *Bucorvus Guineensis* qu'à l'*Abyssinicus*.

« On trouve, dit-il, aux environs du lac des Serrères, dans beaucoup d'endroits sur la route, des troupes d'oiseaux communément appelés *Trompette de Brac;* ils sont tout noirs et de la grosseur d'un Coq d'Inde; ce qu'ils ont de particulier, c'est un bec double ou deux becs l'un sur l'autre ».

Adanson parle à différentes reprises du *Bucorvus Abyssinicus*.

« Les Nègres du Sénégal, dit-il (*Hist. Nat.*, Éd. *Payer*, t. I, p. 550), appellent du nom de *Guinar* (ce mot est encore adopté en Sénégambie) un Oiseau grand comme un Dinde, et tout noir, qui a le bec grand, arqué, comprimé par les côtés, denté seulement à la mâchoire supérieure qui est relevée ainsi que la tête d'une bosse cartilagineuse concave; cet Oiseau a encore la gorge nue, rouge dans le mâle et bleue dans la femelle (1); il a trois pieds et demi de longueur du bout du bec au bout des pieds et six pouces de largeur aux épaules; il est commun dans les bois et les plaines humides voisines des marais; il vit d'Insectes et surtout de Reptiles et de Serpents, aussi les Nègres le respectent-ils et empêchent-ils qu'on ne le tue ».

Dans son voyage au Sénégal, l'illustre explorateur de la Sénégambie s'exprime ainsi (p. 173) : « le lendemain 15 juin, j'allais reconnaître les environs de Mouitt (Pays de Gandiole); j'aperçus certains Oiseaux à l'orient du village; ils étaient si semblables aux Coqs d'Inde pour la grosseur et le plumage, qu'on s'y serait facilement trompé. J'en tuai deux d'un même coup, l'un mâle et l'autre femelle; tous deux portaient sur la tête une espèce de casque noir et creux de même grandeur et de même figure que celui du Casoar; ils avaient sur le col une longue plaque semblable à un vélin très luisant qui était rouge dans le mâle et bleu dans la femelle. Les habitants de ce quartier le regardent comme un Marabout, c'est-à-dire comme un animal sacré, peut-être parce qu'il vit communément des petits Serpents qui sont si communs dans le voisinage. Ils ne pouvaient souffrir que je sacrifiasse si hardiment leurs Marabouts à mes plaisirs.... leur superstition alla même au point que chacun d'eux me prédit que je mourrais infailliblement dans la journée pour avoir commis un si grand crime ».

M. Barboza du Bocage (*Ornit. Ang.*, p. 113) vient confirmer

---

(1) « Notre regretté ami V. Heuglin, dit M. Barboza du Bocage *(loc. cit.)*, en faisant connaître les variations de couleur de la poche gulaire et des parties nues du cou et de la tête chez le *B. abyssinicus*, nous a mis en garde contre toute prétention à faire valoir ces différences comme caractères spécifiques ».

Sans vouloir attacher une valeur spécifique à la coloration des parties énumérées par Heuglin, il est bon d'observer que les renseignements fournis par Adanson sont d'une scrupuleuse exactitude; les figures d'Elliot entre autres ne rendent en aucune façon l'aspect de ces parties pendant la vie.

Dans le *B. abyssinicus*, le tour des yeux est d'un bleu livide et toutes les parties nues rouge intense chez le mâle; ces mêmes parties sont d'un bleu livide chez la femelle; elles sont invariablement lie de vin chez les jeunes, mâles ou femelles indifféremment.

le dire d'Adanson; « partout en Afrique, dit-il, les Calaos inspi-
rent aux populations indigènes des craintes superstitieuses;
mais c'est surtout le *Bucorax,* qui paraît jouir au plus haut degré
des privilèges attachés à des attributs surnaturels; sa vie y est
mieux respectée que la vie humaine ».

Il est possible que le *Bucorvus* ait été un oiseau sacré du temps
d'Adanson, aujourd'hui il n'en est plus de même; les Nègres
(*certaines castes seulement*) le considèrent parfois comme un
Oiseau néfaste; il ne faut pas se diriger du côté où, à l'état de
repos, sa partie postérieure est tournée, car il pourrait arriver
malheur à celui qui prendrait le chemin que cette posture dési-
gne; aussi pour éviter tout accident, les Indigènes, même les
moins imbus de cette superstition, s'empressent-ils de mettre en
fuite l'Oiseau, s'ils ne peuvent le tuer. Trois fois dans ce même
village de Mouitt, où nous avons séjourné plusieurs semaines,
on nous a apporté des cadavres de *Bucorvus,* et le Chef nous a
fait présent de deux exemplaires que nous avons conservés
vivants pendant plus d'une année. Il est toujours prudent de se
mettre en garde devant les récits de certains Voyageurs souvent
enclins à exagérer ce qu'ils attribuent au merveilleux, et nous
croyons que, parmi eux, il faut compter Monteiro, cité par M. Barboza du Bocage.

Nous en dirons autant d'Ayrès, dont M. Elliot (*Monog., loc. cit.*)
relate tout au long les histoires les plus fantaisistes, au sujet
des singuliers combats des *Bucorvus,* associés pour se rendre
maîtres d'un gros Serpent « a large Serpent ».

Qu'ils soient isolés ou en troupes, ils vont nonchalamment à
la recherche de leur nourriture, sans s'inquiéter les uns des
autres; trouvent-ils un Reptile, Serpent ou Lézard, toujours de
petite taille, ils l'étourdissent d'un coup d'aile et le saisissent
avec leur bec, voilà tout, mais ils ne se mettent pas trois ou
quatre en cercle les ailes étendues autour de l'animal, ils ne
s'avancent pas de côté, présentant à ses morsures l'extrémité
des grandes rémiges, ils ne se reculent pas brusquement pour
revenir à la charge, l'épuiser peu à peu, et se partager fraternel-
lement son cadavre.

En captivité, les *Bucorvus* sont omnivores, nous en avons nourri
de viande, de pain, d'Insectes, de légumes cuits, mais surtout de
Poissons, qu'ils semblaient préférer à tout autre aliment.

Fam. **BUCEROTIDÆ** C. Bp.

Gen. **CERATOGYMNA** C. Bp.

130. CERATOGYMNA ELATA C. Bp.

Ceratogymna elata C. Bp., Consp. Av., I, p. 2.
       —   Elliot, Monog. Bucer., p. XXIII.
Buceros elatus Temm., Pl. Col., II, p. 521, f. 1.
    —   *cultratus* Sundev., Ofvers. Kongl. Vetensk. Ak. Forh., p. 60.
    —   —   Hartl., Orn. W. Afr., p. 161.

Tokobro. — Peu commun. — Forêts de Samatite, Wagran, Kagniac-Cay, Gambie, Casamence.

Jusqu'ici cette espèce a été signalée à Sierra-Leone et au Gabon. Le *Buceros cultratus* Sundev., indiqué également par Hartlaub (*loc. cit.*) comme distinct du *Buceros elatus* Temm., n'est que la femelle de ce dernier.

Gen. **BYCANISTES** Cab. et Hein.

131. BYCANISTES CRISTATUS Cab. et Hein.

Bycanistes cristatus Cab. et Hein., Mus. Hein., p. 172.
       —   Elliot, Monog. Bucer., p. XXVI.
Buceros cristatus Rüpp., Faun. Abyss., I, p· 3, tab. 1.

Kilaro. — Peu commun. — Bakel, Kita, forêts du Bakoy et de la Falémé.

M. le Dr Colin a bien voulu nous offrir un exemplaire de cette espèce, tué par lui dans les environs de Kita.

Gen. **PHOLIDOPHALUS** Elliot.

132. PHOLIDOPHALUS FISTULATOR Elliot.

Pholidophalus fistulator Elliot, Monog. Bucer., pl. XXXII.
Buceros fistulator Cass., Pr. Ac. N. H. Sc. P. Phil., 1850, p. 68.
—   Hartl., Orn. W. Afr., p. 162.

Kllajh. — Commun. — Gambie, Casamence, Mélacorée; remonte
quelquefois vers l'Ouest où il a été tué dans les environs de M'Bao.

Gen. **LOPHOCEROS** Hemp. et Ehr.

133. LOPHOCEROS NASUTUS Elliot.

Lephoceros nasutus Elliot, Monog. Bucer., pl. XLVIII.
Buceros nasutus Lin., Syst. Nat., I, p. 154.
Tockus nasutus Rüpp., Syst. Ueber Vög. N. O. Afr., p. 79.
—   Hartl., Orn. W. Afr., p. 164.
Calao à bec noir du Sénégal Buff., Pl. Enl., 890.
Le Calao nasique Levaill., Ois. Afr., V, p. 120, f. 236.

Tokba. — Commun. — Podor, Bakel, Kita, Saldé, Thionk, Leybar,
M'Bao, Sorres, Mouitt, Gandiole, Gambie, Casamence.

Gen. **TOCKUS** Less.

134. TOCKUS MELANOLEUCUS C. Bp.

Tockus melanoleucus C. Bp., Consp. Av., p. 91.
—   Elliot, Monog. Bucer., pl. XLIX.
—   Hartl., Orn. W. Afr., p. 164.
Le Calao couronné Levaill., Ois. Atr., V, p. 117, pl. CCXXXIV,
CCXXXV.

Tokba. — Assez rare. — Albreda, Sainte-Marie, Samatite, Mélacorée,
Leybar, Thionk, etc.

Hartlaub (*loc. cit.*) indique ce Calao en Gambie; c'est le seul auteur, à notre connaissance, qui fasse mention de cette localité exacte. Le *Tockus melanoleucus* est généralement considéré comme spécial à Angola et au Damara.

D'après M. d'Anchieta (Barboza du Bocage, *Orn. Angol.,* p. 117), cette espèce vit de baies et de fruits, surtout de ceux d'une espèce de *Ficus*. Il semblerait, dans l'esprit de l'auteur, faire exception parmi ses congénères. Il n'en est rien, car tous les *Tockus,* que nous avons pu étudier, vivent indifféremment d'Insectes et de fruits de toute sorte.

135. TOCKUS FASCIATUS C. Bp.

Tockus fasciatus C. Bp., Consp. Av., p. 91.
      —   Elliot, Monog. Bucer., pl. L, f. *a.*
      —   Hartl., Orn. W. Afr., p. 163.
Le Calao longibande Levaill., Ois. Afr., V, p. 115, pl. CCXXXIII.

Tokba. — Peu commun. — Habite les mêmes parages que l'espèce précédente.

Propre à Angola, au Cap Lopez, au Calabar, il avait déjà été indiqué en Casamence par J. Verreaux.

136. TOCKUS SEMIFASCIATUS Sharpe.

Tockus Semifasciatus Sharpe, Ibis, 1869, p. 192.
      —   Elliot, Monog. Bucer., pl. L, f. *b.*
      —   Hartl., Orn. W. Afr., p. 163.
Buceros semifasciatus Hartl., J. f. O., 1855, p. 356.

Tokba. — Peu commun. — Gambie, Casamence, Mélacorée, Thionk, Leybar, M'Bao, etc.

Le *Tockus semifasciatus,* dont l'aire d'habitat, suivant Elliot et autres (*loc. cit.*), s'étend de la Sénégambie au Gabon, est à peine distinct du *Tockus fasciatus.* La seule différence appréciable réside dans le mode de distribution des couleurs sur les rectrices. Hartlaub (*loc. cit.*) les décrit ainsi :

T. fasciatus — *rectricibus quatuor intermediis et extima utrinque nigris,* RELIQUIS TOTIS ALBIS.

T. semifasciatus — *rectricibus quatuor intermediis et extima utrinque nigris,* RELIQUIS MACULA APICALI CIRCA BIPOLLICARI ALBA.

Des différences aussi minimes, quand toutes les autres parties sont semblables chez les deux types, suffisent-elles pour constituer deux espèces?

La majeure partie des Ornithologistes répondent par l'affirmative et nous nous rangeons avec eux en raison même du système de nomenclature que nous avons adopté; mais il est permis de poser une seconde question et de dire : si tout autre qu'Hartlaub, Elliot, Sharpe, etc., proposait une espèce sur des caractères aussi faibles, cette espèce ne serait-elle pas bien vite rejetée, et le caractère invoqué considéré comme ayant à peine la valeur d'une variation individuelle?

137. TOCKUS ERYTHRORHYNCHUS Rüpp.

Tockus erythrorhynchus Rüpp., Syst. Ueber Vög. N. O. Afr., p. 79.
    —   Elliot, Monog. Bucer., pl. LVI.
    —   Hartl., Orn. W. Afr., p. 165.
Calao à bec rouge du Sénégal Buff., Pl. Enl., nᵒ 260.
Le Calao Toc Levaill., Ois Afr., V, p. 122, pl. CCXXXVIII.

Tokba. — Commun. — Bakel, Kita, Podor, Dagana, Thionk, Dakar-Bango, M'Bao, Rufisque, Joalles, Sainte-Marie, Albreda, Sedhiou, etc.

L'aire d'habitat de cette espèce, des plus communes, s'étend sur tout le continent Africain.

138. TOCKUS BOCAGEI Oustal.

Pl. XIII, fig. 1.

Tockus Bocagei Oustal., Bull. Soc. Phil. Paris, 13 août 1881, 7ᵉ sér., t. V, p. 161-162.

Toke. — Rare. — Forêts de Bandoubé; Kita, dans les parties boisées du Massif.

Cette espèce rare, que nous devons à l'obligeance de M. le Dr Colin, est, à peu de chose près, identique à celle décrite par notre collègue M. Oustalet, d'après un exemplaire vendu au Muséum de Paris par M. Abdou Gindi, et provenant de la région Africaine comprise entre le pays des Gallas et celui des Çomalis.

Les quelques différences existant entre le type du Dr Colin et celui de M. Oustalet ne nous semblent pas assez tranchées pour permettre de les séparer l'un de l'autre; aussi l'inscrivons-nous sous le nom que lui a donné notre savant collègue.

Nous le décrirons de la manière suivante :

Parties supérieures d'un noir bleu à reflets métalliques; sommet de la tête gris brunâtre; une bande blanche règne à partir de la nuque et s'étend jusqu'au croupion en s'élargissant sur le dos; sourcils, région parotidienne, cou, poitrine, abdomen, cuisses, d'un blanc éclatant, faiblement lavé de fauve pâle; petites couvertures des ailes d'un noir bleu métallique; les grandes rémiges de même couleur, les secondaires d'un blanc pur, les dernières d'un brun noir, extérieurement bordées de fauve; rectrices médianes d'un noir bleu métallique; les deux premières latérales de même couleur dans leur premier tiers, d'un blanc légèrement fauve linéolé de brun dans leurs deux tiers inférieurs; l'externe entièrement blanche à linéoles brunes et portant au milieu une tache d'un noir bleu; mandibule supérieure rouge intense, à carène orangée; l'inférieure d'un jaune rouge; le tranchant des mandibules brun; parties nues autour des yeux d'un bleu clair; portion dénudée de la gorge jaunâtre rouge, partagée longitudinalement par une ligne étroite de plumes blanches; pieds noirâtres; iris brun rouge.

La description de M. Oustalet donne au type du pays des Gallas: « la pointe du bec jaunâtre; la teinte du sommet de la tête gris de fer; les lores gris noirâtre; les grandes rémiges noires avec des marques blanches sur les barbes externes; les pennes secondaires, les unes noirâtres ou brunâtres avec des échancrures blanches en dedans et en dehors, d'autres toutes blanches, d'autres enfin, les dernières, brunâtres; les rectrices médianes brun très foncé, tirant au noir ».

Ces variations de couleur dans les deux types doivent être attribuées simplement à l'âge des sujets; le type de M. le Dr Colin serait pour nous un vieux mâle dans sa livrée la plus complète.

Comme M. Oustalet, nous ne rapporterons pas cette espèce au *Tockus Deckeni* Cab.; cependant elle en est extrêmement voisine. Ce dernier pourtant en diffère : par la calotte noire du sommet de la tête, par toutes les parties blanches teintées de gris, par la moitié terminale du bec d'un jaune pâle, et la gorge à peine dénudée.

Fam. **MUSOPHAGIDÆ** C. Bp.

Gen. **MUSOPHAGA** Isert.

139. MUSOPHAGA VIOLACEA Isert.

Musophaga violacea Isert, Schr. d. Gesells. Nat. Freu. zu Berlin, 1789,
　　　　　　　t. IX, p. 16, 20, pl. I.
— 　　　　　Swain., Birds W. Afr., I, p. 218, pl. XIX.
— 　　　　　Latham, Gen. Hist. of Birds, 1822, II, p. 341,
　　　　　　　pl. XXXVII.
— 　　　　　Viell., Gal. Ois., I, p. 43, pl. XLVII.
— 　　　　　Hartl., Orn. W. Afr., p. 159.
— 　　　　　Cuv., R. An., Ois., pl. LVII.

Thioipichjba. — Peu commun. — Forêts du haut fleuve et du bas de la côte; Saldé, Dagana, Podor, Mélacorée, Albreda, Wagran, Kagniac-Cay, Ghimbering.

Dans le premier volume de son ouvrage sur les Oiseaux de l'Ouest de l'Afrique, Swainson décrit et figure le *Musophaga violacea*, sa description est incomplète, sa figure est mauvaise, aussi nous serions-nous borné à le citer en synonymie, si une note d'une facture INQUALIFIABLE (*loc. cit.*, p. 219) n'eût attiré notre attention.

Nous reproduisons textuellement cette note : « The EFFRONTERY with which some of the German nomenclators (*Cuvier, Latham, Vieillot*, etc. Synonymie, p. 218) have endeavoured *to set aside this name for one of their own,* is unexampled in science; such

synonyms should never be even quoted, — *the best punishment
their authors can receive* ».

Avant d'accuser d'indélicatesse, d'effronterie, des savants tels
que Cuvier, Latham, Vieillot et autres, Swainson aurait bien
fait de recourir à leurs ouvrages; il y aurait vu que pas un d'eux
ne s'est emparé de la découverte du voyageur Prussien Isert, et
peut-être aurait-il compris qu'en cherchant à dresser un pilori
pour les Naturalistes qu'il accuse faussement, il s'y attachait
volontairement lui-même.

En effet, Latham, dans le second volume *General History of
Birds,* 1822, p. 341, a le soin de faire suivre le nom de *Musophaga
violacea,* de l'indication suivante : *Schr. der Berl. Gesell.,* IX,
S. I, 6, taf. I.; il ne s'approprie pas par conséquent la découverte
d'Isert; puisqu'il indique l'ouvrage où le *Musophaga* a été décrit
par lui pour la première fois; de plus, à la suite d'une description détaillée de l'Oiseau, dans laquelle Latham rectifie certaines
erreurs d'Isert, il n'oublie pas de dire :

« This beautiful Bird is found on the Plains near the borders
of rivers in the province of Acra in Guinea, it is very rare, *for
with every pain taken by* M. ISERT, *he could only obtain one specimen* ».

Vieillot, dans le premier volume de sa *Galerie des Oiseaux,*
p. 43, agit de même; on y voit : *Musophaga violacea : Schr. der
Berl. Gesell.,* IX, S. I, 6, taf. I.; il renvoie donc lui aussi à l'auteur
Prussien et ne s'attribue nullement un nom qu'il dit être donné
par un autre.

Cuvier, dans son *Règne animal,* n'oublie pas d'inscrire le nom
d'Isert à la suite du nom générique *Musophaga;* il est vrai qu'il
écrit *Musophaga violacea Vieill., Gal. Ois.,* pl. XLVII; mais cela
veut-il dire qu'il s'empare de ce nom, ou qu'il l'attribue à Vieillot?
évidemment non, il renvoie simplement à la planche de Vieillot,
où la figure du *Musophaga* d'Isert est exacte, et non à celle
d'Isert, où l'Oiseau est affreusement mal représenté.

Nous pourrions multiplier les preuves; celles-ci suffisent pour
démontrer combien sont injustes les allégations de Swainson,
qui, tout en voulant infliger une punition (*punishment*) à Vieillot,
Cuvier, Latham, etc., ose copier, sans le citer, le passage tout
entier où ce dernier discute l'opinion d'Isert, relative à la manière
dont sont disposés les doigts des pieds du *Musophaga violacea.*

Swainson ne peut plus nous répondre, nous le regrettons, mais nous devions à la mémoire de nos illustres Maîtres de réduire à néant les injures que l'envie seule a pu lui suggérer.

Gen. **TURACUS** Cuv.

140. TURACUS GIGANTEUS Hartl.

Turacus giganteus Hartl., Orn. W. Afr., p. 159.
Musophaga gigantea Vieill., Enc. Meth., p. 1205.
     —   *cristata* Vieill., Ann. Nouv. Ornith., p. 68.
Le Touraco géant Levaill., Prom. et Guep., pl. XIX.

Gnoni N'Tialjh. — Peu commun. — Sud de la Sénégambie, Casamence, Mélacorée, Cagnout, Monsor, Maloumb, forêts de Wagran.

Nous ne voyons pas que cette espèce ait été jusqu'ici indiquée en Sénégambie; le Gabon, Sierra-Leone, Fernando-Po, Dabocrom, sont les seules régions où elle est signalée. On l'apporte cependant à Saint-Louis même, où elle est vendue comme Oiseau de parure; un magnifique exemplaire provenant de la Gambie existe au Musée des Colonies, il est identique aux beaux spécimens des Galeries du Muséum de Paris. Nous possédons un sujet mâle adulte tué par notre chasseur Sambaïam, dans les environs immédiats de Maloumb.

Le *Turacus giganteus* habite les endroits boisés, à proximité des marigots, et s'aventure rarement dans l'intérieur.

Gen. **SCHIZORHIS** Wagl.

141. SCHIZORHIS AFRICANA Hartl.

Schizorhis Africana Hartl., Orn. W. Afr., p. 160.
Phasianus Africanus Latham, Gen. Hist. of Birds, 1822, II, p. 343.
Musophaga variegata Vieill., Encyc. Meth., p. 1296.
     —   *Senegalensis* Licht., Doubl., p. 7.
Schizoerhis Variegata Swain., Birds W. Afr., 1, p. 223, pl. XX.
Le Touraco musophage Levaill., Tour., p. 20.

N'Ded. — Assez commun. — Saldé, Safal, Damarkour, île Kouma, M'Bilor, Mélacorée, Gambie, Casamence, Daranka, Albreda, **Bathurst**

142. SCHIZORHIS CONCOLOR Hartl.

Schizorhis concolor Hartl., P. Z. S. of Lond., 1865, p. 88, 91.
       —   B. du Boc., Orn. Ang., p. 134.
Corythaix concolor A. Smith, S. Afr. Quart. Journ., 2e sér., p. 48.

N'Ded. — Assez rare. — Habite les mêmes localités que l'espèce précédente.

Heuglin (*Orn. Nordost Afr.*, I, p. 710) donne comme habitat de cette espèce le Sud, l'Ouest et le Sud-Est de l'Afrique; sa présence en Sénégambie nous est parfaitement démontrée par plusieurs spécimens tués par nous et par M. le Dr Colin.

MM. Hartlaub et Barboza du Bocage (*loc. cit.*) indiquent quelques différences dans les teintes du plumage, chez les individus provenant du Benguela et d'Angola et chez ceux de l'Afrique Australe, la coloration des premiers étant toujours plus pâle que celle des seconds.

Pour nous, la diversité d'habitat ne saurait être la cause de cette différence; car nos spécimens Sénégambiens présentent eux aussi des teintes sombres et des teintes pâles, teintes que nous n'hésitons pas à attribuer à l'âge des sujets.

143. SCHIZORHIS LEUCOGASTRA Rüpp.

Schizorhis leucogastra Rüpp., P. Z. S. of Lond., 1842, p. 9.
       —   Heugl., Orn. Nordost Afr., I, p. 707.
Musophaga leucogastra Schleg., Cat. Cucul., p. 78.

N'Ded. — Rare. — Forêts de Boukarié, Maina, Taalari.

Cette rare espèce d'Abyssinie, du Schoa et du pays Çomal, régions où l'indiquent Rüppel et Heuglin, fait de fréquentes apparitions dans le Nord-Est de la Sénégambie, où elle a été tuée par M. le Dr Colin, à l'obligeance duquel nous devons de l'inscrire dans cet ouvrage.

Gen. **CORYTHAIX** Illig.

144. CORYTHAIX PERSA Hartl.

Corythaix persa Hartl., Orn. W. Afr., p. 156.
Cuculus persa Lin., Syst. Nat., éd. X, p. 171.
— *Guineensis viridis* Briss., Orn., IV, p. 171.
Le Touraco Edw., Birds, pl. VII.

N'Dodo. — Assez commun. — Gambie, Casamence, Mélacorée, Daranka, Bathurst.

145. CORYTHAIX PURPUREUS Cuv.

Corythaix purpureus Cuv. Less., Trait. Orn., p. 124.
Opaethus Buffonii Vieill., Enc. Méth., p. 1297.
Corythaix Buffonii Jard., Illust. Orn., pl. CXXII.
— Hartl., Orn. W. Afr., p. 156.
Corythaix Senegalensis Swain., Birds W. Afr., p. 225, pl. XXI.

N'Dodo. — Commun. — Le Ouolo, Bokol, Dagana, île Kouma, environs du Lac de N'Guer, Maka, M'Bao, Sainte-Marie, Albreda, Kagniac-Cay, Ghimbering, Mélacorée, Zekenkior.

146. CORYTHAIX MACRORHYNCHUS Fras.

Corythaix macrorhynchus Fras., P. Z. S. of Lond., 1839, p. 34.
— Hartl., Orn. W. Afr., p. 157.

N'Dodo. — Assez rare. — Mélacorée, Gambie, Casamence, Zekenkior, Albreda.

Fam. **COLIIDÆ** C. Bp.

Gen. **COLIUS** Briss.

147. COLIUS MACROURUS Heugl.

Colius macrourus Heugl., Orn. Nordost Afr., p. 712.
Lanius macrourus Lin., Syst. Nat., I, p. 134.
Colius Senegalensis Hartl., Orn. W. Afr., p. 155.

N'Dokojh. — Commun. — Dagana, Saldé, Kita, Bakel, Joalles, Rufisque, Richard-Toll, Darmankour, M'Bilor, Gilfré, Samatite, Maloumb, Cagnout, etc.

Cette espèce, malgré ses teintes peu éclatantes, compte parmi les Oiseaux dits de parure et est expédiée en France mélangée à une foule d'autres espèces; généralement les plumes de la queue sont rongées, le rachis seul existe, toutes les barbes ayant disparu ; cela tient, selon nous, à ce que ce *Colius* est tué et apporté par les Indigènes à l'époque de la reproduction.

Comme les autres *Colius*, en effet, il niche dans les creux et les trous du tronc des vieux arbres, et use ses rectrices par le frottement que nécessitent ses entrées et ses sorties réitérées à travers un espace souvent étroit.

Layard (*Birds of S. Afr.*, 1869, p. 221 *et seq.*) donne aux *Colius* des œufs d'un blanc sale; ceux du *Colius macrourus*, que nous possédons (Pl. XXIX, fig. 4), arrondis aux deux extrémités, présentent une teinte jaune sale, et sont finement tiquetés de brun rougeâtre au gros bout; ils mesurent 0,022^{mm} dans leur plus grand axe, et 0,016^{mm} de diamètre.

148. COLIUS NIGRICOLLIS Vieill.

Colius nigricollis Vieill., N. Dict. H. N., VII, p. 378.
—   Hartl., Orn. W. Afr., p. 155.
—   B. du Boc., Orn. Ang., p. 120.
Le Coliou à gorge noire Levaill., Ois. Afr., pl. CCLIX.

N'Dokojh. — Peu commun. — Gambie, Mélacorée, Casamence, Gilfré, Samatite, Albreda.

Le *Colius nigricollis*, considéré comme rare et propre à Angola, au Gabon, à l'Ogooué, bien distinct du précédent est souvent apporté avec lui par les Nègres chasseurs et compris sous la même dénomination d'Oiseau de parure. Nous en avons capturé deux exemplaires dans les environs d'Albreda.

Tout au contraire nous n'avons jamais vu en Sénégambie le *Colius castanonotus*, commun, paraît-il, à Angola et au Gabon.

Fam. **CORACIIDÆ** Gray.

M. Sharpe, dans son mémoire : « *On the Coraciidæ of the Ethiopian region* (*Ibis*, Third Ser., Vol. I, 1871, p. 184 et seq., Pl. VIII), divise cette famille en trois sous-familles qu'il caractérise ainsi :

> *a.* — Nares ad basin maxillæ positæ, setis obtectæ.
> > *a'.* — Tarsus brevior quam digitus medius........ Coraciinæ.
> > *b'.* — Tarsus longior quam digitus medius........ Brachypteraciinæ.
> *b.* — Nares nudæ, lineares, in media maxilla positæ.. Leptosominæ.

La première sous-famille comprend les genres *Coracias* et *Eurystomus*.

N'ayant à traiter ici que de ces deux genres, essentiellement Sénégambiens, nous passerons les autres sous silence, à l'exception cependant du genre *Leptosomus*, dont nous aurons à parler, mais d'une façon tout à fait subsidiaire.

En donnant pour caractères essentiels aux *Coraciinæ :* 1° des narines situées à la base du bec et cachées par des poils ; 2° un tarse plus court que le doigt médian ; et en classant côte à côte, sous cette rubrique, les *Coracias* et les *Eurystomus*, M. Sharpe déclare évidemment que ces caractères leur sont communs.

Il n'en est rien cependant.

En premier lieu, chez tous les *Coracias*, les narines sont, en effet, situées à la base du bec, presque linéaires, dirigées très obliquement et entièrement cachées sous de très petites plumes.

Chez tous les *Eurystomus*, au contraire, les narines situées à la base du bec, ovales elliptiques, sont presque nues, c'est-à-dire à peine recouvertes par de très petites plumes.

En second lieu, chez tous les *Coracias*, le doigt médian est invariablement et mathématiquement de la même longueur (1) que le tarse : : 20 : 20 (Pl. XIV, fig. 3).

---

(1) Nous avons eu soin, pour nos mensurations, de suivre la méthode employée par M. Sharpe *(loc. cit.,* p. 84, *en note)*, c'est-à-dire que la longueur du tarse a été prise en dessous de sa surface articulaire avec le tibia, à l'angle

Chez tous les *Eurystomus*, le doigt médian est plus long que le tarse : : 19 : 14 (Pl. XIV, fig. 8).

La forme du bec n'est pas non plus la même; les deux mandibules du *Coracias* sont très allongées, étroites, l'angle de leur commissure est situé en avant de l'angle externe de l'œil; les deux mandibules des *Eurystomus* sont courtes, larges, plates, et l'angle de leur commissure est situé en arrière de l'angle externe de l'œil.

Des différences non moins grandes se montrent par l'étude du squelette, elles consistent « principalement dans la forme de la tête osseuse et dans le développement de l'appareil sternoclaviculaire », comme le fait remarquer M. le Professeur A. Milne Edwards, auquel nous empruntons plusieurs des données suivantes (*Hist. Phys. Nat. et Pol. de Madagascar. Oiseaux*, t. I, 2ᵉ *part.* 10ᵉ *fasc.*, p. 218 *et seq.*, 1881).

La tête osseuse des *Eurystomus* (Pl. XIV, fig. 6) est courte et très élargie, celle des *Coracias* (Pl. XIV, fig. 1) est au contraire allongée et rétrécie en avant, la portion orbitaire du frontal des premiers est plus large et plus aplatie que celle des seconds; l'orbite est plus grand, les os lacrimaux plus dilatés en dehors ; la voûte palatine très complète a sur la ligne médiane une ouverture ovalaire, et les os palatins étendus en arrière, sous forme de lames très légèrement concaves, ne sont pas creusés en gouttière comme chez les *Coracias*.

Nous ajouterons que, chez les *Eurystomus*, la région occipitale est très développée latéralement, par suite de la dilatation des caisses auditives, ce qui manque chez les *Coracias*.

Le sternum des *Eurystomus* (Pl. XIV, fig. 7) est plus développé que celui des *Coracias* (Pl. XIV, fig. 2); les rainures coracoïdiennes sont plus larges et plus profondes, les angles hyosternaux plus relevés; les bords latéraux plus excavés, les coracoïdiens ont une longueur relative plus considérable.

Chez les *Eurystomus*, l'extrémité postérieure de l'humérus arrive jusqu'au niveau du trou sciatique, tandis que chez les *Coracias* cette extrémité postérieure atteint à peine la cavité

---

formé par l'articulation du doigt postérieur (from the ankle-joint to the base of the hallux) ; comme M. Sharpe également, nous faisons abstraction de l'ongle, dans la longueur du doigt médian.

cotyloïde du bassin; enfin le tarso-métatarsien court, élargi, comprimé d'avant en arrière, diffère de celui des *Coracias* qui est beaucoup plus élancé.

Si, à tout ce qui précède, nous ajoutons que les *Eurystomus* et les *Coracias* ont des mœurs complètement différentes, nous aurons accumulé une somme de raisons suffisantes pour les considérer comme devant être séparés. Du reste, en proposant d'instituer une division pour le genre *Eurystomus,* nous suivons simplement l'exemple que nous ont souvent donné, avec de moins forts arguments peut-être, plusieurs Ornithologistes des plus autorisés.

Modifiant les caractéristiques de M. Sharpe (*loc. cit.*), nous partagerons comme il suit les différents types.

> *a.* — Nares ad basin maxillæ positæ, obliquæ, lineares, *plumulis absconditæ.*
>> *a'.* — Tarsus digitum medium æquans........... Coraciidæ.
> *b.* — Nares ad basin maxillæ positæ, ovato ellipticæ, obliquæ, *fere nudæ.*
>> *b'.* — Tarsus brevior quam digitus medius........ Eurystomidæ.
> *c.* — Nares ad basin maxillæ positæ, lineares, obliquæ, *subabsconditæ.*
>> *c'.* — Tarsus longior quam digitus medius........ Brachypteracidæ.
> *d.* — Nares in medio maxillæ positæ, lineares, transversæ, *nudæ.*
>> *d'.* — Tarsus brevior quam digitus medius........ Leptosomidæ.

MM. Sharpe et Sclater donnent, comme un caractère du groupe des *Coraciidæ,* la plume axillaire dont les plumes du corps sont toujours munies.

Nous ne reviendrons pas sur les longs éclaircissements fournis dans nos considérations générales sur ces plumes axillaires, mais nous devons, en ce qui concerne le groupe qui nous occupe, rectifier les renseignements des deux Ornithologistes Anglais.

Sur la planche VIII qui accompagne mon mémoire, dit M. Sharpe (*Ibis, loc. cit.,* p. 188), j'ai fait figurer les plumes du corps des divers genres de *Coraciidæ,* et il est facile de voir : « that in *Coracias* the axillary plumule is scarcely developed at all; equally in *Eurystomus* and *Brachypteracias;* more in *Geobiastes,* and most in *Atelornis* and *Leptosoma.*

Nous ne connaissons pas les plumes axillaires des *Brachypteracias,* des *Geobiastes* et des *Atelornis,* mais il nous est facile de voir (it will be seen) que M. Sharpe a mal figuré celles des *Coracias, Eurystomus* et *Leptosomus.*

Nous avons fait reproduire (fig. 5 et 10 de notre Pl. XIV) les fig. 5 et 6 de la Pl. VIII de M. Sharpe, et à côté (fig. 4 et 9), une plume de *Coracias* et d'*Eurystomus*, telles qu'elles sont en réalité; leur comparaison montre que, loin d'être à peine développée (scarcely developped at all) chez les *Coracias*, la plumule axillaire égale presque en longueur la moitié de la hauteur de la plume principale, et que ses barbules sont longues et fournies; elle montre encore, que, chez les *Eurystomus,* cette même plumule axillaire atteint des proportions presque égales à la précédente, qu'elle est extrêmement fournie et non à courtes barbules, comme la représente la figure 6 de M. Sharpe.

De son côté, M. Sclater, traducteur du traité de Ptérylographie de Nitzsch, et qui semble attacher à la présence d'une plume axillaire chez les *Leptosomus* une importance particulière (1), figure lui aussi cette plume d'une manière tout à fait inexacte.

Les figures 3 et 4 (*Proc. Z. S. of Lond.,* 1865, p. 685), reproduites dans la traduction anglaise de la Ptérylographie de Nitzsch (*Ray Society, Appendice,* p. 160, fig. 3-4, 1867), montrent deux plumes de *Leptosomus discolor,* dont la plume axillaire dépasse en hauteur les deux tiers de la plume principale; en réalité, c'est à peine si elle atteint la moitié de celle-ci; on peut y relever en outre une exagération par trop grande du développement des barbules, que nous avons vues toujours très fines, très peu fournies et non touffues comme l'indique M. Sharpe.

La figure 10 Pl. VIII de M. Sharpe (*loc. cit.*) est une mauvaise copie de la figure 4 inexacte de M. Sclater.

Gen. **CORACIAS** Lin.

149. CORACIAS GARRULA Lin.

Coracias garrula Lin., Syst. Nat., éd. XII, p. 159.
    —   Sharpe, Ibis, 1871, p. 189.
    —   Hartl., Orn. W. Afr., p. 29.

---

(1) L'importance, que M. Sclater attache à la plume axillaire du *Leptosomus discolor,* a d'autant plus lieu d'étonner, qu'ayant, comme on l'a vu plus haut, traduit l'ouvrage de Nitzsch, il devait savoir mieux que personne combien les plumes axillaires sont fréquentes chez un grand nombre d'Oiseaux de diverses familles (vid. sup., p. 11-12) et qu'elles ne peuvent servir comme caractères pour la classification.

N'Diyko. — Assez rare. — Haute et basse Sénégambie, Saldé, Dagana, Albreda, Zekenkior.

Cette espèce paraît être de passage, nous ne l'avons jamais observée que pendant les mois d'Octobre et de Novembre, son apparition est courte, et les individus sont constamment isolés.

150. CORACIAS NÆVIA Daud.

Coracias nævia Daud., Trait. Orn., II, p. 258.
—   Sharpe, Ibis, 1871, p. 190.
Galgulus pilosus Bonn. et Vieill., Enc. Méth., II, p. 867.
Coracias pilosa Lath., Ind. Orn., Supp., pl. XXVII.
—   Hartl., Orn. W. Afr., p. 30.
Coracias crinita Shaw, Gen. Zool., VII, p. 401.
—   *nuchalis* Swain., Birds W. Afr., II, p. 110.
Le Rollier varié dans son jeune âge Levaill., Roll., pl. XXIX.

N'Diyko. — Commun. — Dagana, Podor, Saldé, Thionk, Leybar, tout le Oualo et le Cayor, Gambie, Casamence, Daranka, Ghimbering, Cagnout, Samatite, Monsor, Kagniac-Cay, Dakar, Deine, pointe du Cap-Vert.

Le *Coracias nævia* habite le Nord-Est, l'Ouest et le Sud de l'Afrique.

Heuglin (*Orn. Nordost Afr.*, I, p. 173 *et J. f. O.*, 1868, p. 320) distingue les exemplaires de l'Est et les considère comme une race locale différente de celle du Sud et de l'Ouest.

Avec MM. Sharpe (*loc. cit.*) et Finsch (*Trans. Zool. Soc. of Lond.*, VII, p. 221, 1870), nous ne voyons dans les variations de plumage invoquées par Heuglin qu'un état dû à l'âge et au sexe des sujets observés.

151. CORACIAS ABYSSINICA Gm.

Coracias Abyssinica Gm., S. N., I, p. 379.
—   Sharpe, Ibis, 1871, p. 197.
—   Hartl., Orn. W. Afr., p. 30.

Coracias Senegalensis Gm., S. N., I, p. 379.
    —   *albifrons* Shaw, Gen. Zool., VII, p. 392.
Le Rollier d'Abyssinie Buff., Pl. Enl., 626.
    —   *du Sénégal* Buff., Pl. Enl., 326.
    —   *à longs brins* Levaill., Roll., p. 75, tab. 25.

N'Diyko. — Commun. — Habite les mêmes localités que l'espèce précédente.

Comme son congénère, le *Coracias Abyssinica* vit sédentaire en Sénégambie; nous les y avons vus toute l'année, en troupes souvent nombreuses, voltigeant à la lisière des bois et des forêts, où ils cherchent leur nourriture, consistant plus spécialement en Insectes; vers le soir, ils s'élèvent en coassant, et planent au-dessus des grands arbres, sur lesquels ils ne tardent pas à s'abattre pour y passer la nuit.

Lefebvre, dans son voyage en Abyssinie (*Zool.*, t. VI, p. 79), rapporte que « le *Rollier bleu* est appelé en Tigreen *Ouadde guimele*, ce qui veut dire le fils des nuages, parce qu'il vole généralement en grand nombre comme les nuages ».

M. Sharpe (*loc. cit.*, p. 200) trouve ce fait des plus extraordinaires, il en conclut qu'il y a une erreur d'observation, et que Lefebvre a voulu parler d'une toute autre espèce.

Nos remarques personnelles viennent confirmer la narration de Lefebvre, vraie, quoi qu'en pense M. Sharpe, non seulement pour le *Coracias Abyssinica,* mais aussi pour le *Coracias nævia.*

C'est au *Coracias Abyssinica* qu'il faut rapporter « l'Oiseau d'une beauté singulière » tué par Adanson le 25 avril 1749, « sur une manœuvre du bâtiment » où se trouvait le savant Voyageur le jour où, pour la première fois, il apercevait la côte du Sénégal.

« C'était une espèce de Geai, dit-il (*Voy. au Sénég.*, p. 15), auquel il ressemblait fort par la grosseur du corps et par la figure du bec et des pieds (*Garrulus argentoratensis* de Willug.), mais il en différait à quelques autres égards. Il était d'un bleu pâle sous le ventre, et fauve sur le dos. Sa queue, qui avait pour ornement deux plumes de la longueur du reste du corps, était relevée, aussi bien que ses ailes, par l'éclat d'un bleu céleste, le plus beau qu'on puisse imaginer. J'ai eu souvent occasion de voir ce Geai dans les terres du Sénégal ».

A la suite de cette description des plus exactes, Adanson commet une erreur, car il confond l'espèce avec le *Coracias garrula,* en la considérant comme oiseau de passage. « J'ai reconnu depuis, continue notre Naturaliste, que c'était un Oiseau de passage, qui vient habiter pendant quelques mois de l'été dans les pays méridionaux de l'Europe, et qui retourne passer le reste de l'année au Sénégal; je ne veux pas laisser ignorer qu'il a été rencontré quelquefois en mer dans le temps de son passage ».

152. CORACIAS CYANOGASTRA Sharpe.

Coracias cyanogastra Sharpe, Ibis, 1871, p. 202.
   —   Hartl., Orn. W. Afr., p. 30.
Coraciura cyanogastra C. Bp., Consp. Av., p. 7.
Coracias cyanogaster Cuv., R. An., I, p. 401.
Galgulus cyanogaster Vieill., N. Dict. H. N., XXIX, p. 436.

N'Diyko. — Assez commun. — Thionk, Leybar, Dakar-Bango, Hann, Rufisque, Joalles, pointe des deux Mamelles, Sedhiou, Samatite, Albreda, Ghimbering, Maloumb, Mélacorée.

Ce *Coracias,* comme les autres espèces, est sédentaire. Toutes sont recherchées à cause de leur plumage éclatant et les naturels en fournissent de grandes quantités aux commerçants Européens, qui les revendent comme Oiseaux de parure.

Fam. EURYSTOMIDÆ Rochbr.

Gen. EURYSTOMUS Vieill.

153. EURYSTOMUS AFER Gray.

Pl. XV, fig. 1, 2.

Eurystomus afer Gray, Cat. Fiss. Brit. Mus., p. 32.
   —   Sharpe, Ibis, 1871, p. 274.
   —   Hartl., Orn. W. Afr., p. 28

Coracias afra Lath., Ind. Orn., 1, p. 172.

Eurystomus purpurascens Vieill., N. Dict. H. N., XXIX, p. 427.

—   *viridis* Gray, Gen. of B., 1, p. 62.

.   —   *rubescens* Vieill., N. Dict. H. N., XXIX, p. 426.

—   *orientalis* Rüpp. (non Lin.), Syst. Ueber, p. 23.

Colaris afra Cuv., R. An., 1, p. 401.

Cornipio afer Cab. et Hein., Mus. Hein., th. III, p. 119.

Eurystomus glaucurus var. *Afer* A. M. Edwards, H. N. Madag., t. I,

2e part., 10e fasc., p. 217, 1881.

Shapp. — Peu commun. — Kita, Bakel, Podor, Makana, Tombokani, Bandoubé, Maina, Daranka, Sedhiou, Bathurst.

« L'Eurystome de la côte Occidentale d'Afrique, dit M. A. Milne Edwards (*loc. cit.*), ne diffère de l'Eurystome qui habite la côte Orientale et l'île de Madagascar, que par sa taille plus petite d'un cinquième et par ses teintes un peu moins foncées et un peu moins vives, il n'est en réalité qu'une simple race (*Eurystomus glaucurus* var. *Afer.*) ».

Toujours en vertu de notre système de nomenclature et des idées exprimées dans notre introduction, nous ne pouvons partager l'opinion émise par le savant Professeur du Muséum de Paris.

Plus que pour tout autre Oiseau, elle nous semble inadmissible.

Un type modifié sous l'influence des conditions d'existence, qui lui sont inhérentes, ne devient, en effet, *race locale,* pour nous servir de l'expression adoptée, qu'à la condition *sine quâ non* de rester cantonné dans les régions, où les modifications se sont produites et où elles continuent d'exercer leur action incessante; que ce type ne reste pas stationnaire, qu'il émigre régulièrement d'une contrée dans une autre, à des époques fixes, sa qualité de race locale cesse de subsister.

Or M. le Professeur A. Milne Edwards nous enseigne (*loc. cit.*) « que les Eurystomes ne passent pas toute l'année à Madagascar, ils n'arrivent guère dans cette île avant le mois d'Octobre, pour en repartir après la saison pluvieuse au mois de mars; pendant la saison sèche on n'en trouve plus, ils habitent alors la côte Orientale d'Afrique ».

D'un autre côté M. Sharpe (*loc. cit.*), s'appuyant sur les renseignements fournis par Hartlaub (*Orn. W. Afr.*, p. 17, et *J. f. O.*, 1861, p. 104) relatifs à une race du Gabon, aux larges dimensions; sur les remarques de Cassin (*Proc. Phil. Acad.*, 1859, p. 33), concernant également une grande race de l'Ogooué; et sur les observations de Verreaux (*Rev. et Mag. de Zool.*, 1855, p. 414), conclut que l'aire d'habitat de l'*Eurystomus glaucurus* s'étend sur une large partie du continent Africain.

Il en est de même de l'*Eurystomus afer,* dont la dispersion est considérable; car on l'observe en Abyssinie, au Sennaar, au Kordofan, au Zambèze, en Sénégambie, à Bissao, au Gabon, dans l'Ogooué et à Angola, localités où presque constamment il est indiqué comme Oiseau de passage.

Le mode de distribution des deux types ne plaide-t-il pas en faveur de notre opinion qui consiste à les séparer spécifiquement, opinion acceptée, du reste depuis longtemps, par presque tous les Ornithologistes?

Mais indépendamment de ce fait, selon nous, d'une importance réelle, il en est d'autres sur lesquels nous devons insister, ils ont trait aux teintes du plumage.

On a vu que d'après M. A. Milne Edwards, abstraction faite de la taille, le type de la côte Occidentale diffère seulement du type Malgache par ses teintes un peu moins foncées et un peu moins vives.

Toujours d'après le savant auteur, « l'*Eurystome Malgache* a sa face supérieure d'un brun rouge et sa face inférieure violette; les ailes sont en dessus d'un beau bleu d'indigo, en dessous d'un bleu azuré, à l'exception des barbes externes et de la pointe des rémiges; les rectrices d'un bleu pâle sont terminées par une large bande d'un bleu foncé; les couvertures de la queue sont d'un bleu verdâtre, les sous-alaires sont violettes; le bec est jaune; l'iris de l'œil est brun, et les pattes sont d'un jaune verdâtre. Il n'y a de différence entre les sexes ni sous le rapport de la coloration ni sous celui de la taille ».

Sans reproduire les diagnoses de l'*Eurystomus afer,* d'après Hartlaub (*loc. cit.*) notamment, ni d'après M. Barboza du Bocage (*Orn. Ang.*, p. 85), diagnoses où l'on constate des différences très grandes entre cet Eurystome et l'Eurystome Malgache, nous donnons la description suivante établie sur neuf types Sénégambiens mâles et adultes.

*Adulte ♂ — (Type figuré, Pl. XV, fig. 1). — Toutes les parties supérieures d'un roux cannelle brillant; les petites couvertures de même couleur, celles les plus rapprochées du bord de l'aile d'un bleu d'outre-mer varié de violet pâle, les grandes couvertures également bleu d'outre-mer à pointe teintée de verdâtre; rémiges d'un beau bleu brillant, extérieurement liserées de noir et terminées par une large bande de cette teinte; rectrices d'un bleu d'aigue-marine; sous-alaires gris bleu métallique; bande sourcilière, région parotidienne, gorge, cou, poitrine, abdomen, d'un beau violet clair changeant, lâchement tiqueté de linéoles plus foncées; couvertures inférieures de la queue, crissum, d'un bleu pâle nuancé de blanc, à mouchetures médianes noires; rectrices terminées en dessous par une large bande noire; bec orangé; paupières gris bleuâtre; iris brun pâle; pieds d'un rougeâtre foncé.

Longueur totale	227	millimètres.
— de l'aile	158	—
— de la queue	98	—
— du bec	22	—
— du tarse	13	—
— du doigt médian	17	—

Si chez le type Malgache il n'existe aucune différence entre le mâle et la femelle sous le rapport de la coloration et de la taille, il n'en est pas de même chez le type Sénégambien, malgré l'opinion contraire de M. Sharpe (*loc. cit.*) : « the female only differs from the male in size; it appears to be a little larger »; la femelle est effectivement plus petite, mais ses teintes sont loin d'être les mêmes.

*Adulte ♀ — (Type figuré, Pl. XV, fig. 2). — Parties supérieures d'un fauve cannelle pâle; les petites couvertures bleuâtres liserées de fauve pâle; les couvertures moyennes d'un bleu verdâtre; les rémiges bleu d'outre-mer, çà et là maculées de fauve, à pointe d'un noir brunâtre; rectrices bleu pâle, terminées par une bande également brun noirâtre, et précédée d'une bande plus étroite d'un beau bleu; gorge bleuâtre, tachetée de fauve; parties inférieures, d'un bleu blanchâtre, chaque plume portant au milieu une ligne brun noir; bec jaune pâle; paupières plombées; iris brun clair; pieds rosés.

Longueur totale	....	223	millimètres.
—	de l'aile	156	—
—	de la queue.................	96	—
—	du bec.....................	21	—
—	du tarse...................	12	—
—	du doigt médian......	16	—

Les jeunes présentent une coloration en tout semblable à celle des femelles.

Nous n'insisterons pas plus longuement sur les caractères différentiels des types Malgaches et Sénégambiens, qui, nous le répétons, ne peuvent être réunis à titre de variétés ou de races locales.

Les mœurs de l'*Eurystomus afer* ne sont pas les mêmes non plus que celles de l'*Eurystomus glaucurus,* bien que celles que M. Sharpe (*loc. cit.*) lui attribue semblent, pour ainsi dire, identiques.

La nourriture de l'*Eurystomus afer* est composée uniquement d'Insectes, mais loin de les chasser pendant le jour, au lieu de rester perché sur une branche, et de fondre sur la proie qu'il aperçoit, il attend la tombée du jour, et alors il vole par couples, saisissant au passage les Insectes qu'il rencontre; toujours silencieux, tantôt il effleure le sol, tantôt il rase le sommet des arbres, puis, vers dix heures, il s'abrite dans les fourrés, où il reste immobile, attendant patiemment la soirée du lendemain pour recommencer ses excursions.

Les *Eurystomus afer* sont des oiseaux *essentiellement crépusculaires,* et ils offrent, à ce point de vue, de grands rapports avec les *Caprimulgus;* les Européens fixés au Sénégal, ordinairement peu observateurs, connaissent cependant leurs habitudes, et les désignent sous le nom d'*Engoulvant bleu.*

Ils arrivent par petites bandes vers le milieu d'Août, s'isolent par couples et disparaissent au commencement de Novembre.

154. EURYSTOMUS GULARIS Vieill.

Eurystomus gularis Vieill., N. Dict. H. N., XXIX, p. 246.
      —   Sharpe, Ibis, 1871, p. 278.
      —   Hartl., Orn. W. Afr., p. 29.
Colaris gularis Wagl., Syst. Av., n° 3.
Cornopio gularis Cab. et Hein., Mus. Hein., II, p. 119.

Shapp. — Assez rare. — Habite les mêmes localités que l'espèce précédente.

M. Sharpe (*loc. cit.*) pense que l'habitat de cette espèce est extrêmement limité, et il doute qu'elle remonte jusqu'au Sénégal, malgré l'affirmation d'Hartlaub (*loc. cit.*).

M. Sharpe émettait ce doute en 1871. Son opinion s'est sans doute modifiée depuis, car il n'a pu ignorer que son *collaborateur* M. Bouvier indique l'*Eurystomus gularis* à Ponte (Sénégal), à la page 10 de son Catalogue des oiseaux recueillis pendant le voyage en Afrique de MM. Marche et Compiègne.

Les mœurs, les migrations de cet *Eurystomus,* sont en tout semblables à celles de l'*Eurystomus afer*.

Fam. **ALCEDINIDÆ** C. Bp.

Gen. **ALCEDO** Lin.

155. **ALCEDO QUADRIBRACHYS** C. Bp.

Alcedo quadribrachys C. Bp., Consp. Av., I, p. 158.
  —   Sharpe, Monog. Alced., pl VI.
  —   Hartl., Orn. W. Afr., p. 34.
  —   Oustal., Nouv. Arch. Mus., 1879, p. 72.

Babaka. — Commun. — Bakel, Dagana, Podor, Saint-Louis, Sorres, Thionk, Dakar-Bango, Rufisque, Joalles, Hann, Gambie, Casamence, Mélacorée.

156. **ALCEDO SEMITORQUATA** Swain.

Alcedo semitorquata Swain., Zool. Ill., pl. CLI.
  —   Sharpe, Monog. Alced., pl. VII.
  —   Hartl., Orn. W. Afr., p. 34.
Alcedo azureus Less., Trait. Orn., p. 243.

Babaka. — Assez commun. — Vit dans les mêmes localités que le *quadribrachys*.

M. Sharpe (*loc. cit.*) donne pour habitat à cette espèce l'Abyssinie, le Cap, la Cafrerie, le Zambèze, le Sénégal, mais il la considère comme rare dans cette dernière région, assertion contraire à ce qu'il nous a été donné de constater *de visu.* Sans être aussi abondant que l'*Alcedo quadribrachys,* l'*Alcedo semitorquata* se rencontre, en effet, fréquemment sur le bord des marigots dans toutes les localités du Sud, de l'Ouest et du Nord-Est de la Sénégambie, plus haut énumérées.

Gen. **CORYTHORNIS** Kaup.

157. CORYTHORNIS CYANOSTIGMA Sharpe.

Corythornis cyanostigma Sharpe, Monog. Alced., Intr., p. VI.
— Oustal., Nouv. Arch. Mus., 1879, p. 72.
— B. du Boc., Orn. Ang., p. 96.
Alcedo cyanostigma Rüpp., Neue Wirb. Vög., pl. XXIV.
Corythornis cristata Hartl., Orn. W. Afr., p. 36.

Bourou. — Commun — Sorres, Leybar, Thionk, N'Guer, Podor, Bakel, Joalles, Rufisque, Dakar, Albreda, Sedhiou, Daranka, etc.

Partageant entièrement la manière de voir de M. Oustalet relativement à cette espèce, nous nous bornons à renvoyer à la savante discussion qu'il a publiée dans les Nouvelles Archives du Muséum (*loc. cit.*).

158. CORYTHORNIS CÆRULEOCEPHALA Kaup.

Corythornis cæruleocephala Kaup., Fam. Alced., p. 13, 1848.
— Sharpe, Monog. Alced., pl. XII.
— Hartl., Orn. W. Afr., p. 36.
— Oustal., Nouv. Arch. Mus., 1879, p. 78.
Alcedo cæruleocephala Gm., S. N., I, p. 449.
Le Petit Martin pêcheur du Sénégal Buff., Pl. Enl., p. 356.

Bourou. — Assez commun. — Gambie, Casamence, Mélacorée, Albreda, Daranka, Sedhiou, Sainte-Marie, M'Bao.

10

Le *Corythornis cæruleocephala,* que M. Oustalet (*loc. cit.*) paraît disposé à localiser plus particulièrement à la Côte-d'Or, au Gabon et aux îles avoisinantes, se rencontre fréquemment, à l'état stationnaire, dans la basse Sénégambie ; il remonte très exceptionnellement vers l'Ouest, où nous l'avons tué une seule fois à M'Bao.

Gen. **CERYLE** Boie.

159. CERYLE RUDIS Boie.

Ceryle rudis Boie, Isis, 1828, p. 316.
   —   Sharpe, Monog. Alced., pl. XIX.
   —   Hartl., Orn. W. Afr., p. 37.
Alcedo rudis Lin., Syst. Nat., I, p. 181.
Ispida rudis Jerv., Madr. Journ., 1840, p. 232.
  — *bitorquata* Swain., Cl. of Birds, p. 336.
  — *bicincta* Swain., Birds W. Afr., II, p. 95.
Le Martin pêcheur noir et blanc du Sénégal Buff., Pl. Enl., 62.

N'Bouroja. — Très commun. — Le long des cours d'eau dans toute la Sénégambie.

L'aire d'habitat de cette espèce est des plus vastes, car on a constaté sa présence dans toute l'Afrique, l'Europe méridionale et une large portion de l'Asie ; aucun caractère distinctif n'est appréciable sur les individus provenant de ces différentes régions.

M. Sharpe (*loc. cit.*) raconte sur cette espèce des détails de mœurs que nous n'avons jamais observés en Sénégambie ; nous l'avons constamment vue planer à une assez grande hauteur, au dessus des cours d'eau, pendant des journées entières, plongeant rapidement de moments en moments pour saisir les petits Poissons, les avaler aussitôt pris, puis s'élever de nouveau et recommencer bientôt le même manège. Que de fois nous avons assisté à la pêche des *Ceryle rudis,* réunis en troupes, aux abords du pont Faidherbe, aux portes même de Saint-Louis.

160. CERYLE MAXIMA Gray.

Ceryle maxima Gray, Gen. of Birds, I, p. 82.
   —   Sharpe, Monog. Alced., pl. XX.
   —   Hartl., Orn. W. Afr., p. 37.
Alcedo maxima Gm., S. N., I, p. 455.
Ceryle gigantea Hartl., J. f. O., 1854, p. 5.
   —   Hartl., Orn. W. Afr., p. 38.

N'Bourojh. — Commun. — Bakel, Podor, Dagana, Thionk, Leybar, Joalles, Rufisque, Gambie, Casamence, Mélacorée, lac de Pagnefoul.

Le *Ceryle maxima* est répandu sur tout le continent Africain; l'éxamen d'un nombre considérable de spécimens de diverses provenances ne nous a fourni aucun caractère propre à séparer les types de telle ou telle région, nous n'y avons vu que de très légères modifications dans la taille, modifications existant, du reste, même chez les individus d'une localité donnée; aussi, à l'exemple de plusieurs Ornithologistes, nous considérons comme lui étant identique le *Ceryle gigantea* Reich. établi sur des exemplaires de taille un peu supérieure à celle du *Ceryle maxima*.

Cette espèce se nourrit uniquement de Poissons, du moins en Sénégambie, où nous ne l'avons point vue chasser les Crabes, les Grenouilles et les Reptiles, comme elle le ferait au Cap, d'après M. Layard (*Birds S. Afr.,* 1867, p. 67).

Nous devons à l'affectueuse obligeance de M. Gasconi, député du Sénégal, deux magnifiques sujets mâle et femelle du *Ceryle maxima,* tués par lui dans les environs du lac de Pagnefoul.

Fam. DACELONIDÆ C. Bp.

Gen. ISPIDINA Kaup.

161. ISPIDINA PICTA. Kaup.

Ispidina picta Kaup., Fam. Alced., p. 12, 1848.
   —   Sharpe, Monog. Alced., pl. LI.

Alcedo picta Gray, Cat. Fiss. Brit. Mus., p. 65, 1848.
Ispidina cærulea C. Bp., Consp. Av., p. 9.
— *cyanotis* Hartl., J. f. O., 1861, p. 105, et Orn. W. Afr., p. 35.
Le Todier de Juida Buff., Pl. Enl., 783.

Legoë. — Assez commun. — Kita, Bakel, Dagana, Saldé, Zekinkior, Albreda, Ghimbering, Bathurst.

Cette espèce s'étend de l'Abyssinie au Gabon, on la trouve également au Congo, à Angola, en Cafrerie et à Natal, etc.

Gen. **HALCYON** Swain.

162. HALCYON ERYTHROGASTRA Sharpe.

Halcyon erythrogastra Sharpe, Ibis, 1869, p. 282.
— Sharpe, Monog. Alced., pl. LXIII.
Alcedo Senegalensis var. *g* Gm., S. N., I, p. 456.
— var. *a* Lath., Ind. Orn., I, p. 249.
— var. *c* Vieill. et Bon., Encycl. Méth., I, p. 283.
Halcyon rufiventris Bolle, J. f. O., 1857, p. 319 *(non Swain.)*.
Alcedo cancrophaga Forst., Descr. Anim., p. 4 *(non Lath.)*.

Passerinha *(Teste Keulemans)*. — Très commun. — Santiago, Archipel du Cap-Vert, où l'espèce a été découverte pour la première fois par Darwin *(Teste Sharpe, loc. cit.)*.

163. HALCYON SEMICÆRULEA Rüpp.

Halcyon semicærulea Rüpp., Syst. Ueber., p. 23.
— Hartl., Orn. W. Afr., p. 33.
— Sharpe, Monog. Alced., pl. LXIV.
Alcedo Senegalensis var. *d* Gm., S. N., I, p. 456.
— var. *j* Lath., Ind. Orn., I, p. 249.
— var. *b* Vieill. et Bon., Encycl. Méth., I, p. 283.
Halcyon rufiventer Swain., Birds W. Afr., II, p. 101, pl. XII.
Le Martin pêcheur bleu et noir du Sénégal Buff., Pl. Enl., 356.

Legha. — Commun. — Bakel, Kita, bords du Bafing et de la Falémé, Thionk, Dakar-Bango, Hann, Rufisque, Zekenkior, Albreda, M'Bao.

M. Sharpe (*loc. cit.*) distingue cette espèce du type de Santiago, parce que ce dernier : « is to be recognised, by its larger size, whiter head, and generally purer and more brilliant coloration ». L'examen des deux espèces nous montre quelques différences plus tranchées ; c'est ainsi que, chez l'*Halcyon semicærulea,* le dessus de la tête est d'un gris pâle, un peu plus foncé sur la nuque, tandis que les mêmes parties sont d'un gris vineux chez l'*Halcyon erythrogastra;* ce dernier porte, en outre, un large sourcil blanc et une tache de même couleur au miroir de l'aile.

Dans la description de l'*Halcyon semicæruleo,* de Hartlaub (*loc. cit.*), la phrase suivante : « colli lateribus et pectore dilute griseis, minutissime fasciolatis », est faussement appliquée à l'adulte, dont le cou et la poitrine sont blancs, tandis que chez le jeune les mêmes parties grisâtres portent des petites lignes longitudinales brunes.

164. HALCYON CHELICUTENSIS Finsh. et Hartl.

Halcyon Chelicutensis Finsh. et Hartl., Orn. Ost Afr., p. 163.
      —   Sharpe, Monog. Alced., pl. LXVII.
Alcedo Chelicuti Stanley, Salt. Trav. Ayss., app., pl. LVI.
  —   *variegata* Vieill. et Bon., Encycl. Méth., I, p. 397.
Dacelo pygmæa Cretzsch., in Rüpp. Zool. Atl., p. 12.

Legha. — Commun. — Bakel, Kita, bords du Bakoy et du Bafing, Dagana, Saldé, lac de N'Guer, Safal, Richard-Toll, île Kouma, M'Bao, Cagnout, Maloumb, Bering, etc.

Cette espèce se rencontre sur la majeure partie du continent Africain.

165. HALCYON CYANOLEUCA Hartl.

Halcyon cyanoleuca Hartl., Contr. Orn., 1849, p. 20.
      —   Sharpe, Monog. Alced., pl. LXIX.
      —   Hartl., Orn. W. Afr., p. 31.
Alcedo cyanoleuca Vieill., N. Dict. H. N., XIX, p. 401.
Le Martin pêcheur à ventre sablé Temm., Cat. Syst., p. 215, 1807.

Legha. — Peu commun. — Casamence, Gambie, Mélacorée, Bering, Albreda.

166. HALCYON SENEGALENSIS Swain.

. *Halcyon Senegalensis* Swain., Zool. Illustr., 1ʳᵉ sér., I, p. 27, 1821.
　　　　　　— 　　　　Sharpe, Monog. Alced., pl. LXX.
　　　　　　— 　　　　Hartl., Orn. W. Afr., p. 31.
Alcedo Senegalensis Lin., Syst. Nat., I, p. 180.
Le Martin pêcheur à tête grise du Sénégal Buff., Pl. Enl., 594.

Legha. — Assez commun. — Habite les mêmes localités que l'espèce précédente.

L'*Halcyon cyanoleuca* ne serait pour M. Oustalet (*Nouv. Arch. Mus.*, 1879, p. 79) qu'une race de l'*Halcyon Senegalensis,* « race peu tranchée, de taille un peu plus forte et à tête moins brune ».

Avec Vieillot, Bonaparte, Hartlaub, Temminck, M. Sharpe, etc., nous considérons les deux types comme spécifiquement distincts. L'*Halcyon cyanoleuca* n'a pas la tête moins brune que le *Senegalensis,* mais d'un beau bleu verdâtre; la tache périoculaire noire est plus large et s'étend très loin en arrière de l'œil; la gorge est d'un blanc plus pur; les régions parotidiennes et abdominales, d'un blanc bleuâtre, sont fortement tiquetées et vermiculées de bleu foncé, tandis que dans l'*Halcyon Senegalensis* le ventre est blanc sans aucune vermiculation; toutes les parties supérieures de l'un sont d'un bleu verdâtre, les mêmes parties de l'autre sont d'un bleu foncé; enfin le premier a les pieds rosés, tandis que le second les a bruns.

167. HALCYON MALIMBICA Cass.

Halcyon Malimbica Cass., Cat. Halc. Phil. Mus., p. 8, 1852.
　　　　　　— 　　　　Sharpe, Monog. Alced., pl. LXXII.
Alcedo cinereifrons Vieill., N. Dict. H. N., XIX, p. 103.
Halcyon torquatus Swain., Birds W. Afr., II, p. 99.
　　　　— 　*cinereifrons* Hartl., Orn. W. Afr., p. 32.

Legha. — Assez commun. — Bakel, Saldé, lac de N'Guer, M'Bao, Joalles, Casamence, Gambie, Mélacorée, Albreda, Sedhiou.

Cette espèce a été observée au Gabon, à Sierra-Leone, à Angola et à Natal; et, malgré l'opinion de M. Schlegel (*Alced. Mus. P. B.*, p. 20), nous ne pouvons séparer l'*Halcyon cinereifrons* du *Malimbica;* les quelques différences de coloration, invoquées par M. Schlegel, sont uniquement dues à l'âge des sujets; quant à la localisation de l'un en Sénégambie, et de l'autre à la Côte-d'Or, au Congo et à Angola, elle ne repose sur aucune preuve sérieuse, comme nous avons pu le constater sur des individus vivants, porteurs des prétendus caractères différentiels.

Fam. **MEROPIDÆ** Leach.

Gen. **MEROPS** Lin.

168. **MEROPS APIASTER** Lin.

Merops apiaster Lin., Syst. Nat., I, p. 182.
—   Hartl., Orn. W. Afr., p. 38.
—   Swain., Birds W. Afr., II, p. 76.
—   B. du Boc., Orn. Ang., p. 86.

Teté. — Peu commun. — Saldé, Dagana, M'Bao, Joalles, Rufisque, Thionk, Mélacorée, Albreda, Sedhiou.

Le *Merops apiaster* d'Europe est une espèce de passage en Afrique; elle arrive vers le mois de Septembre dans les localités où nous l'indiquons et les quitte dans les premiers jours de Février; passé cette époque, on n'en rencontre plus aucun spécimen.

169. **MEROPS SUPERCILIOSUS** Lin.

Merops superciliosus Lin., Syst. Nat., I, p. 183.
—   Sharpe, Cat. Afr. B., p. 3.
—   B. du Boc., Orn. Ang., p. 87.
Merops Ægyptius Cab., Mus. Hein., p. 139, 140.
— *Savignii* Swain., Birds W. Afr., II, p. 7.
—   Hartl., Orn. W. Afr., p. 38.

Tété. — Assez commmn. — Cayor, Oualo, Bokol, N'Baroul, Kouma, Sedhiou, Samatite, Albreda, Ghimbering.

170. MEROPS ALBICOLLIS Vieill.

Merops albicollis Vieill., N. Dict. H. N., XIV, p. 15
    —   Hartl., Orn. W. Afr., p. 39.
    —   Sharpe, Cat. Afr. B., p. 3.
Merops Cuvieri Licht., Doubl., p. 13.

Tété. — Assez commun. — Mêmes localités que l'espèce précédente.

L'aire d'habitat de cette espèce s'étend du Sénégal au Gabon; on l'a également observée au Kordofan, au Sennaar, et dans le pays des Aschanties.

171. MEROPS BICOLOR Daud.

Merops bicolor Daud., Ann. Mus., II, p. 140, pl. LXII, f. 1.
    —   Hartl., Orn. W. Afr., p. 41.
    —   B. du Boc., Orn. Ang., p. 89.
Merops Malimbicus Shaw, Nat. Misc., pl. DCCI.
    —   Sharpe, Cat. Afr. B., p. 3.

Kelbett. — Assez rare. — Gambie, Casamence, Mélacorée, Sedhiou, Samatite, Albreda, Ghimbering, Daranka, Zekinkior, Bathurst.

172. MEROPS VIRIDISSIMUS Swain.

Merops viridissimus Swain., Birds W. Afr., II, p. 82.
    —   Hartl., Orn. W. Afr., p. 40.
    —   Heugl., Orn. Nordost Afr., I, p. 202.

Kelbett. — Commun. — Kita, Bakel, Saldé, M'Bao, Hann, Joalles Rufisque, Sedhiou, Zekinkior, Albreda, Samatite.

173. MEROPS NUBICUS Gm.

Merops Nubicus Gm., S. N., Ed. 13, p. 464.
     —   Heugl., Orn. Nordost Afr., p. 199.
     —   Hartl., Orn. W. Afr., p. 41.
Merops cæruleocephalus Lath., Gen. Syn., II, p. 680.
Le Guêpier rouge à tête bleue Buff., Pl. Enl., 649.

Oulego. — Très commun. — Dakar-Bango, Thionk, Leybar, Bakel, Kita, Saldé, Dagana, Casamence, Gambie, Sedhiou, Zekinkior, Daranka, M'Bao, Ponte, Hann.

Le *Merops Nubicus,* dont la dispersion sur le continent Africain paraît assez considérable, est l'une des espèces les plus communes de la Sénégambie; comme presque tous ses congénères, il vit en troupes nombreuses, passant une partie du jour au milieu des clairières, à planer en poussant de longs sifflements analogues à ceux que nos Martinets d'Europe font entendre le soir; pendant cet exercice, ils affectent une position presque perpendiculaire, c'est-à-dire la queue dirigée vers le sol et la tête dans le sens opposé; le mouvement excessivement précipité de leurs ailes les maintient en place, pressés les uns contre les autres; on croirait voir de loin un large nuage rose immobile.

Ils nichent dans des trous profonds, qu'ils pratiquent le long des berges des marigots, souvent creusés comme de vastes ruches; chaque couple dépose au fond du couloir de cinq à sept œufs presque ronds, et d'un beau rose pâle.

Leur grand axe mesure 0,024^{mm}, et leur grand diamètre 0,019^{mm} (Pl. XXIX, fig. 5).

Le *Merops Nubicus,* plus que tout autre, est recherché comme Oiseau de parure; ses vives couleurs roses le font préférer à ses congénères, dont le plumage est moins éclatant.

Gen. MELITTOPHAGUS Boie.

174. MELITTOPHAGUS VARIEGATUS C. Bp.

Melittophagus variegatus C. Bp., Consp. Av., I, p. 163.

Merops variegatus Vieill., N. Dict. H. N., XIV, p. 25.
—   —   Hartl., Orn. W. Afr., p. 39.
—   *erythropterus* Schleg. *(pro. parte)*, Mus. P. B. Mer., p. 11.
—   *Sonnini* C. Bp., Consp. Av., p. 163.
—   *Angolensis* Sharpe, Cat. Afr. B., p. 3.

Nakanaka. — Assez rare. — Gambie, Casamence, Zekinkior, Sedhiou, Bathurst, Mélacorée, Ghimbering.

175. MELITTOPHAGUS ERYTHROPTERUS C. Bp.

Melittophagus erythropterus C. Bp., Consp. Av., I, p. 163.
Merops erythropterus Gm., S. N., I, p. 464.
—   —   Hartl., Orn. W. Afr., p. 40.
—   *collaris* Hartl., Orn. W. Afr., p. 40.
—   *minutus* Finsch. et Hartl., Vög. West Afr., p. 188.
—   *pusillus* Sharpe, P. Z. S. of Lond., 1873, p. 716.

Nakanaka. — Assez commun. — Kita, Bakel, Podor, Leybar, Dakar-Bango, Thionk, Zekinkior, Sedhiou, Bathurst.

Cette espèce, voisine de la précédente, mais bien distincte par sa taille plus faible et la distribution de ses couleurs, s'étend non seulement dans toute la région Ouest de l'Afrique, mais encore dans le Sud, ainsi qu'en Abyssinie, au Sennaar et au Kordofan.

176. MELITTOPHAGUS LAFRESNAYI Guer.

Melittophagus Lafresnayi Guer., Rev. Zool., 1843, p. 322.
—   C. Bp., Consp. Av., I, p. 163.
—   Heugl., Orn. Nordost Afr., I, p. 206.
Merops Lefeburei O. des Murs, Rev. Zool., 1846, p. 243.

Nakanaka. — Peu commun. — Kita, Bakel, bords de la Falémé, du Bakoy et du Bafing, étang de Kouguel, Arondou, Tombokani.

Considéré comme propre à la côte Orientale, le *Melittophagus Lafresnayi* a été découvert dans le haut Sénégal par M. le Dr Colin, à qui nous devons de le connaître dans les localités plus haut indiquées. Cette espèce serait de passage et apparaîtrait à la fin de l'hivernage, pour repartir à la saison des pluies.

« Quoique la coloration du *Merops Lafresnayi*, disent J. et E. Verreaux (*Rev. et Mag. de Zool.*, 1855, p. 355), ressemble beaucoup à celle du *Merops variegatus*, il est impossible de les confondre, *ne fût-ce que par la taille supérieure* du *Lafresnayi* ».

Comment, après avoir aussi explicitement reconnu la valeur de la taille, comme caractéristique de deux *Merops*, les frères Verreaux, dont l'autorité Ornithologique est justement appréciée de tous, ont-ils pu écrire, *cinquante-neuf pages* plus loin, dans le même recueil (*Rev. et Mag. de Zool.*, 1855, p. 414), à propos de l'*Eurystomus afer* : « la race du Gabon, quoique ne différant pas, sous le rapport de la coloration, de celle du reste de la côte à partir du Sénégal, *est cependant de près d'un quart plus forte ; mais habitués comme nous le sommes à apprécier de semblables différences, nous n'hésitons pas à la regarder comme la même* ».

Nous laisserons l'explication d'une contradiction aussi évidente aux trop nombreux imitateurs de J. et E. Verreaux.

177. MELITTOPHAGUS BULLOCKII C. Bp.

Melittophagus Bullockii C. Bp., Consp. Av., I, p. 163.
Merops Bullockii Vieill. et Bon., Encycl. Méth., I, p. 393.
   — *cyanogaster* Swain., Birds W. Afr., II, p. 80, pl. VIII.

Nakanaka. — Assez commun. — Gambie, Casamence, Mélacorée, Zekinkior, Sedhiou, Albreda, Bathurst, Hann, M'Bao.

Cette espèce, assez fréquemment observée dans la basse Sénégambie, remonte exceptionnellement dans la région Ouest, où nous ne l'avons rencontrée que dans les environs de Hann et de M'Bao, par couples isolés, à la fin de l'hivernage.

Gen. **DICROCERCUS** Cab.

178. DICROCERCUS HIRUNDINACEUS Cab. et Hein.

Dicrocercus hirundinaceus Cab. et Hein., Mus. Hein., II, p. 136.
Merops hirundinaceus Vieill. et Bon., Encycl. Méth., I, p. 392.
  —   —   Hartl., Orn. W. Afr., p. 40.
  —   —   Swain., Birds W. Afr., II, p. 91, pl. X.
  — *chrysolaimus* Jard., Sell. Ill., pl. IC.
  — *furcatus* Stanl., Salt. Voy. App., n° 18.
  — *azuror* Less., Trait. Orn., p. 239.
Le Guêpier Tawa Levaill., Merop., p. 35, pl. VIII.

Dougousamokono. — Commun. — Kita, Bakel, Podor, Dagana, Thionk, Leybar, Dakar-Bango, Sorres, M'Bao, Hann, Rufisque, Joalles, Sedhiou, Zekinkior, Albreda, Bathurst, Gimberhing.

Répartie sur la majeure partie du continent Africain, cette espèce est faussement indiquée par Heuglin (*Orn. Nordost Afr.*, I, p. 211) comme existant à l'île de Gorée. Nous avons exposé précédemment les raisons, pour lesquelles plusieurs espèces provenant de telle ou telle localité sont souvent données comme existant à Gorée.

Fam. **NYCTIORNITIDÆ** Swain.

Gen. **MEROPISCUS** Sundev.

179. MEROPISCUS GULARIS Sundev.

Meropiscus gularis Sundev., Ofv. Vetensk. Ac. Forkhandl., 1849, p. 162.
        —   Hartl., Orn. W. Afr., p. 42.
        —   Sharpe, Cat. Afr. B., p. 4.
        —   B. du Boc., Orn. Ang., p. 94.
        —   J. et E. Verr., Rev. et Mag. de Zool., 1855, p. 355.
Nyctiornis gularis C. Bp., Consp. Av., 1. p. 164.

Oubolajh.— Assez rare. — Gambie, Casamence, Zekinkior, Sedhiou, Bathurst, Mélacorée.

Presque tous les auteurs donnent à cette espèce le Gabon pour patrie. J. et E. Verreaux (*loc. cit.*) supposent qu'elle est originaire de la côte de Guinée; dans tous les cas, disent-ils, « elle est de celles qui sont de passage au Gabon, où elle ne séjourne pas autant que les autres, n'y arrivant qu'à la fin de Novembre pour en repartir vers le milieu de Février ».

Elle passe le même laps de temps dans la basse Sénégambie. Il est assez fréquent d'en rencontrer des peaux bien préparées parmi les autres espèces dites de parure.

EPOPSINI A. M. Edw.

Fam. UPUPIDÆ C. Bp.

Gen. UPUPA Lin.

180. UPUPA SENEGALENSIS Hartl.

Upupa Senegalensis Hartl., Orn. W. Afr., p. 42.
— *epops* var. *Senegalensis* Swain., Birds W. Afr., II, p. 114.

Ibouga. — Peu commun. — Podor, Saldé, Thionk, Leybar, Ponte, M'Bao, Rufisque, Dakar, Joalles.

L'*Upupa Senegalensis,* bien distincte de la Huppe d'Europe, n'est pour quelques-uns qu'une simple variété de celle-ci; elle s'en distingue par une taille plus petite, par les plumes de la crête d'un fauve pâle, terminées de noir et tachetées de blanc, par les parties inférieures blanchâtres, tiquetées de fauve, et par les petites rémiges à peine fasciées de blanc.

181. UPUPA AFRICANA Bech.

Upupa Africana Bech., Ueb., IV, p. 172.
— Heugl., Orn. Nordost Afr., I, p. 213.
— B. du Boc., Orn. Ang., p. 124.

Ibouga. — Rare. — Gambie, Casamence, Sedhiou, Albreda, Zekin-kior; Rarissime dans le haut Sénégal, Kita, Bakel, Bakoy.

L'*Upupa Africana* est de passage en Gambie et en Casamence ; un exemplaire parfaitement authentique nous a été communiqué par le Dr Patouillet, comme ayant été capturé dans le haut fleuve.

Fam. **IRRISORIDÆ** Less.

Gen. **IRRISOR** Less.

182. IRRISOR ERYTHRORHYNCHUS Mont.

Irrisor erythrorhynchus Mont., Ibis, 1862, p. 334.
Upupa erythrorhynchus Lath., Ind. Orn., p. 280, t. 34.
Falcinellus senegalensis Vieill., Encycl. Méth., p. 580.
Irrisor senegalensis Hartl., Orn. W. Afr., p. 42.
Epimachus melanorhynchus Wagl., Syst. Av., spec. 3.

Tetenioul. — Commun. — Kita, Bakel, Podor, Thionk, Leybar, Dakar-Bango, Rufisque, Joalles, Sedhiou, Albreda.

Chez l'adulte mâle, le bec est d'un beau rouge corail ; chez la femelle, plus petite que le mâle, le bec est légèrement plus court, plus arqué, rouge seulement à la base et noir dans le reste ; le bec du jeune est entièrement noir. C'est uniquement sur ces différences de coloration du bec, qu'ont été établies les trois espèces que nous avons réunies en synonymie.

183. IRRISOR CYANOMELAS Mont.

Irrisor cyanomelas Mont., P. Z. S. of Lond., 1865, p. 94.
Falcinellus cyanomelas Vieill., N. Dict. H. N., XXVIII, p. 165.
Upupa purpurea Burch., S. Afr., I, p. 326, et II, p. 436.

Tetenioul. — Rare. — Saldé, Dagana, Thionk, Leybar, Dakar-Bango.

Nous possédons un très bel exemplaire de cette espèce que nous avons tué à Dagana.

184. IRRISOR ATERRIMUS Steph.

Irrisor aterrimus Steph., Gen. Zool., XIV, p. 257.
Promerops pusillus Swain., Birds W. Afr., II, p. 120.
Irrisor pusillus Hartl., Orn. W. Afr., p. 43.

Tetenioul. — Assez commun. — Kita, Podor, Bakel, Saldé, Thionk, M'Bao, Rufisque, Deine, Albreda, Zekinkior, Bathurst, Mélacorée.

Cette espèce, étendue du Sénégal au Gabon, existe également dans le Sud et l'Est de l'Afrique.

Nos trois *Irrisor* sont recherchés comme Oiseaux de parure.

OCYPTILINI A. M. Edw.

Fam. CYPSELIDÆ C. Bp.

Gen. CYPSELUS Illig.

185. CYPSELUS ÆQUATORIALIS Müll.

Cypselus æquatorialis Müll., Naum., 1851, IV, p. 25.
       —   Sclat., P. Z. S. of Lond., 1865, p. 598.
       —   B. du Boc., Orn. Ang., p. 157.
Cypselus Rüeppelii Heugl., J. f. O., 1861, p. 421, et Orn. Nordost Afr.,
          p. 141.

Volholl. — Peu commun. — Montagnes de Bandoubé, massif de Kita, environs de Médine, au mont Fouti.

Le *Cypselus æquatorialis*, des Montagnes d'Abyssinie, et que M. Barboza du Bocage indique à Angola (*loc. cit.*), a été découvert dans le haut Sénégal par M. le Dr Colin; il est de passage dans les localités où nous l'indiquons, et où il se montre seulement pendant les derniers mois de l'hivernage.

186. CYPSELUS APUS Blyth.

Cypselus apus Blyth., Cat., p. 35.
— Sclat., P. Z. S. of Lond., 1865, p. 598.
Hirundo apus Lin., Syst. Nat., I, p. 346.

Volholl. — Assez fréquent. — Kita, Bakel, Podor, Dagana, Thionk, Sorres, Joalles, Rufisque, M'Bao.

Cette espèce, de passage en Sénégambie de la fin d'Octobre au commencement de Mars, conserve dans cette région les mêmes mœurs qu'en Europe (1); d'après Layard (*Birds S. Afr.,* 1867, p. 50), elle se comporterait au Cap d'une manière toute différente, mais, en revanche, ses habitudes Européennes seraient le partage du *Cypselus Caffer.* Il est permis de mettre en doute l'assertion de Layard, car, à l'article *Cypselus Caffer (loc. cit.,* p. 51), il se contredit d'une façon complète, en donnant à ce *Cypselus Caffer* des mœurs toutes différentes de celles qu'il lui assigne à la page 50.

187. CYPSELUS CAFFER Licht.

Cypselus Caffer Licht., Doubl., p. 58.
— Sclat., P. Z. S. of Lond., 1865, p. 600.

Volholl. — Rare. — Gambie, Casamence, Mélacorée, Zekinkior, Sedhiou, Bathurst.

Le *Cypselus Caffer* avait été déjà signalé en Gambie par M. Sharpe (*Cat. Afr. B.,* p. 2, 1871).

---

(1) Voir A. T. de Rochebrune Père : observations sur les *Cypselus apus,* etc., in-8°, 1866.

188. CYPSELUS PARVUS Licht.

Cypselus parvus Licht., Doubl., p. 58 *(non Less.)*.
— .　　　　Sclat., P. Z. S. of Lond., 1865, p. 601.
—　　　　　A. M. Edw., Orn. Madag., t. I, 2ᵉ part., p. 189.

Volholl. — Assez commun. — Joalles, Rufisque, M'Bao, Casamence, Gambie, Sedhiou, Bathurst.

Cette espèce de l'Est, du Sud et de l'Ouest de l'Afrique, que l'on retrouve à Madagascar, a présenté une synonymie des plus embrouillées jusqu'au moment où M. le Professeur A. M. Edwards l'a définitivement établie; nous empruntons au savant Zoologiste le passage suivant *(loc. cit.)* : « la plupart des auteurs modernes ont considéré à tort le petit Martinet Africain, comme identique avec l'Oiseau nommé par Gmelin *Hirundo ambrosiaca*. On sait, en effet, que l'*Hirundo ambrosiaca* n'est autre que l'*Hirundo riparia Senegalensis*, décrite par Brisson (*Orn.*, II, p. 508, pl. XLV); or, comme le fait remarquer M. Sclater (*P. Z. S. of Lond.*, 1865, p. 601), ce célèbre Ornithologiste a soin de marquer : que cet Oiseau a douze rectrices à la queue; l'*Hirundo ambrosiaca* n'est donc pas un Martinet, mais une Hirondelle. On ne peut pas, par conséquent, conserver l'épithète d'*ambrosiacus* au *Cypselus* Africain dont nous nous occupons ici ».

189. CYPSELUS AFFINIS Gray.

Cypselus affinis Gray, Ill. Ind. Zool., pl. XXXV, f. 2.
—　　　　　Sclat., P. Z. S. of Lond., 1865, p. 603.
Cypselus Abyssinicus Streub., Isis, 1848, p. 354.
—　　　　—　　Hartl., Orn. W. Afr., p. 24.
—　　　*parvus* Less., Trait. Orn., p. 268.

Volholl. — Assez commun. — Kita, Bakel, Saldé, Dagana, Casamence, Gambie, Albreda, Zekinkior, Bathurst.

Fam. **CHÆTURIDÆ** Sclat.

Gen. **CHÆTURA** Steph.

190. CHÆTURA SABINI Gray.

Chætura Sabini Gray, Griff. An. King., II, p. 70.
— Sclat., P. Z. S. of Lond., 1865, p. 613.
— Hartl., Orn. W. Afr., p. 25.
Acanthylis bicolor Strickl., P. Z. S. of Lond., 1844, p. 99.
Pallene leucopygia Boie, Isis, 1844, p. 168.

Volholl. — Rare. — Gambie, Casamence, Mélacorée, Bathurst, Sedhiou, Zekinkior, Albreda.

Cette espèce de Sierra-Leone et de Fernando-Po, remonte dans la basse Sénégambie, où nous l'avons observée à l'état sédentaire.

Fam. **CAPRIMULGIDÆ** Vig.

Gen. **CAPRIMULGUS** Lin.

191. CAPRIMULGUS TRISTIGMA Rüpp.

Caprimulgus tristigma Rüpp., Neue Wirb. Vôg., p. 105, et Syst. Ueber, p. 62.
— Heugl., Orn. Nordost Afr., I, p. 126.
Caprimulgus trimaculatus Swain., Birds W. Afr., II, p. 70.

Lipakoun. — Peu commun. — Kita, bords de la Falémé, du Bakoy et du Bafing, Gangaran, Banionkadougou.

Cette espèce nous a été communiquée par M. le Dr Colin; elle serait, selon lui, de passage dans la région, seulement pendant les premiers mois de l'hivernage.

192. CAPRIMULGUS POLIOCEPHALUS Rüpp.

Caprimulgus poliocephalus Rüpp., Syst. Ueber, p. 63.
　　　　　　— 　　　　　Heugl., Orn. Nordost Afr., I, p. 131.

N'Pijhmabata. — Assez fréquent. — Rencontré dans le haut fleuve; Kita, Podor, Falémé, Banionkadougou.

193. CAPRIMULGUS ÆGYPTIUS Licht.

Caprimulgus Ægyptius Licht., Doubl., p. 69.
　　　　　　— 　　　　　Heugl., Orn. Nordost Afr., I, p. 127.
Caprimulgus isabellinus Temm., Pl. Col., 379.
　　　　　　— 　　　　　C. Bp., Consp. Av., I, p. 62.
Lipakoumba. — Peu commun. — Kita, Podor, Banionkadougou, Gangaran.

L'Égypte, la Nubie et l'Abyssinie sont assignées à cette espèce, observée et rapportée de la haute Sénégambie par M. le Dr Colin.

194. CAPRIMULGUS RUFIGENA A. Smith.

Caprimulgus rufigena A. Smith., Illust. S. Afr. Zool., pl. C.
　　　　　　— 　　　　　Hartl., Orn. W. Afr., p. 22.
　　　　　　— 　　　　　B. du Boc., Orn. Ang., p. 154.

Lipakoumba. — Assez commun. — Gambie, Casamence, Mélacorée, Zekinkior, Albreda, Sedhiou, Bathurst.

Le *Caprimulgus rufigena*, comme tous ses congénères, niche à terre, ou à très peu d'élévation au-dessus du sol. Son nid, grossièrement formé de quelques bûchettes et garni de plumes, contient de trois à cinq œufs, de dimensions assez fortes, relativement à la taille de l'Oiseau; ces œufs arrondis aux deux bouts, d'un jaune sale, portent des taches verdâtres, nuageuses et irrégulières; ils mesurent 0,032^{mm} dans le sens de leur axe, et 0,023^{mm} dans leur plus grand diamètre (Pl. XXIX, fig. 6).

Gen. **SCOTORNIS** Swain. ·

195. SCOTORNIS LONGICAUDA Heugl.

Scotornis longicauda Heugl., Orn. Nordost Afr., I, p. 133.
Caprimulgus longicaudus Drap., Dict. Class., VI, p. 169.
— *climacurus* Vieill., Gal. Orn., pl. CXII.
— — Hartl., Orn. W. Afr., p. 23.

Men Ompounga. — Peu commun. — Kita, Bakel, Saldé, Thionk,
Dakar-Bango, Casamence, Sedhiou, Zekinkior.

M. Bouvier (*Cat. Ois. Voy. Marche et Compiègne*, p. 8) indique
cette espèce comme ayant été recueillie à la pointe du Cap-Vert.

Gen. **MACRODIPTERYX** Swain.

196. MACRODIPTERYX VEXILLARIUS Hartl.

Macrodipteryx vexillarius Hartl., P. Z. S. of Lond., 1867, p. 821.
— Heugl., Orn. Nordost Afr., I, p. 134.
Cosmetornis vexillarius Gurney, in Anders. B. Damar., p. 45.
— B. du Boc., Orn. Ang., p. 155.

Halasosokonojh. — Assez rare. — Gambie, Casamence, Zekinkior,
Albreda, Sedhiou.

197. MACRODIPTERYX LONGIPENNIS Shaw.

Macrodipteryx longipennis Shaw, Nat. Misc., pl. CCLXV.
— — Hartl., Orn. W. Afr., p. 23.
— — Heugl., Orn. Nordost Afr., I, p. 137.
— *Africanus* Swain., Birds W. Afr., II, p. 62, pl. V.

Halasosokonojh. — Commun. — Kita, Bakel, Saldé, Thionk, Leybar,
Zekinkior, Diataconda, Albreda, Ghimbering, Bathurst.

Ce *Macrodipteryx* fait son nid sur le sol; ce nid consiste en une petite dépression pratiquée au pied d'un arbuste; là, l'Oiseau dépose directement sur le sable de deux à quatre œufs elliptiques, arrondis aux deux bouts, d'un blanc roussâtre sale, parsemés de taches plus foncées, particulièrement au gros bout; leur plus grand axe mesure 0,037^{mm}, leur grand diamètre 0,025^{mm} (Pl. XXIX, fig. 7).

PASSERI Illig.

Fam. TURDIDÆ Gray.

Gen. TURDUS Lin.

198. TURDUS ABYSSINICUS Gm.

Turdus Abyssinicus Gm., S. N., I, p. 824.
— *olivacinus* C. Bp., Consp. Av., I, p. 273.
— *erythrorhynchus* Rüpp., Test. Heugl. J. f. Orn., 1871, p. 207.
— *Abyssinicus* Seebohm, Cat. Turd. Brit. Mus., 1881, p. 228.

Naka. — Rare. — Massif de Kita, forêts de Bandoubé et de Taalari, Boukarié, Maina.

Cette espèce, que M. Seebohm (*loc. cit.*) considère comme résidant dans les montagnes d'Abyssinie, émigre pendant l'hivernage et visite les localités où nous l'indiquons, localités où M. le Dr Colin l'a observée et d'où il a rapporté les deux échantillons que nous avons sous les yeux, au moment où nous rédigeons ces lignes.

199. TURDUS PELIOS C. Bp.

Turdus pelios C. Bp., Consp. Av., I, p. 273.
— — Hartl., Orn. W. Afr., p. 75.
— — Seebohm, Cat. Turd. Brit. Mus., 1881, p. 230.
— *icterorhynchus* Pr. Wurt., in Heugl. Orn. Nordost Afr., p. 383.
— — B. du Boc., Orn. Ang., p. 265.

Naka. — Assez commun. — Kita, Bakel, Richard-Tol, Darmankour, Maloumb, Cagnout, M'Boro, Ghimbering.

Le *Turdus pelios,* du Gabon, des Aschanties, d'Abyssinie, etc., serait, d'après Cabanis, une espéce spéciale à l'Asie centrale et aurait été confondu par tous les Ornithologistes et par C. Bonaparte lui-même avec le *Turdus icterorhynchus,* type Africain (*Cab., J. f. Orn.,* 1870, p. 238). M. Barboza du Bocage, qui partage cette manière de voir, donne au *Turdus pelios,* avec Cabanis, comme caractèrcs différentiels d'avec le *Turdus icterorhynchus :* « un gris plus prononcé, le bec brun foncé sur la moitié supérieure au lieu d'être uniformément jaune et la queue plus courte ».

Nous avons observé ces caractères sur nos spécimens Sénégambiens, et malgré l'opinion de l'Ornithologiste Prussien, ils n'ont aucune valeur spécifique; cette manière de voir est du reste celle de M. Scebohm, auteur du catalogue des *Turdidæ* du British Museum; on lit, en effet, en note de la page 230 (*loc. cit.*) : « I have examined Bonaparte's type in the museum at Leyden, and am convinced that it is the African species ».

Comme M. Seebohm, comme tous les Ornithologistes, nous continuons à inscrire le *Turdus icterorhynchus* en synonymie du *Turdus pelios.*

200. TURDUS CHIGUANCOIDES Seebohm.

Turdus Chiguancoides Seebohm, Cat. Turd. Brit. Mus., 1881, p. 231.

Nous ne connaissons pas cette espèce, nous l'indiquons d'après M. Seebohm, qui la mentionne (*loc. cit.*) comme habitant les plaines de la Gambie, où il suppose qu'elle est sédentaire.

Gen. GEOCICHLA Kuhl.

201. GEOCICHLA SIMENSIS Seebohm.

Geocichla Simensis Seebohm, Cat. Turd. Brit. Mus., 1881, p. 183.
Merula Simensis Rüpp., Neue Wirb. Vög., p. 81, pl. XXIX, f. 1.
Turdus Simensis Gray, Gen. of B., I, p. 219.
— *Semiensis* Heugl., Orn. Nordost Afr., I, p. 380.

Nakanaka. — Peu commun. — Kita, Maina, Boukarié, intérieur du Gangaran.

Cette espèce Abyssinienne, de passage seulement en Sénégambie, paraît résider dans les parages de Sierra-Leone (*Heuglin, loc. cit.*). M. Seebohm l'indique également à Angola.

Gen. **MONTICOLA** Boie.

202. MONTICOLA SAXATILIS Boie.

Monticola saxatilis Boie, Isis, 1822, p. 552.
     —   Seebohm, Cat. Turd. Brit Mus., 1881, p. 313.
Turdus saxatilis Lin., Syst. Nat., I, p. 294.
Petrocincla saxatilis Vig., Zool. Journ., 1826, p. 396.
Saxicola saxatilis Rüpp., Neue Wirb. Vög., p. 80.
Le Merle de roche Briss., Orn., II, p. 238.

N'Goudouguen. — Commun. — Kita, Bakel, Podor, Saldé, Gandiole, N'Diago, Gadicba, Kaarta, Sebicoutane, Benty, Bathurst, Albreda.

Gen. **COSSYPHA** Vig.

203. COSSYPHA VERTICALIS Hartl.

Cossypha verticalis Hartl., Orn. W. Afr., p. 77.
Petrocincla albicapilla Swain., Birds W. Afr., I, p. 284, pl. XXXII.
Bessonornis Swainsonii C. Bp., Consp. Av., I, p. 301.

Thioloumba. — Assez commun. — Mêmes localités que l'espèce précédente.

204. COSSYPHA SEMIRUFA Guer.

Cossypha semirufa Guer., Rev. Zool., 1843, p. 322.
Petrocincla semirufa Rüpp., Neue Wirb. Vög., p. 81.

Thioloumba. — Rare. — Kita, Bandoubé, Maina.

Cette espèce, qui nous a été communiquée par M. le Dr Colin, est de passage dans le haut Sénégal, où elle séjourne pendant les derniers mois de l'hivernage.

Gen. **CERCOTRICHAS** Boie.

205. CERCOTRICHAS ERYTHROPTERA Cab.

Cercotrichas erythroptera Cab., Mus. Hein., I, p. 41.
       —   Hartl., Orn. W. Afr., p. 69.
Turdus erythropterus Gm., S. N., I, p. 835.
Sphenura erythroptera Licht., Doubl., p. 41.
Argya erythroptera Lafr., in d'Orb. Dict. H. N., II, p. 126.
    — *luctuosa* Lafr., in d'Orb. Dict. H. N., II, p. 126.
Le Podobé du Sénégal Buff., Pl. Enl., 354.

Thioloumba. — Commun. — Kita, Bakel, Saldé, Gandiole, N'Diago, Gadieba, Rufisque, Joalles.

Le *Cercotrichas (Argya) luctuosa* de Lafresnaye, ne nous paraît pas devoir être séparé du *Cercotrichas erythroptera;* il lui est, en effet, en tout semblable, à l'exception des rémiges complètement noires, au lieu d'être teintées de cannelle à la base; nous voyons, dans cette minime différence, un caractère d'âge ou de sexe et rien de plus.

Gen. **CITTOCINCLA** Sclat.

206. CITTOCINCLA ALBICAPILLA Sharpe.

Cittocincla albicapilla Sharpe, Timel. Brit. Mus., p. 89, 1883.
Cossypha albicapilla Hartl., Orn. W. Afr., p. 77.
Turdus albicapillus Vieill., N. Dict. H. N., XX, p. 254.
Petrocincla leucoceps Swain., Birds W. Afr., I. p. 282.

Thioloumba. — Assez commun. — Leybar, Diouk, Saldé, M'Bao, Sedhiou.

Fam. **CRATEROPODIDÆ** Swain.

Gen. **ARGYA** Less.

207. ARGYA FULVA Dresser.

Argya fulva Dresser, B. Eur., Part. XIV, 1875.
  — Sharpe, Timel. Brit. Mus., p. 397, 1883.
Turdus fulvus Desf., Mém. Ac. Roy. Sc., 1787, p. 498, pl. XI.
Crateropus fulvus C. Bp., Cat. Parzud., App., p. 18, sp. 23.

Kontofolho. — Rare. — Aleb, Gesser-El-Barka, Elimané, Argain.

Cette espèce des oasis du Sahara Algérien et du Feyzan Tripo-
litain, se tient sur la lisière Saharienne du Nord de la Sénégambie,
où nous en avons tué des spécimens dans le voisinage des forêts
de Gommiers propres à cette région.

208. ARGYA ACACIÆ Cab.

Argya Acaciæ Cab., Mus. Hein., I, p. 84.
  — Sharpe, Timel. Brit. Mus., p. 398, 1883.
Crateropus Acaciæ Gray, Gen. of B., III, app., p. 10.

Kontofolho. — Rare. — Kita, Bakel, Podor, Dagana, Saldé.

Propre à l'Abyssinie et à la Nubie, l'*Argya Acaciæ* fait de rares
apparitions dans le Nord-Est de la Sénégambie. Nous devons à
M. le Dr Colin de pouvoir inscrire cette espèce sur nos listes.

209. ARGYA RUBIGINOSA Heugl.

Argya rubiginosa Heugl., Orn. Nordost Afr., I, p. 390.
  — Sharpe, Timel. Brit. Mus., p. 391, 1883.
Crateropus rubiginosus Rüpp., Syst. Ueber, p. 47, taf. 19.

Kontofolho. — Rare. — Kita, Bakel, Taalari, Bandoubé.

C'est également à M. le Dr Colin que revient l'honneur d'avoir découvert cet *Argya,* dans les localités où nous l'indiquons.

Gen. **CRATEROPUS** Swain.

210. CRATEROPUS REINWARDTII Swain.

Crateropus Reinwardtii Swain., Zool. Ill., pl. LXXX.
— Hartl., Orn. W. Afr., p. 79.
Turdus melanocephalus Pucher., Arch. Mus., VII, p. 342.

Kontofolho. — Assez commun. — Oualo, Cayor, Galam, Gambie, Casamence, Sebicoutane, Benty, Douzar, Kounakeri, Gadieba, Albreda, Diaoundoun.

M. Bouvier (*Cat. Ois. Voy. Marche et Compiègne,* p. 18) indique cette espèce à Bathurst, dans la Gambie.

211. CRATEROPUS PLATYCERCUS Swain.

Crateropus platycercus Swain., Birds W. Afr., I, p. 274.
— Hartl., Orn. W. Afr., p. 79.

Kontofolho. — Assez commun. — Mêmes localités que l'espèce précédente.

Deine est également indiqué au nombre des localités où existe cette espèce (*Bouvier, loc. cit.*).

212. CRATEROPUS LEUCOCEPHALUS Rüpp.

Crateropus leucocephalus Rüpp., Syst. Ueber, p. 60, n° 198.
— Sharpe, Timel. Brit. Mus., p. 474, 1883.
Turdoides leucocephala Cretz., in Rüpp. Atl., taf. 4.

Kontofolho. — Rare. — Kita, Bakel, Albreda, Sedhiou, Daranka

M. Sharpe (*loc. cit.*) l'indique également en Gambie; nous en possédons un spécimen de cette région.

213. CRATEROPUS ATRIPENNIS Swain.

Crateropus atripennis Swain., Birds W. Afr., I, p. 278.
— Hartl., Orn. W. Afr., p. 79.
Phyllanthus capusinus Less., Echo du mond. Sav., 1844, p. 1165.

Kontofolho. — Peu commun. — Oualo, Cayor, Galam, Gadieba, Dabocroum, Albreda, Bathurst, Diaoundoun.

Gen. **HYPERGERUS** Reich.

214. HYPERGERUS ATRICEPS Hartl.

Hypergerus atriceps Hartl., Orn. W. Afr., p. 80.
Moho atriceps Less., Trait. Orn., p. 646.
Crateropus oriolides Swain., Birds W. Afr., I, p. 280.

Kontofolho. — Assez commun. — Bathurst, Albreda, Sedhiou, Carabane, Gadieba.

Nous ne croyons pas que cette espèce soit sédentaire, car elle se montre au commencement de l'hivernage pour disparaître peu de temps après son arrivée; elle remonterait ainsi du Gabon, du pays des Aschanties, etc., où elle se tient habituellement.

Fam. **SAXICOLIDÆ** Swain.

Gen. **SAXICOLA** Beehs.

215. SAXICOLA LUGUBRIS Rüpp.

Saxicola lugubris Rüpp., Neue Wirb. Vög., p. 77, pl. XVIII, f. 1.
— — Seebohm, Cat. Turd. Brit. Mus., p. 365, 1881.
— *leucuroides* Guer., Rev. Zool., 1843, p. 162.

Sabouné. — Rare. — Kita, massif de Bandoubé, mont Fouti près Médine.

Nous n'avons aucun doute sur la présence de cette espèce Abyssinienne dans les localités où nous l'indiquons, car nous avons sous les yeux les spécimens mêmes, tués par M. le Dr Colin, et ils se rapportent entièrement au type décrit et figuré par Rüppel (*loc. cit.*). M. Seebohm (*loc. cit.*) indique le *Saxicola lugubris* comme confiné dans les montagnes d'Abyssinie, où il serait sédentaire; son existence en Sénégambie dénote clairement qu'il est migrateur; les spécimens de M. le Dr Colin ont été tués en Juin et Juillet.

216. SAXICOLA LEUCURA Keys.

Saxicola leucura Keys, U. Blas. Wirb. Eur., pl. IX, 193.
Ænoenthe leucura Vieill., N. Dict. H. N., XXI, p. 422.
Dromolæa leucura C. Bp., Consp. Av., I, p. 303.

Sabouné. — Peu commun. — Portendik, Aleb, Gesser-El-Barka, Cap Mirik, Argain, Elimané.

Le *Saxicola leucura* est une des espèces sédentaires de la région Saharienne qui descendent jusqu'en Sénégambie; nous aurons occasion d'en signaler d'autres exemples.

217. SAXICOLA DESERTI Temm.

Saxicola deserti Temm., Pl. Col., pl. CCCLIX, f. 2.
   —   — Seebohm, Cat. Turd. Brit. Mus., 1881, p. 383.
   — *pallida* Rüpp., Neue Wirb. Vög., p. 80.
   — *gutturalis* Licht., Nomencl. Av., p. 35.

Sabouné. — Peu commun. — Mêmes localités que l'espèce précédente.

Le *Saxicola deserti* rentre, comme son congénère, dans la catégorie des espèces Sahariennes; il est de passage en Abyssinie pendant l'hiver (*Seebohm, loc. cit.*); on en rencontre également quelques spécimens isolés dans les environs de Kita et du mont Fouti.

218. SAXICOLA STAPAZINA Temm.

Saxicola stapazina Temm., Man. Ornith., I, p. 239.
— Seebohm, Cat. Turd. Brit. Mus., 1881, p. 387.
Ænanthe stapazina Vieill., N. Dict. H. N., XXI, p. 425.
Motacilla stapazina Gm., S. N., I, p. 966, 1788.
Le Motteux ou Cul blanc roux Buff., H. N. Ois., V, p. 246.

Sabouné. — Peu commun. — Bakel, Podor, Saldé, Thionk, M'Bao, Sedhiou, Albreda, Bathurst.

Cette espèce d'Europe se rencontre de passage sur une grande partie du continent Africain; elle se montre en Sénégambie à la fin de l'hivernage.

219. SAXICOLA ÆNANTHE Bech.

Saxicola ænanthe Bech., Orn. Taschemb., I, p. 217.
— Seebohm, Cat. Turd. Brit. Mus., 1881, p. 391.
Motacilla ænanthe Lin., Syst. Nat., I, p. 332, 1766.
Le Cul blanc ou Vitrec Briss., Orn., III, p. 449.

Sabouné. — Assez commun. — Toute la Sénégambie, et notamment le Oualo, le Cayor, Gandiole, Bathurst, Sedhiou.

Comme le précédent, le *Saxicola ænanthe* est de passage à la fin de l'hivernage.

220. SAXICOLA LEUCORHOA Hartl.

Saxicola leucorhoa Hartl., Orn. W. Afr., p. 64.
Motacilla leucorhoa Gm., S. N., 1, p. 966.
Le Cul Blanc du Sénégal Buff., Pl. Enl., 583, f. 2.

Sabouné. — Commun. — Sorres, Thionk, Dakar-Bango, Diouk, M'Bao, Gandiole, Diaoundoun, Deny-Dack, Gadieba.

M. Seebohm (*loc. cit.*, p. 392) n'accorde même pas au *Saxicola leucorhoa* le titre de *sous-espèce*, dont, selon nous, il abuse en ce qui concerne le *Saxicola stapazina,* et il le relègue en synonymie du *Saxicola œnanthe.* Cette manière de voir nous semble inacceptable, car le *Saxicola leucorhoa* diffère de son congénère d'Europe non seulement par une taille plus forte et par un plumage différent, mais aussi par un *modus vivendi* complètement opposé.

Tandis que le *Saxicola œnanthe* ne visite la Sénégambie qu'à une certaine époque de l'année, le *Saxicola leucorhoa,* au contraire, vit sédentaire et ne s'éloigne jamais des régions où il habite et où nous l'avons constamment vu en nombre, se livrant à la nidification et à l'élevage de ses couvées.

221. SAXICOLA AURITA Temm.

Saxicola aurita Temm., Man. Orn., I, p. 241.
  —   Hartl., Orn. W. Afr., p. 64.
  —   Seebohm, Cat. Turd. Brit. Mus., 1881, p. 394.
Œnanthe albicollis Vieill., N. Dict. H. N., XXI, p. 424.

Sabouné.— Peu commun.—Kita, Bakel, Dagana, Saldé, Gahé, Bokol.

L'espèce est sédentaire en Sénégambie. Elle est indiquée à Bathurst par M. Bouvier (*Cat. Ois. Voy. Marche et Compiègne,* p. 16).

222. SAXICOLA ISABELLINA Cretz.

Saxicola isabellina Cretz., in Rüpp. Atl., p. 52.
  —   — Seebohm, Cat. Turd. Brit. Mus., 1881, p. 399.
  — *saltator* Menetr., Cat. Rais. Cauc., p. 30.
  — *squalida* Eversm., Add. Pall. Zoogr. Rosso Asiat., p. 16.

Sabouné. — Rare. — Kita, Bakel, bords du Bakoy et du Bafing, Bandoubé.

Ce *Saxicola* Abyssinien est de passage en Sénégambie, durant les premiers mois de l'hivernage.

Gen. **MYRMECOCICHLA** Cab.

223. **MYRMECOCICHLA FORMICIVORA** C. Bp.

Myrmecocichla formicivora C. Bp., Consp. Av., I, p. 302.
　　　　　　　　— 　　　Seebohm, Cat. Turd. Brit. Mus., 1881,
　　　　　　　　　　　　p. 356.
　　　　　　　　— 　　　Hartl., Orn. W Afr., p. 65.
Ænanthe formicivora Vieill., N. Dict. H. N., XXI, p. 421.
Myrmecocichla æthiops Cab., Mus. Hein., I, p. 8.
　　　　　　　　— 　　　Hartl., Orn. W. Afr., p. 65.
Le Traquet fourmilier Levaill., Ois. Afr., IV, p. 108, pl. CLXXXVI.

Sankhalegoua. — Peu commun. — Sedhiou, Maloumb, Bathurst, Kagniac-Cay, M'Bao, Hann.

Le *Myrmecocichla æthiops,* se distingue du *Myrmecocichla formicivora,* par l'absence de tache scapulaire blanche et un peu plus de longueur de la queue ; pour tout le reste il lui est identique ; devant un caractère d'une importance aussi faible, à l'exemple de M. Seebohm, nous les réunissons.

La présence en Sénégambie et en Nubie du *Myrmecocichla formicivora,* dit M. Seebohm, mérite confirmation.

Nous en avons tué un spécimen à M'Bao ; M. le Dr Colin nous en a communiqué deux autres également tués par lui, nous espérons que M. Seebohm ne mettra pas en doute notre affirmation.

Gen. **PRATINCOLA** Koch.

224. **PRATINCOLA RUBETRA** Koch.

Pratincola rubetra Koch, Syst. Baier. Zool., p. 191.
　　　　　　— 　　　Hartl., Orn. W. Afr., p. 67.
　　　　　　— 　　　Sharpe, Ciclom. Brit. Mus., p. 179.
Motacilla fervida Gm., S. N., I, p. 968.
Pratincola fervida Hartl., Orn. W. Afr., p. 67.

Malou. — Peu commun. — Sorres, Thionk, Diouk, Leybar, M'Bao, Joalles, Rufisque.

Cette espèce arrive en Sénégambie à la fin de l'hivernage.

225. PRATINCOLA SENEGALENSIS Hartl.

Pratincola Senegalensis Hartl., Orn. W. Afr., p. 68.
Motacilla Senegalensis Lin., Syst. Nat., I, p. 333.
Le Traquet du Sénégal Briss., Orn., III, p. 441, pl. XX, f. 3.

Malou. — Commun. — Saldé, Dagana, Podor, Thionk, Joalles, Albreda, Sedhiou, Bathurst, M'Bao, Gandiole.

Nous ferons pour cette espèce la même observation que pour le *Saxicola leucorhoa.* Le *Pratincola Senegalensis,* confondu par plusieurs Ornithologistes et notamment par M. Sharpe (*Ciclom. Brit. Mus.,* p. 179 *et seq.*) avec le *Pratincola rubetra,* s'en distingue par une livrée différente, une taille plus forte et par ses habitudes sédentaires, contrairement à son congénère éminemment migrateur.

226. PRATINCOLA RUBICOLA Koch.

Pratincola rubicola Koch, Syst. Baier. Zool., p. 192.
    —   Hartl., Orn. W. Afr., p. 66.
    —   Sharpe, Ciclom. Brit. Mus., p. 185.
Motacilla rubicola Lin., Syst. Nat., I, p. 332.
Ænanthe rubicola Vieill., N. Dict. H. N., XXI, p. 429.
Le Traquet Briss., Orn., III, p. 428, pl. XXIII, fig. 2.

Malou. — Peu commun. — Saldé, Thionk, Sorres, M'Bao, Joalles, Dakar.

Comme le *Pratincola rubetra,* cette espèce se montre en Sénégambie à la fin de l'hivernage.

Gen. **PENTHOLÆA** Cab.

227. PENTHOLÆA FRONTALIS Cab.

Pentholæa frontalis Cab., Mus. Hein., I, p. 40.
Saxicola frontalis Swain., Birds W. Afr., II, p. 46.
Thamnobia frontalis Hartl., Orn. W. Afr., p. 68.

Malou. — Assez rare. — Kita, Bakel, Sorres, Galam, Douzar, Diaoundoun, M'Bao, Albreda, Sedhiou, Bathurst.

Fam. **RUTICILLIDÆ** Swain.

Gen. **RUTICILLA** C. L. Brehm.

228. RUTICILLA PHÆNICURUS C. Bp.

Ruticilla phænicurus C. Bp., Comp. List. B. Eur. and N. Am., p. 15, 1838.
    —   Sharpe, Turd. Brit. Mus., p. 336.
Sylvia phænicurus Lath., Gen. Syst., Supp. I, p. 287.
Erithacus phænicurus Degl., Orn. Eur., I, p. 502.
Ruticilla phænicura Hartl., Orn. W. Afr., p. 68.
Le Rossignol de muraille Briss., Orn., III, p. 403.

Popitba. — Peu commun. — Sorres, Thionk, Diouk, M'Bao, Sedhiou.

« Le Rouge queue ou Rossignol de muraille, dit Adanson
(*Cours d'Hist. Nat.*, éd. *Payer*, t. I, p. 477), est un Oiseau de passage qui passe l'hiver au Sénégal et qui revient au printemps en
Europe ». En effet on ne le rencontre en Sénégambie qu'à la fin
de l'hivernage, il y séjourne jusqu'en Février.

229. RUTICILLA MESOLEUCA Cab.

Ruticilla mesoleuca Cab., J. f. Orn., 1854, p. 446.
    —   Hartl., Orn. W. Afr., p. 68.
    —   Sharpe, Turd. Brit. Mus., p. 338.
Sylvia mesoleuca Hempr. et Ehrh., Symb. Phys., f. *cc.*, 1852.

Popitba. — Assez rare. — Kita, Bakel, Podor, Saldé, M'Bao, Hann.

Comme le précédent, le *Ruticilla mesoleuca* est de passage en Sénégambie.

Gen. **CYANECULA** C. L. Brehm.

230. CYANECULA CÆRULECULA C. Bp.

Cyanecula cærulecula C. Bp., Consp. Av., I, p. 296.
        —   Sharpe, Turd. Brit. Mus., p. 308.
Motacilla cærulecula Pall., Zoogr. Rosso Asiat., I, p. 480.

Très rare. — Kita, Bakel.

Cette espèce, de passage en Abyssinie, se montre exceptionnellement dans le haut Sénégal. Un exemplaire unique nous a été communiqué par M. le Dr Colin.

Gen. **ERYTHACUS** Cuv.

231. ERYTHACUS RUBECULA Swain.

Erythacus rubecula Swain., Faun. Bor. Amer., p. 488.
        —   Sharpe, Turd. Brit. Mus., p. 299.
Motacilla Rubecula Lin., Syst. Nat., I, p. 337.
Le Rouge gorge Briss., Orn., III, p. 418.

Rare. — Lisière des forêts de Gommiers, Portendik, Aleb.

Nous avons tué un spécimen de cet *Erythacus* à la pointe de Barbarie, au commencement de Mars de l'année 1877. Dans ses migrations, il visite l'Algérie, Madère, les Canaries (*Sharpe, loc. cit.*), ce qui explique la présence de quelques représentants de l'espèce, dans les régions où nous l'indiquons, situées sur la limite du Sahara, et à une distance de l'archipel des Canaries peu considérable pour un Oiseau voyageur.

Fam. **SYLVIIDÆ** Vigors.

Gen. **SYLVIA** Scop.

232. SYLVIA CINEREA Bech.

Sylvia cinerea Bech., Orn. Taschemb., I, p. 170.
— — Sharpe, Turd. Brit. Mus., p. 8.
— *communis* Lath., Gen. Syn., Suppl. I, p. 287.
La Fauvette grise Briss., Orn., III, p. 376.

Assez rare. — Diouk, Leybar, Sorres, M'Bao, Bathurst.

La Fauvette grise, de passage en Sénégambie, visite pendant l'hiver l'Ouest, le Centre et le Sud de l'Afrique (*Sharpe, loc. cit.*).

233. SYLVIA ORPHEUS Temm.

Sylvia orpheus Temm., Man. Orn., p. 107.
— Seebohm, Cat. Turd. Brit. Mus., p. 14.
Curruca orphea Boie, Isis, 1822, p. 553.
La Fauvette Briss., Orn., III, p. 372.

Garanké. — Peu commun. — Sorres, Diouk, Gandiole, Bathurst, Albreda.

« Le *Sylvia orpheus*, dit M. Seebohm (*loc. cit.*), passe l'hiver dans les plaines de la Gambie, et probablement dans d'autres localités de l'Afrique centrale ». Nous l'indiquons non seulement de la Gambie et de la Casamence, mais encore des environs même de Saint-Louis et des contrées voisines, où nous l'avons chassé et observé à différentes reprises.

234. SYLVIA CONSPICILLATA Marm.

Sylvia conspicillata Marm., Teste Temm. Man. Orn., I, p. 210.
— Dohrn, J. f. Orn., 1871, pl. I.
— Seebohm, Cat. Turd. Brit. Mus., p. 22.
Curruca conspicillata Boie, Isis, 1822, p. 553.

Peu commun. — Archipel du Cap-Vert, Santiago, Saint-Vincent, Pointe du Cap-Vert aux deux Mamelles, Joalles, Rufisque.

Sédentaire aux îles du Cap-Vert, le *Sylvia conspicillata* se montre, à la fin de l'hivernage, sur la côte Sénégambienne, où nous l'avons observé et tué en Octobre et en Novembre.

235. SYLVIA ATRICAPILLA Scop.

Sylvia atricapilla Scop., Ann., I, p. 156, 1769.
Motacilla atricapilla Lin., Syst. Nat., I, p. 332.
La Fauvette à tête noire Briss., Orn., III, p. 380.

Garankeba. — Assez rare. — Sorres, Diouk, Gandiole, Albreda, Sedhiou, le Oualo, Gambie et Casamence.

L'espèce est de passage au Cap-Vert et au Sénégal où Adanson (*Cours H. N., loc. cit.*, p. 483) l'a signalée le premier. « La Fauvette à tête noire, dit-il, va jusqu'au Sénégal, où j'en ai tué cent fois ».

236. SYLVIA SUBALPINA Bonel.

Sylvia subalpina Bonel., Test. Temm. Man. Orn., I, p. 214.
     —   Seebohm, Cat. Turd. Brit. Mus., p. 27.
Curruca subalpina Boie, Isis, 1822, p. 553.

Garankéga. — Très rare. — Sedhiou, Albreda.

M. Sharpe indique le *Sylvia subalpina* en Gambie (*Seebohm, loc. cit.*).

237. SYLVIA DESERTICOLA Trist.

Sylvia deserticola Trist., Ibis, 1859, p. 58.
     —   Seebohm, Cat. Turd. Brit. Mus., p. 32.

Rare. — Kaiedé, Cap Mirik, Argain, Agnitier, Aleb, Portendik.

Cette espèce, indiquée par M. Secbohm (*loc. cit.*) comme propre aux déserts de l'Algérie, descend jusqu'à la limite Saharienne de la Sénégambie et habite les forêts de Gommiers.

Fam. **PHYLLOSCOPIDÆ** Swain.

Gen. **PHYLLOSCOPUS** Boie.

238. PHYLLOSCOPUS SIBILATRIX Blyth.

Phylloscopus sibilatrix Blyth., Cat. Brit. Mus. Ass. Soc., p. 184.
Sylvia sibilatrix Bech., Orn. Taschemb., I, p. 176.
Phyllopneuste sibilatrix Brehm., Vög. Deutsch., p. 425.

Kono. — Rare. — Kita, Bakel, Saldé, M'Bao, Sedhiou, Bathurst.

Le *Phylloscopus sibilatrix* visite l'Abyssinie, l'Ouest, le Nord et le Sud de l'Afrique; on le voit arriver en Sénégambie dès la fin de l'hivernage; il vit solitaire dans les lieux arides et sur les petits arbustes.

239. PHYLLOSCOPUS TROCHILUS Boie.

Phylloscopus trochilus Boie, Isis, 1826, p. 972.
Sylvia trochilus Scop., Ann., I, p. 160.
Motacilla trochilus Lin., Syst. Nat., I, p. 338.
Le Pouillot ou Chantre Briss., Orn., III, p. 479.

Kono. — Peu commun. — Thionk, Leybar, Dakar-Bango, M'Bao, Hann, Zekinkior, Bathurst.

Cette espèce est également de passage en Sénégambie, aux mêmes époques que la précédente.

240. PHYLLOSCOPUS BONELLI C. Bp.

Phylloscopus Bonelli C. Bp., Comp. List. B. Eur. and N. Am., p. 13.
Sylvia Bonelli Vieill., N. Dict. H. N., XXVIII, p. 91.
Phyllopneuste Bonelli Hartl., Orn. W. Afr., p. 61.

Kono. — Rare. — Portendik, Aleb, Cap Mirik, Argain, Farani, Elimané et toute la région Saharienne, limite nord de la Sénégambie, où il se montre à la fin de l'hivernage.

Fam. **CALAMODYTIDÆ** C. Bp.

Gen. **HYPOLAIS** C. L. Brehm.

241. HYPOLAIS POLYGLOTTA Gerb.

Hypolais polyglotta Gerb., Rev. Zool., 1844, p. 440.
Sylvia polyglotta Vieill., N. Dict. H. N., XI, p. 200.
— *flaveola* Vieill., N. Dict. H. N., XI, p. 185.
Salicaria hypolais Filipp., Mus. Mediol., p. 30.

M'Pitie. — Peu commun. — Thionk, Gandiole, N'Diago, Gadieba, Sebicoutane, Deni-Dack, Maloumb, Zekinkior, Albreda, Saloum.

M. Seebohm (*loc. cit.*, p. 79) indique aussi cette espèce comme de passage en Gambie.

242. HYPOLAIS OPACA Cab.

Hypolais opaca Cab., Mus. Hein., 1, p. 36.
— Hartl., Orn. W. Afr., p. 60.
Phyllopneuste opaca Licht., Nomencl. Av., p. 30.

M'Pitie. — Rare. — Zekinkior, Albreda, Bathurst, où l'espèce est de passage.

Gen. **ACROCEPHALUS** Naum.

243. ACROCEPHALUS TURDOIDES Heugl.

Acrocephalus turdoides Heugl., Orn. Nordost Afr., I, p. 289.
Turdus arundinaceus Lin., Syst. Nat., I, p. 296.
Calamoherpe turdoides Boie, Isis, 1822, p. 552.
La Rousserolle Briss., Orn., II, p. 219, pl. XXII, f. 1.

Nakanakafano. — Rare. — Mêmes localités que l'espèce précédente.

La Rousserolle d'Europe émigre pendant l'hiver au Gabon (*Heuglin, loc. cit.*), dans le Transvaal, le Congo, le Damara (*Seebohm, Cat. Turd. Brit. Mus.*, p. 97); sa présence en Sénégambie n'avait pas encore été signalée. Elle se tient dans les Roseaux et les Palétuviers sur le bord des marigots.

244. ACROCEPHALUS STREPERUS Newt.

Acrocephalus streperus Newt., éd. Yar., Br. B., I, p. 269.
Sylvia arundinacea Lath., Ind. Orn., II, p. 510.
Calamoherpe arundinacea Boie, Isis, 1822, p. 552.
La Fauvette de Roseaux Briss., Orn., III, p. 378.

Nakanakafano. — Rare. — Kita, Bakel, bords du Bakoy, du Bafing, de la Falémé, Kounakeri, lac de N'Guer, Merinaghen.

Pendant son court séjour en Sénégambie, cette espèce, également de passage en Égypte, en Nubie et en Abyssinie, se tient, comme en Europe, le long des cours d'eau et sur le bord des marécages.

Gen. CALAMOCICHLA Sharpe.

245. CALAMOCICHLA BREVIPENNIS Sharpe.

Calamocichla brevipennis Sharpe, Timel. Brit. Mus., p. 132, 1883.
Calamoherpe brevipennis Dohrn, J. f. Orn., 1871, p. 4.

Assez commun. — Archipel du Cap-Vert, Saint-Nicolas, Saint-Antoine, Santiago *(Teste Dohrn)*.

Nous copions la diagnose de cette espèce que nous ne connaissons pas, *telle qu'elle a été donnée par Dohrn (loc. cit.).*

C. — Supra cinerea, olivascens, subtus albido grisea, lateribus
fuscescens, subcaudalibus albidis; iride brunnea; rostro et pedibus flavo corneis; tarsi mediocres scutellati; unguis hallucis
validus, curvatus, reliquis major; alæ breves, apice rotundatæ;
remigibus primi ordinis decem, prima dimidium secundæ, secunda
nonam æquante, quarta et quinta longissimis; cauda longiuscula.

Long. tot................................... 155 mil.
 — alæ................................... 63 —
 — caudæ................................ 61 —
 — tarsi................................. 28 —

Fam. **MALURIDÆ** Gray.

Gen. **EUPRINODES** Cass.

246. EUPRINODES OLIVACEUS Cass.

Euprinodes olivaceus Cass., Proc. Ac. N. H. Sc. Philad., 1859, p. 38.
Drymoica olivacea Gray, Hand. l. B., I, p. 201.
Prinia olivacea Strickl., P. Z. S. of Lond., 1844, p. 90.
Chloropeta olivacea Hartl., Orn. W. Afr., p. 60.

Lelajh. — Assez rare. — Kagniac-Cay, Bering, Gilfré, Cagnout,
Maloumb.

Jusqu'ici l'espèce a été indiquée comme spéciale au Gabon et à
Fernando-Po; elle remonte incontestablement dans la basse
Sénégambie, d'où nous en possédons deux spécimens.

Gen. **DRYODROMAS** Finsh. et Hartl.

247. DRYODROMAS RUFIFRONS Sharpe.

Dryodromas rufifrons Sharpe, Timel. Brit. Mus., p. 146, 1883.
Drymoica rufifrons Rüpp., Syst. Ueber, p. 56.
Drymæca rufifrons Hartl., Orn. W. Afr., p. 57.

Lelajh. —- Rare. — Kita, Bakel, Albreda, Bathurst.

L'aire d'extension du *Dryodromas rufifrons* paraît plus étendue que ne l'indique M. Sharpe (*loc. cit.*); l'espèce n'est pas, en effet, localisée sur les côtes de la mer Rouge et le pays des Çomalis; car, indépendamment de son habitat Sénégambien, elle a été signalée au Gabon et en Abyssinie (*Heugl.*, *loc. cit.*).

Gen. **SYLVIETTA** Lafr.

248. SYLVIETTA RUFESCENS Cass.

Sylvietta rufescens Cass., Proc. Ac. N. H. Sc. Philad., 1859, p. 39.
  — *crombu* Lafr., Rev. Zool., 1839, p. 258.
Sylviella rufescens Sharpe, Timel. Brit. Mus., p. 153, 1883.

Lelajh. — Rare. — Kita, Boukarié, Banionkadougou, Albreda, Bathurst.

Cette espèce, observée à Angola et au Zambèze, s'étend au Nord et au Sud-Ouest de la Sénégambie; les exemplaires rapportés par M. le Dr Colin ne diffèrent, en aucune façon, de ceux des autres régions Africaines.

Elle construit un nid composé de fines branches desséchées, entremêlées de petites herbes; ce nid est ordinairement placé à l'enfourchure des branches des arbustes et à peu d'élévation au-dessus du sol; il contient de cinq à six œufs, de couleur verdâtre fortement tachés de brun noirâtre au gros bout; ils mesurent 0,017^{mm} dans leur grand axe sur 0,009^{mm} de diamètre (Pl. XXIX, fig. 8).

249. SYLVIETTA MICRURA Hartl.

Sylvietta micrura Hartl., Orn. W. Afr., p. 63.
  — *brachyura* Lafr., Rev. Zool., 1839, p. 258.
  — *brevicauda* O. des Murs, in Lefebvre Voy. Abyss., pl. VI.
Sylviella micrura Sharpe, Timel. Brit. Mus., p. 153, 1883.

N'Toute. — Peu commun. — Kita, Bakel, Maina, Boukarié, Bandoubé.

La couleur du bec et des pattes de cet oiseau est diversement indiquée par Heuglin et Blanfort; pour Heuglin (*Ibis*, 1869, p. 142), le bec est «pallide fuscescente corneo», l'iris «helvola», les pieds «rubentibus»; pour Blanfort (*Geol. et Zool. Abyss.*, p. 376) : «bill dusky above, pale below; tarsus deep fleshcolour; iris orange brown».

Ni l'une ni l'autre de ces indications ne sont exactes; nous copions sur nos notes de voyage : bec brun; iris châtain; pieds jaunâtre sale. Quant au plumage de nos spécimens, il ne diffère en rien de celui assigné par les auteurs, à cette espèce.

Gen. **EREMOMELA** Sundev.

250. **EREMOMELA LUTESCENS** Hartl.

Eremomela lutescens Hartl., Orn. W. Afr., p. 22.
Sylvietta lutescens Less., Écho du monde Sav., 1844, p. 233.

Ne connaissant pas cette espèce, décrite par Lesson comme provenant de la Gambie, nous copions la diagnose qui en a été donnée par Hartlaub (*loc. cit.*).

E. — SUPRA VIRIDI FLAVESCENS, SUBTUS TOTA FLAVA; REMIGIBUS ET RECTRICIBUS FUSCIS, FLAVO LIMBATIS; ROSTRO CORNEO; TARSIS BRUNNEIS, UNGUIBUS ALBIDIS.

251. **EREMOMELA VIRIDIFLAVA** Hartl.

Eremomela viridiflava Hartl., Orn. W. Afr., p. 59.
Drymoica viridiflava Gray, Hand. l. B., I, p. 202.

Il en est de cette espèce comme de la précédente, nous donnons la diagnose d'Hartlaub, faite sur un spécimen du Musée de Francfort.

E. — SUPRA LÆTE VIRESCENS; PILEO ET NUCHA FLAVO VIRIDIBUS; ALIS ET CAUDA SUBROTUNDATA, FUSCO VIRENTIBUS; REMIGUM ET RECTRICUM MARGINIBUS EXTERNIS, DORSO CONCOLORIBUS; HIS APICE PALLIDE FLAVO LIMBATIS; GUTTURE ET PECTORE ALBIS; ABDOMINE CRURIBUS ET SUBCAUDALIBUS LÆTE FLAVIS, ROSTRO CORNEO.

252. EREMOMELA PUSILLA Hartl.

Eremomela pusilla Hartl., Orn. W. Afr., p. 59.
Drymoica pusilla Gray, Hand. l. B., I, p. 202.

Moun. — Peu commun. — Cagnout, Maloumb, Ghimbering, Albreda, Monsor.

Gen. CAMAROPTERA Sundev.

253. CAMAROPTERA BREVICAUDATA Sundev.

Camaroptera brevicaudata Sundev., Æfv. K. Vet. Ak. Forh. Stockh.,
1850, p. 103.
Sylvia brevicaudata Cretz., in Rüpp. Atl. Vög., p. 53, pl. XXXV *b*.
Camaroptera tincta Hartl., Orn. W. Afr., p. 271.

Lelan'ta. — Assez rare. — M'Bao, Sorres, Gandiole, Maloumb.

M. Sharpe (*Timel. Brit. Mus.,* p. 169) l'indique du Sénégal et
de la Gambie.

254. CAMAROPTERA SUPERCILIARIS Cass.

Camaroptera superciliaris Cass., Proc. Ac. N. H. Sc. Philad., 1879,
p. 38.
Sylvicola superciliaris Fras., Ann. and Mag. H. N., XII, p. 440.
Chloropeta icterica Hart., J. f. Orn., 1854, p. 17.
— Hartl., Orn. W. Afr., p. 60.

Lalan'ta. — Rare. — Mêmes localités que l'espèce précédente.

Cette espèce ne nous paraît pas sédentaire en Sénégambie;
nous ne l'y avons rencontrée qu'après l'hivernage.

Gen. **PRINIA** Horsf.

255. PRINIA MYSTACEA Rüpp.

Prinia mystacea Rüpp., Neue Wirb. Vög., p. 110.
Drymæca mystacea Hartl., Orn. W. Afr., p. 57.

Lalan'ta. — Assez commun dans la basse Sénégambie. — Albreda,
Bathurst, Zekinkior, Maloumb.

Les œufs de cette espèce sont d'un gris violacé, maculés de
taches d'un brun rouge, plus nombreuses et plus larges au gros
bout; ils mesurent 0,018^{mm} dans leur grand axe, sur 0,010^{mm} de
diamètre (Pl. XXIX, fig. 9).

Gen. **BURNESIA** Jerd.

256. BURNESIA GRACILIS Sharpe.

Burnesia gracilis Sharpe, Timel. Brit. Mus., p. 210, 1883.
Drymoica gracilis Hartl., Orn. W. Afr., p. 57.
Sylvia gracilis Licht., Verz. Doubl., p. 34.

Fagneney. — Très rare. — Portendik, Aleb, Jarra, Kaiedé, Cap
Mirik.

Le *Burnesia gracilis* ne dépasse pas en Sénégambie la limite
Saharienne, où il se tient sur les petits arbustes et les Graminées.

Gen. **ORTHOTOMUS** Horsf.

257. ORTHOTOMUS ERYTHROPTERUS Sharpe.

Orthotomus erythropterus Sharpe, Timel. Brit. Mus., p. 228, 1883.
Drymæca erythroptera Hartl., Orn. W. Afr., p. 55.
Cisticola erythroptera Heugl., Orn. Nordost Afr., I, p. 248.

Forajh. — Peu commun. — Albreda, Bathurst, Zekinkior, Maloumb.

C'est Jules Verreaux qui le premier a fait connaître cette espèce eu Sénégambie (*Casamence*).

Gen. **CISTICOLA** Kaup.

258. CISTICOLA CINERASCENS Heugl.

Cisticola cinerascens Heugl., Orn. Nordost Afr., I, p. 264.
    —   Sharpe, Timel. Brit. Mus., p. 248, 1883.
Drymæca cinerascens Heugl., J. f. Orn., 1867, p. 296.
Drymæca Swainzii Sharpe, Ibis, 1870, p. 476.

Feleba. — Rare. — Kita, Bakel, Saldé, Dagana, Podor.

Cette espèce est de passage dans la haute Sénégambie.

259. CISTICOLA ERYTHROPS Sharpe.

Cisticola erythrops Sharpe et Bouv., Bull. Soc. Zool. France, II, p 476.
Drymæca erythrops Hartl., Orn. W. Afr., p. 58.

Feleba. — Commun. — Maina, Boukarié, Tombocané, Albreda, Zekinkior, Bathurst.

Le *Cisticola erythrops* habite, indépendamment des régions où nous l'indiquons, le Congo, le Nord de l'Afrique et la côte de Zanzibar.

260. CISTICOLA RUFA Sharpe.

Cisticola rufa Sharpe, Timel. Brit. Mus., p. 252, 1883.
Drymæca rufa Hartl., Orn. W. Afr., p. 58.
    —   *brachyptera* Sharpe, Ibis, 1870, p. 476, pl. XIV, fig. 1.

Feleba. — Assez rare. — Gambie, Casamence, Zekinkior, Albreda, Samatite.

Plus généralement distribué dans les localités indiquées, le *Cisticola rufa,* remonte cependant dans l'Est de la Sénégambie, où on l'observe à Kita, sur les bords du Bakoy, de la Falémé et dans les environs de Bandoubé.

Son nid de forme ovoïde est artistement façonné avec de petites tiges de Graminées. il y dépose de quatre à six œufs d'un violet pâle, tachetés de points et de lignes brun rouge plus abondantes au gros bout, et mesurant 0,017ᵐᵐ dans leur grand axe sur 0,011ᵐᵐ de diamètre (Pl. XXIX, fig. 10).

261. CISTICOLA CISTICOLA Less.

Cisticola cisticola Less., Trait. Orn., p. 415.
      —   Sharpe, Timel. Brit. Mus., p. 259, 1883.
Sylvia cisticola Temm., Man. Orn., I, p. 228.
Drymoica cisticola Swain., Class. B., II, p. 242.
Salicaria cisticola Gould., B. Eur., pl. CXIII.
La Fauvette cisticole Vieill., Faune Franc., p. 27, pl. CII, f. 1.

Feleba. — Peu commun. — Saldé, Podor, Banionkadougou, Leybar, Hann, M'Bao, Bathurst, Zekinkior.

M. Sharpe (*loc. cit.*) donne pour habitat à cette espèce, l'Europe, la Chine, le Japon, la Péninsule Malaise, l'Inde, et tout le continent Africain; nous ne la croyons pas sédentaire en Sénégambie, où nous l'avons seulement vue à la fin de l'hivernage.

262. CISTICOLA TERRESTRIS Ayres.

Cisticola terrestris Ayres, Ibis, 1871, p. 151.
      —   Sharpe, Timel. Brit. Mus., p. 266, 1883.
Drymoica terrestris A. Smith, Illust. S. Afr. Zool., pl. LXXIV, f. 2.

Feleba. — Rare. -- Kita, Bakel, Podor, Maina, Boukarié, Bafoulabé.

Comme la précédente, cette espèce est de passage dans le Nord-Est de la Sénégambie.

263. CISTICOLA STRANGEI Sharpe.

Cisticola Strangei Sharpe et Bouv., Bull. Soc. Zool. France, I, p. 306.
Drymoica Strangei Fras., P. Z. S. of Lond., 1843, p. 16.
Drymæca Strangei Hartl., Orn. W. Afr., p. 55.

Feleba. — Assez rare. — Oualo, Cayor, Galam, Gandiole, N'Diago, Mélacorée, Benty, Kaarta.

Le *Cisticola Strangei* est sédentaire et niche en Sénégambie ; comme celui de ses congénères, son nid est composé d'herbes sèches artistement enlacées et contient de quatre à six œufs, d'un blanc bleuâtre, tachetés de points roses, plus abondants au gros bout ; ils mesurent 0,018^{mm} dans leur axe et 0,011^{mm} dans leur diamètre. (Pl. XXIX, fig. 11).

264. CISTICOLA LUGUBRIS O. des Murs.

Cisticola lugubris O. des Murs, in Lefebvre Voy. Abyss., p. 89.
Drymoica lugubris Rüpp., Syst. Ueber., p. 56, taf. XI.

Feleba. — Assez commun. — Leybar, Thionk, Gandiole, Gadieba, Douzar, Deny-Dack, Mélacorée, Gambie, Casamence, Hann, Rufisque.

L'aire d'habitat de cette espèce s'étend sur la presque totalité du continent Africain.

265. CISTICOLA SUBRUFICAPILLA Sharp.

Cisticola subruficapilla Sharpe, éd. Layard, B. S. Afr., p. 266.
Drymoica subruficapilla A. Smith, Illust. S. Afr. Zool., pl. LXXII, fig. 2.

Feleba. — Assez commun. — Dans les mêmes localités que l'espèce précédente.

Comme elle aussi, elle est distribuée sur la presque totalité du continent.

Fam. **PARIDÆ** Boie.

Gen. **PARUS** Lin.

266. PARUS LEUCOMELAS Rüpp.

Parus leucomelas Rüpp., Neue Wirb. Vög., taf. 37, f. 2
— *leucopterus* Swain., Birds W. Afr., II, p. 42.

Sagasa. — Commun. — Sorres, Thionk, Diouk, Dakar-Bango, Gandiole, Hann, M'Bao, Deine, Zekinkior, Albreda, Bathurst.

267. PARUS LEUCONOTUS Guer.

Parus leuconotus Guer., Rev. et Mag. de Zool., 1848, p. 162.
— *dorsatus* Rüpp., Syst. Ueber, p. 171, taf. 18.

Sagasa. — Rare. — Kita, Bakel, Maina, Boukarié, Banionkadougou.

Cette espèce Abyssinienne nous a été rapportée du haut Sénégal par M. le Dr Colin.

Fam. **ÆGITHALIDÆ** Vig.

Gen. **ÆGITHALUS** Boie.

268. ÆGITHALUS CALOTROPIPHILUS Rochbr.

Pl. XVI, fig. 1.

Ægithalus calotropiphilus Rochbr., Bull. Soc. Phil. Paris, 1883.

Æ. — Supra intense olivaceus, uropygio pallidiore; tectricibus olivaceo rufis; remigibus rectricibusque fusco olivaceis, luteo marginatis; fronte flavo; colli lateribus, pectore, gastreo, pallide flavescentibus; rostro flavido, apice fuscescente, corneo; iride fusco; pedibus pallide roseis.

Parties supérieures d'un vert olive foncé, passant au jaune sur le croupion; petites couvertures brunâtres liserées de jaune; rémiges et rectrices, de même couleur avec des tons plus foncés; front jaune orangé; parties inférieures d'un jaune très pâle, bec jaunâtre en côté, d'un brun corné au sommet et sur le milieu des deux mandibules; iris brun fauve; pieds d'un rose sale.

Longueur totale	70	millimètres.
— de l'aile	38	—
— de la queue	18	—
— du bec	06	—
— du tarse	11	—
— du doigt médian	07	—

M'Pitie Vouten. — Assez commun. — Sorres, Pointe de Barbarie, Leybar, Thionk, Diouk, Dakar-Bango.

Voisine de l'*Ægithalus flavifrons* Cass., l'espèce, que nous proposons, s'en distingue par une taille plus petite, par la teinte orangée du front, par les parties supérieures d'un vert olive uniforme et teinté de jaune, par les sous-alaires jaunâtres et non pas blanches, par son bec plus court, ses pieds moins robustes d'un rose sale et non pas bruns.

Notre *Ægithalus* vit par couples isolés; dans les localités arides et sablonneuses, où croissent en abondance les *Calotropis gigantea*, grande Asclepiadée, dont les feuilles sont utilisées par les Nègres pour rendre l'eau potable.

Il construit un nid, dont la forme est en quelque sorte calquée sur celui de l'espèce Européenne, l'*Ægithalus pendulinus* Boie. Ce nid (Pl. XV, f. 2), suspendu aux branches des *Calotropis*, est entièrement fait avec les aigrettes soyeuses de la graine de cette plante, soigneusement enchevêtrées et tissées en un feutre résistant et imperméable; l'entrée située en côté et vers le sommet est tubuleuse, une ou deux cavités en forme de poches peu profondes existent en dessous de la tubulure; il mesure 0,145^{mm} de long sur une largeur moyenne de 0,076^{mm}; la tubulure atteint une longueur de 0,040 à 0,045^{mm}; au fond de ce nid, sont déposés quatre à six œufs d'une couleur verdâtre pâle, à petites taches et à larges stries d'un brun rougeâtre, plus abondantes au gros bout; ils mesurent 0,015ᵐᵐ dans leur grand axe et 0,009ᵐᵐ dans leur grand diamètre (Pl. XV, f. 3).

Fam. **MOTACILLIDÆ** Boie.

Gen. **MOTACILLA** Lin.

269. MOTACILLA ALBA Lin.

Motacilla Alba Lin., Syst. Nat., I, p. 331.
—   *gularis* Swain., Birds W. Afr., II, p. 39.
—   —   Hartl., Orn. W. Afr., p. 72.

Orn'oba. — Assez commun. — Saint-Louis, Sorres, Dakar, Joalles, Rufisque.

Le *Motacilla alba* se montre en Sénégambie, le jour où finit l'hivernage; aussi dès que les Européens l'aperçoivent voltigeant sur les bords du fleuve, à la recherche des Insectes dont il se nourrit, ils éprouvent un sentiment de joie, car c'est la marque certaine que les chaleurs et leur inévitable cortège de maladies meurtrières vont disparaître pendant plusieurs mois.

270. MOTACILLA VIDUA Sundev.

Motacilla vidua Sundev., Œfvers., 1850, p. 128.
—   *Capensis* Ehr. et Licht. *(non Lin.)*, Symb. Phys. Av. et Dub.
         Cat., p. 36.
—   *Longicauda* Blas., Naum., V, D. XIII, p. 117.

Orn'oba. — Rare. — Albreda, Zekinkior, Samatite, Cagnout, Maloumb, Wagran.

L'espèce nous paraît être seulement de passage dans la basse Sénégambie.

Gen. **BUDYTES** Cuv.

271. **BUDYTES FLAVA** Cuv.

Budytes flava Cuv., R. An., I, p. 371.
Motacilla flava Lin., Syst. Nat., I, p. 331.
La Bergeronnette jaune Buff., Pl. Enl., 28, f. 1.

Thiolbett. — Commun. — Saint-Louis, Sorres, Leybar, Thionk, Dakar, Joalles, Rufisque, M'Bao, Hann.

Comme le *Motacilla alba,* cette espèce annonce, par son arrivée en Sénégambie, la fin de l'hivernage.

Adanson établit les mêmes faits dans son Cours d'Histoire Naturelle (éd. *Payer,* t. 1, p. 474). « La Bergeronnette jaune, dit-il, est un oiseau migratoire qui va passer l'hiver dès le mois d'octobre en Afrique, jusqu'au Sénégal. »

272. **BUDYTES RAYI** C. Bp.

Budytes Rayi C. Bp., Comp. List. B. Eur. and N. Am., p. 18.
Motacilla flava Ray (non Lin) Gould., P. Z. S. of Lond., 1832, p. 120.
Motacilla flava var. *flava Rayi* Heugl., Orn. Nordost Afr., I, p. 321.

Thiolbett. — Peu commun. — Bakel, Kita, Saldé, Dakar-Bango, Bathurst, Zekinkior, Albreda.

Le *Budytes Rayi* est, selon Heuglin (*loc. cit.*), l'une des cinq variétés du *Budytes flava,* pour lesquelles il établit une synonymie des plus compliquées, et une nomenclature bizarre, qu'un ex-Aide-Naturaliste du Muséum de Paris, d'origine Allemande, s'efforce vainement de remettre en usage (1) ; la manière de voir

---

(1) Dans un mémoire incompréhensible sur l'espèce végétale considérée au point de vue de l'anatomie comparée (*Ann. Sc. Nat.,* 6e série, T. XIII).

de Heuglin nous paraît tout à fait inadmissible; car non seulement la prétendue variété *flava Rayi* s'éloigne du type *flava* par un plumage différent, mais la première est sédentaire, tandis que la seconde arrive directement d'Europe et séjourne, seulement pendant la saison sèche, sur le continent Africain.

Fam. **ANTHIDÆ** Gray.

Gen. **ANTHUS** Bechst.

273. **ANTHUS ARBOREUS** Bechst.

Anthus arboreus Bechst., Naturg. Deutsch., III, 706.
Motacilla spipola Pall., Zoogr. Rosso Asiat., I, p. 512.
Pipastes arboreus Kaup., Natur. Syst., p. 33.

Sgeuenajh. — Peu commun. — Portendik, Cap Mirik, Argain, Elimané, Aleb.

L'*Anthus arboreus* est de passage en Sénégambie; son existence, constatée aux Canaries et dans plusieurs parties du Sahara, explique ses apparitions dans les régions Nord que nous venons d'énumérer, au voisinage des forêts de Gommiers.

274. **ANTHUS CAMPESTRIS** Bechst.

Anthus campestris Bechst., Naturg. Deutsch., III, 722.
Alauda campestris Bris., Orn., III, p. 349.
Agrodroma campestris Swain., Cl. B., II, p. 241.
    —   Hartl., Orn. W. Afr., p. 73.

M. Vesque propose de renoncer à la nomenclature binaire et de revenir à l'ancienne phrase. Une citation est indispensable pour permettre de juger les données fantaisistes dudit M. Vesque : « au lieu de *Capparis galeata* (M. Vesque étudie dans ce mémoire les *Capparidées*), on doit dire : *Eucapparis pedicellaris pilis fusiformibus, centromala cophylla xerophilla, megalangiopora glabra* ». Nous nous déclarons incapables de comprendre les finesses de ce LATIN TUDESQUE!

Seguenajh. — Assez fréquent. — Argain, Dakar, Saint-Louis , Sorres, Zekinkior, Albreda, Bathurst, Gandiole.

L'espèce est également de passage en Sénégambie.

275. ANTHUS GOULDII Fras.

Anthus gouldii Fras., P. Z. S. of Lond., 1843, p. 27.
 — — Hartl., Orn. W. Afr., p. 73.
 — *Sordidus* Heugl., J. f. Orn., 1863, p. 63.

Seguenajh. — Peu commun. — Albreda, Bathurst, Zekinkior.

Heuglin *(Orn. Nordost Afr.,* 1, p. 328) indique aussi cette espèce comme provenant du bord de la Casamence.

Gen. MACRONYX Swain.

276. MACRONYX CROCEUS Gurn.

Macronyx croceus Gurn., Ibis, 1860, p. 208.
 — Hartl., Orn. W. Afr., p. 73.
Alauda crocea Vieill., Enc. Méth., p. 323, pl. CCXXXII.
Macronyx flavigaster Swain., Birds W. Afr., I, p. 215.

Konko. — Assez commun. — Gandiole, Diaoundoun, Kounakiré, Maloumb, Itou, Zekinkior, Albreda.

L'aire d'habitat du *Macronyx croceus* comprend tout le continent Africain.

Fam. PYCNONOTIDÆ Gray.

Gen. CRINIGER Temm.

277. CRINIGER VERREAUXI Sharpe.

Criniger Verreauxi Sharpe, Cat. Afr. B., p. 21.
 — Sharpe, Cat. Timel. Brit. Mus., p. 73, 1881.
Trichophorus gularis Swain., Birds W. Afr., II, p. 266 (non Horsf.).
 — Hartl., Orn. W. Afr., p. 82.

N'Tioukore. — Peu commun. — Zekinkior, Albreda, Bathurst, Cagnout, Maloumb.

M. Sharpe (*loc. cit.*) localise cette espèce d'une façon absolue :
« Verreaux's Bulbul inhabits the forest region of West Africa
from the Gold Coast to the Cameroons », dit-il.

C'est avec raison qu'indépendamment de ces régions, Hartlaub
(*loc. cit.*) l'indique en Gambie et en Casamence, où nous l'avons
vue et tuée; Hartlaub, du reste, mentionne cette dernière localité, d'après J. Verreaux lui-même, et nous nous étonnons de
voir M. Sharpe négliger cette indication, tout en citant Hartlaub
en synonymie.

278. CRINIGER BARBATUS Finsch.

Criniger barbatus Finsch, J. f. Orn., 1867, p. 21.
    —   Sharpe, Cat. Timel. Brit. Mus., p. 82, 1881.
Trichophorus barbatus Temm., Pl. Col., III, pl. LXXXII.
    —   Hartl., Orn. W. Afr., p. 82.

N'Tioukore. — Assez rare. — Gambie, Casamence, Zekinkior, Bathurst.

Nous ferons, pour cet Oiseau, les mêmes observations que pour
le précédent, relativement aux indications de M. Sharpe.

Gen. XENOCICHLA Hartl.

279. XENOCICHLA FLAVICOLLIS Sharpe.

Xenocichla flavicollis Sharpe, Cat. Timel. Brit. Mus., p. 97, 1881.
Criniger flavicollis Sharpe, Cat. Afr. B., p. 22.
Trichophorus flavicollis Hartl., Orn. W. Afr., p. 85.

N'Tioukore. — Assez fréquent. — Forêts de Bandoubé et Taalari,
île de Thionk, Leybar, Albreda, Zekinkior.

L'aire d'habitat du *Xenocichla flavicollis* serait limitée de la basse Sénégambie à Sierra-Leone, d'après M. Sharpe (*loc. cit.*); cette aire s'étend assez loin dans la région Nord-Est, ainsi que l'indiquent les spécimens rapportés, par M. le Dr Colin, des forêts de Taalari et Bandoubé, situées au Nord de Kita.

280. XENOCICHLA OLIVACEA Sharpe.

Xenocichla olivacea Sharpe, Cat. Timel. Brit. Mus., p. 98, 1881.
Thichophorus olivaceus Swain., Birds W. Afr., I, p. 264.
     —   Hartl., Orn. W. Afr., p. 82.

N'Tioukore. — Assez commun. — Dans les mêmes localités que l'espèce précédente.

281. XENOCICHLA SYNDACTYLA Sharpe.

Xenocichla syndactyla Sharpe, Cat. Timel. Brit. Mus., p. 100, 1881.
Trichophorus syndactyilus Hartl., Orn. W. Afr., p. 86.

N'Tioukore. — Forêts de Taalari, Podor, Dagana, Thionk, Albreda, Zekinkior.

282. XENOCICHLA SCANDENS Sharpe.

Xenocichla scandens Sharpe, Cat. Timel. Brit. Mus., p. 102, 1881.
Trichophorus pallescens Hartl., Orn. W. Afr., p. 86.

Rare. — Gambie, Casamence, Bathurst, Albreda, Zekinkior.

283. XENOCICHLA LEUCOPLEURA Sharpe.

Xenocichla leucopleura Sharpe, Cat. Timel. Brit. Mus., p. 104, 1881.
Phyllastrephus leucopleurus Hartl., Orn. W. Afr., p. 89.
Trichophorus nivosus Hartl., Orn. W. Afr., p. 84.

Assez commun. — Gambie, Casamence, Albreda, Bathurst, Zekinkior.

Ces deux espèces, que l'on voit descendre jusque dans la région du Congo, au Gabon, aux monts Cameroons, etc., ne remontent pas en Sénégambie au delà des parages de la Gambie et de la Casamence.

284. XENOCICHLA CANICAPILLA Sharpe.

Xenocichla canicapilla Sharpe, Cat. Timel. Brit. Mus., p. 105, 1881.
Trichophorus canicapillus Hartl., Orn. W. Afr., p. 84.

Peu commun. — Habite les mêmes localités que ses deux congénères du Sud de la Sénégambie.

Gen. **ANDROPADUS** Swain.

285. ANDROPADUS LATIROSTRIS Strickl.

Andropadus latirostris Strickl., P. Z. S. of Lond., 1844, p. 100.
     —   Sharpe, Cat. Timel. Brit. Mus., p. 107, 1881.
     —   Hartl., Orn. W. Afr., p. 87.

Fehlagah. — Assez commun. — Gambie, Casamence, Zekinkior, Maloumb.

Comme nous avons pu le constater souvent, la strie jaune de chaque côté du menton, qui existe chez l'adulte, se montre également dans les jeunes; seulement les stries de ces derniers sont beaucoup plus minces et d'un jaunâtre très pâle.

286. ANDROPADUS VIRENS Cass.

Andropadus virens Cass., Pr. Ac. N. H. Sc. P. Philad., 1857, p. 34.
     —   Sharpe, Cat. Timel. Brit. Mus., p. 109, 1881.
     —   Hartl., Orn. W. Afr., p. 264.

Fehlagah. — Peu commun. — Gambie, Casamence, Albreda, Bathurst, Zekinkior.

Cette espèce de la basse Sénégambie descend jusqu'au Gabon, au Congo, et à Fernando-Po, etc.

Gen. **CHLOROCICHLA** Sharpe.

287. CHLOROCICHLA GRACILIROSTRIS Sharpe.

Chlorocichla gracilirostris Sharpe, Cat. Timel. Brit. Mus., p. 114, 1881.
Andropadus gracilirostris Strick., P. Z. S. of Lond., 1844, p. 101.
    —   Hartl., Orn. W. Afr., p. 87.

Fehiga. — Rare. — Gambie, Casamence, Maloumb, Albreda, Sainte-Marie, Zekinkior.

Le *Chlorocichla gracilirostris* habite également le Gabon et les îles du golfe de Benin.

L'iris est d'un brun pâle et non *reddish brown,* suivant Reichenow; ou *white,* suivant Fraser (*Teste* Sharpe, *loc. cit*).

Gen. **PYCNONOTUS** Boie.

288. PYCNONOTUS BARBATUS Gray.

Pycnonotus barbatus Gray, Handl. B., I, p. 268.
        —   Sharpe, Cat. Timel. Brit. Mus., p. 147, 1881.
Turdus barbatus Desf., Mem. Acad. Roy. Sc., p. 500, pl. XIII.
Ixus inornatus Fras., P. Z. S. of Lond., 1843, p. 27.
      —   ·Hartl., Orn. W. Afr., p. 88.

Sielelu. — Assez communément rencontré en Gambie et en Casamence : Sedhiou, Daranka, Zekinkior, Bathurst; remonte dans le haut Sénégal : Kita, Boukarié, Banionkadougou.

289. PYCNONOTUS ASHANTEUS C. Bp.

Pycnonotus Ashanteus C. Bp., Consp. Av., I, p. 266.
    —   *barbatus* Sharpe, Cat. Timel. Brit. Mus., p. 147.
Ixos Ashanteus Hartl., Orn. W. Afr., p. 88.

Sielelu. —. Gambie, Casamence, où l'espèce est assez abondante : Zekinkior, Bathurst.

Contrairement à la manière de voir de M. Sharpe (*loc. cit.*), nous séparons cette espèce de la précédente, suivant en cela l'opinion de la plupart des Ornithologistes. Des dimensions plus petites, un plumage différent de celui du *Pycnonotus barbatus,* ne permettent pas de la confondre avec celui-ci.

Fam. **ORIOLIDÆ** Boie.

Gen. **ORIOLUS** Lin.

290. ORIOLUS GALBULA Lin.

Oriolus galbula Lin., Syst. Nat., I, p. 160.
      —   Sharpe, Ibis, 1870, p. 215.
      —   Hartl., Orn. W. Afr., p. 80.
Le Loriot Briss., Orn., II, p. 320.

Ogoakono. — Peu commun. — Gambie, Casamence, Sedhiou, Daranka, Leybar, Thionk, Kita, Bakel.

Cette espèce, de passage en Sénégambie à la fin de l'hivernage, visite la presque totalité du continent Africain.

291. ORIOLUS AURATUS Vieill.

Oriolus auratus Vieill., N. Dict. H. N., XVIII, p. 194.
    —   —   Sharpe, Ibis, 1870, p. 219, et Cat. B. Brit. Mus., vol. III,
            p. 194, 1877.
    —   *bicolor* Hart., Orn. W. Afr., p. 80.

Ogoakono. — Assez commun. — Kita, Bakel, Banionkadougou, Mélacorée, Sedhiou, Bathurst, Zekinkior.

292. ORIOLUS MONACHUS Cab.

Oriolus monachus Cab., Mus. Hein., Th. I, p. 210.
— — Sharpe, Ibis, 1870, p. 220.
— *moloxita* Rüpp., Neue Wirb. Vög., p. 29, t. XII, f. 1.

Ogoakono. — Rare. — Kita, Bakel, Maina, Boukarié, Banionkadougou.

L'*Oriolus monachus,* espèce Abyssinienne, descend dans la haute Sénégambie, d'où l'a rapporté M. le Dr Colin.

293. ORIOLUS BRACHYRHYNCHUS Swain.

Oriolus brachyrhynchus Swain., Birds W. Afr., II, p. 35.
— — Sharpe, Ibis, 1870, p. 226, pl. VIII, f. 1.
— *Baruffi* C. Bp., Consp. Av., I, p. 347.
— — Sharpe, Ibis, 1870, p. 227, pl. VIII, f. 2.

Ogoakono. — Peu commun. — Gambie, Casamence, Sedhiou, Daranka, Bathurst.

Indiqué depuis Sierra-Leone jusqu'au Gabon, l'*Oriolus brachyrhynchus* fait de courtes apparitions dans la basse Sénégambie. M. Sharpe (*Cat. B. Brit. Mus.,* vol. III, p. 219) réunit avec raison cette espèce à l'*Oriolus Baruffi,* qu'il décrivait primitivement comme espèce distincte (*Ibis, loc. cit.*); l'*Oriolus Baruffi* n'est, en réalité, qu'un jeune de l'*Oriolus brachyrhynchus.*

Fam. DICRURIDÆ Swain.

Gen. DICRURUS Vieill.

294 DICRURUS ATRIPENNIS Swain.

Dicrurus atripennis Swain., Birds W. Afr., I, p. 256.
— Hartl., Orn. W. Afr., p. 101.
— Sharpe, Ibis, 1870, p. 481.

Konoba. — Rare. — Gambie, Casamence, Sainte-Marie, Maloumb, Zekinkior.

Gen. **BUCHANGA** Hogds.

295. BUCHANGA MUSICA Rochbr.

Buchanga musica Rochbr., Notes M. S., 1876.
Dicrurus musicus Vieill., N. Dict. H. N., XI, p. 586.
—   —   Hartl., Orn. W. Afr., p. 100.
—   *divaricatus* Gray, Gen. of B., I, p. 287.
—   —   Hartl., Orn. W. Afr., p. 100.

Konoba. — Assez commun. — Kita, Bakel, Maina, Boukarié, Gambie, Casamence, Maloumb, Zekinkior.

Pour M. Sharpe (*Cat. B. Brit. Mus.*, vol. III, p. 247), le *Buchanga musica* est une sous-espèce du *Buchanga atra* de l'Inde, (*loc. cit.*, p. 247) ou mieux le *Buchanga atra* est une *grande race* du type Africain.

C'est toujours avec le même étonnement que nous voyons apparaître de temps en temps dans les ouvrages de M. Sharpe les sous-espèces, ou bien les races grandes et petites de certains types, quand pour d'autres, la simple couleur du bec, une ligne plus ou moins jaune, située à la base des mandibules, sont des caractères d'une valeur indiscutable et servent à établir des espèces tranchées. Malgré l'autorité de M. Sharpe, il nous semble que celle de Vieillot, Bouaparte et autres, mérite quelque considération et c'est l'opinion de ces Ornithologistes *démodés*, que nous croyons devoir accepter.

Fam. **CAMPEPHAGIDÆ** Gray.

Gen. **GRAUCALUS** Cuv.

296. GRAUCALUS PECTORALIS Jard.

Graucalus pectoralis Jard. et Selb., Ill. Orn., II, p. 57.
—   Sharpe, Cat. B. Brit. Mus., vol. IV, p. 29.
Ceblepyris pectoralis Rüpp., Mus. Senck., III, p. 32.
—   Hartl., Orn. W. Afr., p. 99.

Bajh, — Commun. — Kita, Maina, Boukarié, Gambie, Casamence, Mélacorée.

L'espèce se rencontre sur tout le continent Africain.

Gen. **CAMPEPHAGA** Vieill. (1).

297. CAMPEPHAGA PHÆNICEA Swain.

Campephaga phænicea Swain., Birds W. Afr., I, p. 252.
     —   —   Hartl., Orn. W. Afr., p. 98.
     —   *xanthornoides* Gray, Gen. of B., I, p. 283.

Bajh, — Assez commun. — Gambie, Casamence, Mélacorée, Daranka, Sedhiou, Bathurst, Zekinkior.

Nous réunissons au *Campephaga phænicea,* le *Campephaga xanthornoides,* ce dernier étant le jeune du premier. Comme le pense judicieusement M. Barboza du Bocage (*Orn. Angol.,* p. 207), l'épaulette jaune ou jaune orange est la livrée du jeune; tandis que chez l'adulte, elle est d'un rouge orangé brillant et intense.

Fam. **MALACONOTIDÆ** Wagn.

Gen. **LANIARIUS** Vieill.

298. LANIARIUS BARBARUS Vieill.

Laniarius barbarus Vieill., Anal., p. 41, 1816.
Lanius barbarus Lin., Syst. Nat., I, p. 137.
Malaconotus barbarus Swain., Birds W. Afr., I, p. 243, pl. XXIV.
Lanius Senegalensis Briss., Orn., II, p. 185, pl. XVII, f. 2.
Le Gonoleck Buff., Pl. Enl., 56.

---

(1) On est en droit de se demander pourquoi M. Sharpe (*Cat. B. Brit. Mus.,* IV, p. 59), qui accepte le nom générique de Vieillot : *CampEphaga,* inscrit en tête du chapitre et à toutes les espèces, *CampOphaga;* l'auteur ne donne aucune explication, et le mot répété douze fois ne peut être pris pour une faute d'impression.

Jonkojh. — Commun. — Kita, Podor, Saldé, Boukarié, Maina, Bafoulabé, Thionk, Diouk, Dakar-Bango, M'Bao, Hann, Rufisque, Zekinkior, Albreda, Mélacorée, etc.

Cet Oiseau, remarquable par l'éclat de son plumage, est l'une des espèces les plus recherchées comme Oiseau de parure et il abonde dans toute la Sénégambie.

Il se plait à la lisière des grands bois; son nid, grossièrement fait de buchettes et d'herbes sèches, contient cinq œufs de forme largement ovoïde, d'un bleu pâle, couverts de taches nuageuses rougeâtres plus abondantes au gros bout, leur axe mesure $0,024^{mm}$ sur un diamètre de $0, 018^{mm}$ (Pl. XXIX, fig. 12).

299. LANIARIUS SULFUREOPECTUS Less.

Laniarius sulfureopectus Less., Trait. Orn., p. 373.
Malaconotus chrysogaster Swain., Birds W. Afr., I, p. 244.
—   *similis* A. Smith, Illust. S. Afr. Zool., pl. XLVI.

N'Dikondo. — Assez commun. — Leybar, Thionk, Diouk, Gadieba, N'Diago, Sebicoutane, Kaarta, Gambie, Mélacorée, Casamence.

L'aire d'habitat du *Laniarius sulfureopectus* s'étend sur tout le continent Africain, il paraît plus rare dans les régions Nord et Est.

300. LANIARIUS SUPERCILIOSUS Hartl.

Laniarius superciliosus Hartl., Orn. W. Afr., p. 108.
Malaconotus superciliosus Swain., Birds W. Afr., I, p. 230.

N'Dikondo. — Peu commun. — Gambie, Casamence, Mélacorée, Daranka, Bathurst, Diatacouda.

J. Verreaux et avec lui plusieurs Ornithologistes considèrent cette espèce comme identique à la précédente. Nous nous sommes assuré que les différences de plumage assez tranchées du reste, telles que la raie située au-dessus des yeux, blanche au lieu d'être jaune, l'absence de jaune à la région frontale, le manque de tache orange à la poitrine, enfin la taille plus forte, ne sont, en aucune façon, des caractères d'âge ou de sexe, et suffisent pour distinguer le *Laniarius superciliosus* du *Laniarius sulfureopectus*.

Ajoutons que, tandis que le dernier habite toute la Sénégambie, le *Laniarius superciliosus* est localisé dans les régions arrosées par la Gambie et la Casamence.

301. LANIARIUS MULTICOLOR Hartl

Laniarius multicolor Gray, Gen. of Birds, pl. LXXII.
—   Hartl., Orn. W. Afr., p. 108.
—   Cass., Pr. Ac. N. Sc. P. Philad., 1855, p. 439.

Nous ne connaissons pas cette espèce citée par Hartlaub (*loc. cit.*) comme provenant de la Gambie et de Sierra-Leone, et nous l'inscrivons sur la foi de l'auteur.

302. LANIARIUS CRUENTUS Hartl.

Laniarius cruentus Hartl., Orn. W. Afr., p. 109.
Vanga cruenta Less., Cent. Zool., p. 65.
Harcolestes hypopyrrhus C. Bp., in J. Verr. Rev. et Mag. de Zool.,
                1855, p. 419.

Diokat. — Assez commun. — Gambie, Casamence, Mélacorée, Daranka, Sedhiou, Bathurst, Zckinkior.

Jusqu'ici, le Gabon a été assigné comme centre d'habitat de cette espèce ; assez commune dans la basse Sénégambie, elle y est sédentaire comme au Gabon ; nous avons pu vérifier l'exactitude des renseignements fournis sur cet Oiseau par J. Verreaux (*loc. cit.*); seulement, le voyageur des frères Verreaux les a induits en erreur, lorsqu'il dit qu'il n'existe aucune différence entre le mâle et la femelle ; chez celle-ci, les couleurs sont plus pâles, toutes les parties inférieures ont une teinte d'un jaune terne, il n'existe aucune trace de la splendide coloration rouge orangé dont la poitrine du mâle est ornée.

La richesse du plumage de cet Oiseau le fait rechercher comme Oiseau de parure.

303. LANIARIUS PELI C. Bp.

Laniarius Peli C. Bp., Consp. Av., I, p. 360.
    —   Hartl., Orn. W. Afr., p. 109.
Lanius chloris Valenc., Dict. Sc. Nat., t. 40, p. 226.
    —   Pucher., Arch. Mus., t. VII, p. 325.

Diokat. — Peu commun. — Denidak, Douzar, Diaoundoun, Kounakeri.

Cette espèce du Gabon, de la rivière Saint-Paul, du Rio-Boutry, etc., est sédentaire dans la région Ouest de la Sénégambie, où nous l'avons tuée.

304. LANIARIUS ICTERUS Cuv.

Laniarius icterus Cuv., R. An., I, p. 352.
    —   Hartl., Orn. W. Afr., p. 110.
Lanius olivaceus Vieill., Encycl. Méth., p. 730.
Malaconotus olivaceus Swain., Birds W. Afr., I, p. 237, pl. XXII.
Le Blanchot Levaill., Ois. Afr., pl. CLXXXV.

Diokat. — Commun. — Kita, Bakel, limites du Kaarta, Thionk, M'Bao, Zekinkior, Bathurst, Albreda.

Gen. DRYOSCOPUS Boie.

305. DRYOSCOPUS GAMBENSIS Boie.

Dryoscopus Gambensis Hartl., Orn. W. Afr., p. 110.
Lanius Gambensis Licht., Verz. Doubl., p. 48.
· *Malaconotus mollissimus* Swain., Birds W. Afr., I, p. 240, pl. XXIII.

Kassbajh. — Commun. — Maina, Boukarié, Kouguel, Bandoubé, Leybar, Thionk, N'Diago, Sebicoutane, Wagran, Mélacorée, Ghimberhing, Maloumb.

Le *Drioscopus Gambensis*, commun en Sénégambie, se montre sur tout le continent; il possède ainsi une aire d'habitat des plus vastes.

Gen. **TELEPHONUS** Swain.

306. TELEPHONUS SENEGALUS Strickl.

Telephonus Senegalus Strickl., Ann. and Mag. N. H., VII, p. 30.
Lanius Senegalus Lin., Syst. Nat., I, p. 137.
Telephonus erythropterus Hartl., Orn. W. Afr., p. 105.

Kassiba. — Commun. — Kita, Bakel, Kouguel, Sorres, Leybar, M'Bao, Rufisque, Albreda, Zekinkior.

307. TELEPHONUS TRIVIRGATUS A. Smith.

Telephonus trivirgatus A. Smith., Illust. S. Afr. Zool., t. XCIV.
        —   Hartl., Orn. W. Afr., p. 105.
Malaconotus australis Smith., Rep. Exp., p. 44.

Kassiba. — Assez commun. — Mêmes localités que l'espèce précédente.

Comme le *Drioscopus Gambensis*, ces deux *Telephonus* ont été observés dans toutes les régions Africaines aujourd'hui connues.

Ils se tiennent sur la lisière des grands bois, dont ils ne s'écartent jamais, et se nourrissent habituellement d'Insectes; l'estomac de ceux que nous avons préparés, contenait des débris de Coléoptères.

14

Gen. **CORVINELLA** Less

308. CORVINELLA CORVINA Less.

Corvinella corvina Less., Trait. Orn., p. 372.
Lanius corvinus Shaw, Gen. Zool., VII, p. 337.

Bajh. — Assez commun. — Kita, Bakel, Médine, Gangaran, Diaoundoun, Douzar, Mélacorée, Daranka, Sedhiou.

Gen. **NILAUS** Swain.

309. NILAUS BRUBRU Strickl.

Nilaus brubru Strickl., Ann. and Mag. H. N., VIII, p. 30.
     —   Hartl., Orn. W. Afr., p. 106.
Lanius brubru Lath., Ind. Orn., Supp., pl. XX.
Le Brubru Levaill., Ois. Afr., pl. LXXI, f. 1, 2.

Nafajka. — Assez commun. — Saldé, Médine, Bakel, Gadieba, Gandiole, M'Bao, Zekinkior, Albreda, Bathurst.

M. Barboza du Bocage (*Orn. Ang.*, p. 220) semble considérer comme exceptionnelle la présence du *Nilaus Brubru* en Sénégambie. « MM. Finsh et Hartlaub, dit-il, citent un individu du Sénégal appartenant au musée de Berlin et un autre de Casamence déposé au musée de Brehme ». L'espèce est fréquente en Sénégambie, et son aire d'habitat paraît considérable, puisque, indépendamment de cette région, elle a été observée à Angola, au Damara, au Cap et en Abyssinie.

310. NILAUS EDWARDSI Rochbr.

Pl. XVII, fig. 1, 2.

Nilaus Edwardsi Rochbr., Bull. Soc. Phil., 2 août 1883.

· N. — Vertice nigro cinerascente; margine frontali et super-
ciliis, sordide albis; regio parotica alba; collo postico et dorso
ardosiaceis, albovariis; flexo nigro, fascia alæ elongata, cinereo
alba; remigibus pallide castaneis, albo marginatis; tectricibus
nigris, lateralibus extus albidis; uropygio, collo, pectore, abdomine et crisso, albis; hypochondriis cinamomeo tinctis; rostro
pedibusque plumbeo nigris; iride fusco.

Fæmina ubi mas ardosiaceus, cinereo fusca; regio parotica fer-
ruginea, tænia per collum, pectus, hypochondriisque lata, casta-
nea, longitudinaliter disposita.

Adulte ♂. — Dessus de la tête d'un noir ardoisé, front d'un
blanc sale, une large bande sus-oculaire de même couleur;
région parotidienne blanche; cou, dos, également blancs, teintés
de gris; une large tache blanche sur la partie externe de l'aile;
rémiges d'un marron pâle, les latérales bordées de blanc;
tectrices noires; croupion, cou, poitrine, ventre d'un blanc lavé
de gris; côtés de la poitrine d'une teinte cannelle claire; bec
et pieds noirâtres plombés, iris brun.

Adulte ♀. — La femelle, de même taille que le mâle, en diffère
par une teinte d'un brun très clair sur toutes les régions supérieures blanches chez le mâle; par la région parotidienne
fauve, l'étroitesse de la bande sus-oculaire et par une bande
marron, partant de l'angle du bec et se terminant à la partie
inférieure des flancs, après s'être infléchie en dessous de la gorge;
le bec est un peu plus foncé et moins crochu; les pieds sont de
même couleur ainsi que l'iris.

Les jeunes présentent la même livrée que les femelles.

Longueur totale.	150 millimètres.	
— de l'aile	87	—
— de la queue	53	—
— du bec	14	—
— du tarse	24	-
— du doigt médian	11	—

Nafojka. — Assez commun. — Kita, Bakel, Deny-Dack, Sebicou
tane, Douzar, forêts de Maina et de Bandoubé.

Voisine du *Nilaus brubru,* l'espèce, que nous proposons, en diffère : par des dimensions bien plus considérables, par les teintes blanches et non pas noires des parties supérieures; par la large tache blanche de l'aile; par ses rémiges d'un brun marron, avec les latérales bordées de blanc, et non pas d'un fauve pâle, liserées de fauve plus clair; par les côtés de la poitrine ornés d'une bande de couleur cannelle, et non pas variés de marron; enfin par la couleur du bec et des pieds plombés, et non d'un noir pur.

Le *Nilaus Edwardsi* paraît, en outre, se localiser dans les contrées les plus rapprochées du haut fleuve, nous ne l'avons jamais observé dans les régions habitées par son congénère le *Nilaus brubru*.

Fam. **LANIIDÆ** Boie.

Gen. **ENNEOCTONUS** Boie.

311. **ENNEOCTONUS COLLURIO** Boie.

Enneoctonus collurio Boie, Okens., Isis, 1826, p. 973
Lanius collurio Lin., Syst. Nat., I, p. 136.
La Piegrièche écorcheur Buff., Pl. Enl., 31, f. 2.

N'Diokou. — Peu commun. — Saldé, Matam, Bakel, Rufisque, M'Bao.

N'ayant jamais rencontré cette espèce en Sénégambie, qu'à la fin de l'hivernage, tout nous porte à la considérer comme Oiseau de passage.

312. **ENNEOCTONUS NUBICUS** Cab.

Enneoctonus Nubicus Cab., Mus. Hein., I, p. 73.
Lanius Nubicus Licht., Doubl. Cat., p. 47.
   — *personatus* Temm., Pl. Col., 256, f. 2.
Collurio Nubicus Hartl., Orn. W. Afr., p. 103.

Barajh. — Assez rare. — Mélacorée, Gambie, Casamence, Bathurst, Sedhiou, Zekinkior.

Gen. **LANIUS** Lin.

313. LANIUS RUFUS Briss.

Lanius rufus Briss., Orn., II, p. 147.
—   —   Hartl., Orn. W. Afr., p. 102.
— *collurio* var. *rufus* Gm., S. N., I, p. 300.

Barajh. — Rare. — Kita, Bakel, Saldé, Matam, Bafoulabé, Sorres, M'Bao, Zekinkior.

L'Europe, l'Asie et l'Afrique sont indiquées comme la patrie de cet Oiseau. Comme pour l'*Enneoctonus collurio,* nous ne le croyons pas sédentaire en Sénégambie, ne l'ayant observé qu'après l'hivernage.

314. LANIUS RUTILANS Temm.

Lanius rutilans Temm., Man. Orn., III, p. 601.
—   —   Hartl., Orn. W. Afr., p. 103.
— *superciliosus* Licht., Doubl. Cat., p. 47.
La Piegrièche rousse du Sénégal Buff., Pl. Enl., 477, f. 2.

Barajh. — Assez commun. — Kita, Maina, Boukarié, Bathurst, Zekinkior.

Voisin du *Lanius rufus,* le *Lanius rutilans,* que plusieurs Ornithologistes lui réunissent, en diffère cependant d'une manière assez notable, et mérite d'autant plus d'en être séparé, que, indépendamment de sa taille plus forte, de la coloration moins intense de la bordure blanche des tectrices et des scapulaires, de la teinte rousse de la tête, beaucoup plus étendue et plus brillante, etc., c'est une espèce sédentaire, tandis que sa congénère est de passage, comme nous l'avons précédemment établi.

Fam. **PRIONOPIDÆ** C. Bp.

Gen. **EUROCEPHALUS** Smith.

315. EUROCEPHALUS RÜPPELII C. Bp.

Eurocephalus Rüppelii C. Bp., Rev. et Mag. de Zool., 1853, p. 440.
— Sharpe, Cat. B. Brit. Mus., III, p. 280.

Rare. — Kita, Fouta-Kouro, Bandoubé, Banionkadougou, Taalari.

Cette espèce Abyssinienne visite la haute Sénégambie, d'où M. le Dr Colin l'a rapportée.

Gen. **PRIONOPS** Vieill.

316. PRIONOPS PLUMATUS Swain.

Prionops plumatus Swain., Birds W. Afr., I, p. 246, pl. XXVI
Lanius plumatus Shaw, Gen. Zool., VII, pt. II, p. 292.
Le Geoffroy Levaill., Ois. Afr., pl. LXXX-LXXXI.

Tholou. — Commun. — Bakel, Kita, Thionk, Leybar, Sorres, Dcine, Ponte, M'Bao, Zekinkior, Albreda, Sedhiou, Mélacorée.

Le *Prionops plumatus* est recherché comme Oiseau de parure.

Gen. **BRADYORNIS** Smith.

317. BRADYORNIS SENEGALENSIS Hartl.

Bradyornis Senegalensis Hartl., J. f. Orn., 1859, p. 325.
Sigelus Senegalensis Hartl., Orn. W. Afr., p. 112.

Assez rare. — Leybar, Thionk, M'Bao, Ponte, Hann, Kita, Bakel.

Gen. **MALÆORNIS** Gray.

318. MALÆORNIS EDOLIOIDES Gray.

Malæornis edolioides Gray, List. Gen. Birds, 1840, p. 36.
      —   Hartl., Orn. W. Afr., p. 102.
Melasoma edolioides Swain., Birds W. Afr., I, p. 257, pl. XXIX.

Dakagol. — Assez commun. — Gambie, Casamence, Albreda, Zekinkior, Sedhiou, Bathurst, Daranka, Mélacorée.

Fam. **MUSCICAPIDÆ** Vig.

Gen. **MUSCICAPA** Lin.

319. MUSCICAPA GRISOLA Lin.

Muscicapa grisola Lin., Syst. Nat., I, p. 328.
      —   Hartl., Orn. W. Afr., p. 97.
Butalis grisola Boie, Isis, 1826, p. 973.

N'Tyina. — Peu commun. — Leybar, Thionk, Maringouins, Almadies, Portendik, Cap Mirik, Aleb, M'Bao, Hann, Zekinkior, Albreda.

Cette espèce Européenne est de passage en Sénégambie; on
l'observe plus fréquemment sur la limite Saharienne, que dans
les régions Est et Sud.

320. MUSCICAPA AQUATICA Heugl.

Muscicapa aquatica Heugl., J. f. Orn., 1864, p. 256.
      —   Sharpe, Cat. B. Brit. Mus., IV, p. 154.

Nous ne connaissons pas cette espèce, que nous donnons, d'après
M. Sharpe (*loc. cit.*), comme provenant de la Gambie.

321. MUSCICAPA ATRICAPILLA Lin.

Muscicapa atricapilla Lin., Syst. Nat., I, p. 326.
— — Sharpe, Cat. B. Brit. Mus., IV, p. 157.
— *picata* Hartl., Orn. W. Afr., p. 97.

N'Tyina. — Assez rare. — Thionk, Leybar, Bafoulabé, Gandiole,
M'Bao, Hann, Albreda, Zekinkior.

Le *Muscicapa atricapilla* est seulement de passage en Sénégambie.

Gen. HYLIOTA Swain.

322. HYLIOTA FLAVIGASTRA Swain.

Hyliota flavigastra Swain., Class. B., II, p. 260.
— Hartl., Orn. W. Afr., p. 97.
Muscicapa flavigastra Gray, Hand. l. B., I, p. 323.

N'Tyina. — Assez commun. — Thionk, Sorres, Leybar, Gandiole,
M'Bao, Bathurst, Albreda.

Gen. ARTOMYAS J. et E. Verr.

323. ARTOMYAS FULIGINOSA J. et E. Verr.

Artomyas fuliginosa J. et E. Verr., J. f. Orn., 1855, p. 105.
— Hartl., Orn. W. Afr., p. 93.
Muscicapa infuscata Hartl., Orn. W. Afr., p. 69.

Dagakol. — Rare. — Gambie, Casamence, Albreda, Bathurst, Mélacorée.

Cette espèce, considérée comme spéciale au Gabon, se rencontre dans la basse Sénégambie; un exemplaire provenant
de Bathurst nous a été donné par notre affectueux confrère
M. le Dʳ L. Savatier.

Fam. **MYAGRIDÆ** Boie.

Gen. **BATIS** Boie.

324. BATIS SENEGALENSIS Sharpe.

Batis Senegalensis Sharpe, Ibis, 1873, p. 173.
Muscicapa Senegalensis Lin., Syst. Nat., I, p. 327.
Platystira Senegalensis Hartl., Orn. W. Afr., p. 93.

Kongajh. — Commun. — Bakel, Kita, Saldé, Dagana, Portendik, Thionk, Leybar, M'Bao, Hann, Ponte, Gambie, Albreda, Zekinkior, Mélacorée.

325. BATIS ORIENTALIS Sharpe.

Batis orientalis Sharpe, Ibis, 1873, p. 165.
Platystira orientalis Heugl., Orn. Nordost Afr., I, p. 449.
— *affinis* Finsh, Trans. Z. S. of Lond., VII, p. 315.

Kongajh. — Rare. — Kita, Bakel, Fouta, Taalari, Boukarié.

La découverte de cette espèce Abyssinienne, en Sénégambie, est due à M. le Dr Colin.

Gen. **PLATYSTIRA** Jard.

326. PLATYSTIRA CYANEA Gray.

Platystira cyanea Gray, Hand. l. B., I, p. 329.
— *lobata* Swain., Birds W. Afr., II, p. 49.
Muscicapa cyanea P. L. S. Müller, S. N., Supp., p. 170.
Platystira melanoptera Hartl., Orn. W. Afr., p. 93.

Blijh. — Commun. — Gambie, Casamence, Zekinkior, Albreda, Bathurst, Mélacorée; très rare en remontant la région Nord-Ouest, notamment à M'Bao et Hann, où nous en avons tué deux spécimens.

Gen. **TERPSIPHONE** Glog.

327. TERPSIPHONE CRISTATA Sharpe.

Terpsiphone cristata Sharpe, Cat. B. Brit. Mus., IV, p. 354.
Muscicapa cristata Gm., S. N., I, p. 938.
Tchitrea cristata Hartl., Orn. W. Afr., p. 89.
Le Gobe-mouche huppé du Sénégal Buff., Pl. Enl., 573.

Gawou Blijh. — Commun. — Bakel, Saldé, Thionk, Leybar, Gandiole, M'Bao.

328. TERPSIPHONE MELANOGASTRA Cab.

Terpsiphone melanogastra Cab., Mus. Hein., Th. I, p. 58.
— Hartl., Orn. W. Afr., p. 90.

Gawou Blijh. — Assez commun. — Mêmes localités que l'espèce précédente, et de plus la Gambie et la Casamence : Albreda, Bathurst, Zekinkior.

329. TERPSIPHONE SENEGALENSIS Rochbr.

Terpsiphone Senegalensis Rochbr., N. Ms.
Tchitrea Senegalensis Hartl., Orn. W. Afr., p. 91.
Muscipeta Senegalensis Less., Ann. Sc. Nat., IX, p. 173 (non Sharpe).

Gawan Blijh. — Commun. — Thionk, Leybar, Diouk, M'Bao, Hann, Gandiole, Rufisque.

Il ne nous paraît pas admissible d'accepter la manière de voir de M. Sharpe, qui inscrit l'espèce de Lesson et bon nombre d'autres en synonymie du *Terpsiphone cristata* (*loc. cit.*, p. 354), sous prétexte que les variations dans le plumage sont considérables; en tenant compte de ces variations, beaucoup moins tranchées que ne le dit l'Ornithologiste Anglais, on trouve néanmoins des caractères différentiels suffisants pour séparer les espèces, caractères d'une valeur bien supérieure à ceux souvent invoqués par M. Sharpe, quand il s'agit de SES espèces.

330. TERPSIPHONE NIGRICEPS Sharpe.

Terpsiphone nigriceps Sharpe, P. Z. S. of Lond., 1874, p. 306.
Tchitrea nigriceps Hartl., Orn. W. Afr., p. 91.

Gawan Blijh. — Peu commun. — Kita, Portendik, Thionk, Leybar, Diouk, Albreda, Bathurst, Zekinkior.

331. TERPSIPHONE RUFIVENTRIS Sharpe.

Terpsiphone rufiventris Sharpe, Cat. B. Brit. Mus., IV, p. 360.
Tchitrea rufiventris Hartl., Orn. W. Afr., p. 90.
Muscipeta Casamansæ Less., Ann. Sc. Nat., IX, p. 173.
 — *rufiventris* Swain., Birds W. Afr., II, p. 53, pl. IV.

Gawan. — Peu commnn. — Albreda, Bathurst, Sedhiou, Daranka, Mélacorée.

Gen. ELMINIA C. Bp.

332. ELMINIA LONGICAUDA C. Bp.

Elminia longicauda C. Bp., C. R., XXVIII, p. 652.
 — Hartl., Orn. W. Afr., p. 93.
Myagra longicauda Swain., Monog. Flyc., p. 210, pl. XXV.
Muscipeta cærulea Hartl., J. f. Orn., 1854, p. 25.

Hillama. — Assez rare. — Gambie, Casamence, Daranka, Sedhiou.

333. ELMINIA TERESITA Antin.

Elminia teresita Antin., Cat. Desc. Ucc., p. 50.
 — *minor* B. du Boc., Journ. Lisb., 1877, p. 18.
 — *longicauda minor* Heugl., Orn. Nordost Afr., I, p. 446, pl. XV.

Hillama. — Rare. — Kita, Bakel, Fouta-Kouro, Bandoubé.

Cette espèce Abyssinienne, très voisine mais bien distincte de l'*Elminia longicauda*, habite les forêts du haut Sénégal, où M. le Dʳ Colin en a tué des individus à différentes reprises. Elle paraît sédentaire dans ces parages.

Fam. **HIRUNDINIDÆ** Vig.

Gen. **CHELIDON** Boie.

334. CHELIDON URBICA Boie.

Chelidon urbica Boie, Isis, 1822, p. 550.
— Sharpe, P. Z. S. of Lond., 1870, p. 292.
Hirundo urbica Lin., Syst. Nat., I, 344.
— Buff., Pl. Enl., 542, f. 2.
— de Rochebrune (Père), Obs. sur les Hir., 1866.

N'Jargaigne. — Assez commun. — Podor, Rufisque, Joalles, Sorres, Saint-Louis, Pointe de Barbarie, Albreda, Sainte-Marie.

Le *Chelidon urbica* est de passage en Sénégambie; Adanson indique son arrivée au mois d'Octobre; nous avons pu vérifier par nous-même l'exactitude de ce fait, déjà signalé par mon Père (*loc. cit.*).

Gen. **COTYLE** Boie.

335. COTYLE AMBROSIACA A. M. Edw.

Cotyle ambrosiaca A. M. Edw., H. Nat. Madag., I, p. 189.
Hirundo ambrosiaca Gm., S. N., I, p. 1021.
— *riparia Senegalensis* Briss., Orn., II, p. 508, pl. XLV.

N'Jargaigne. — Peu commun. — Kita, Bakel, Saldé, Portendik, les deux Mamelles, Joalles, M'Bao, Hann, Ponte.

Nous donnons ici la synonymie de cette espèce telle qu'elle

doit être rétablie, d'après M. le Professeur A. Milne Edwards (*loc. cit.*). Confondue avec le *Cypselus parvus* par tous les auteurs, elle n'est pas mentionnée dans la monographie des Hirundinidæ Africaines de M. Sharpe (*P. Z. S. of Lond.*, 1870, p. 286 à 321).

336. COTYLE RUPESTRIS Heugl.

Cotyle rupestris Heugl., Orn. Nordost Afr., n° 122.

N'Jargaigne. — Rare. — Mêmes localités que l'espèce précédente.

Deux exemplaires, mâle et femelle, de cette espèce Abyssinienne nous ont été donnés par M. le Dr Colin.

Gen. WALDENIA Sharpe.

337. WALDENIA NIGRITA Sharpe.

Waldenia nigrita Sharpe, P. Z. S. of Lond., 1870, p. 303.
Hirundo nigrita Gray, Gen. of B., pl. XX.
— Hartl., Orn. W. Afr., p. 25.

N'Jargaigne. — Assez rare. — Kita, Bakel, bords de la Falémé, du Bakoy, du Bafing, Fouta-Kouro, intérieur du Gangaran.

Cette espèce du Gabon, du Galabar, etc., a été aussi observée sur les bords du Niger, non loin des stations où nous l'indiquons.

Gen. HIRUNDO Lin.

338. HIRUNDO RUSTICA Lin.

Hirundo rustica Lin., Syst. Nat., I, p. 343.
— Hartl., Orn. W. Afr., p. 26.
— Sharpe, P. Z. S. of Lond., 1870, p. 304.
— de Rochebrune (Père), Obs. sur les Hir., 1866.

N'Jargaigne. — Assez commun. — Toute la Sénégambie où l'espèce est de passage.

339. HIRUNDO LUCIDA J. Verr.

Hirundo lucida J. Verr., J. f. Orn., 1858, p. 42.
    —   Sharpe, P. Z. S. of Lond., 1870, p. 308.

N'Jargaigne. — Rare. — Gambie, Casamence, Mélacorée, Sedhiou, Bathurst.

340. HIRUNDO LEUCOSOMA Swain.

Hirundo leucosoma Swain., Birds W. Afr., II, p. 74.
    —   Hartl., Orn. W. Afr., p. 27.
    —   Sharpe, P. Z. S. of Lond., 1870, p. 309.

N'Jargaigne. — Rare. — Gambie, Casamence, Mélacorée, Zekinkior, Daranka.

Découverte au Gabon par J. Verreaux, l'*Hirundo leucosoma* a été également trouvée en Casamence par cet Ornithologiste.

341. HIRUNDO FILIFERA Steph.

Hirundo filifera Steph., Gen. Zool., X, p. 78.
Cecropis filicauda Rüpp., Syst. Ueber., p. 22.
Hirundo Smithii Hartl., Orn. W. Afr., p. 26.

N'Jargaigne. — Assez commun. — Albreda, Zekinkior, Sainte-Marie, Sedhiou, Mélacorée.

L'aire d'extension de cet Oiseau est assez vaste; M. Sharpe (*P. Z. S. of Lond.*, 1870, p. 313) le cite non seulement de la basse Sénégambie, mais aussi du Zambèze, du Benguéla, du Kordofan, du Dongola et de l'Abyssinie.

342. HIRUNDO MELANOCRISSA Gray.

Hirundo melanocrissa Gray, Hand. l. B., I, p. 69 (non Hartl.).
Cecropis melanocrissus Rüpp., Syst. Ueber., p. 22.

N'Jargaigne. — Rare.— Kita, Bakel, Fouta-Koro, Gangaran, Bakoy, Bafing.

Cette espèce, dit M. Sharpe (*P. Z. S. of Lond.,* 1870, p. 315), paraît être localisée dans le Nord-Est de l'Afrique, et surtout en Abyssinie. Elle habite également la haute Sénégambie ; les exemplaires communiqués par M. le Dr Colin ne nous laissent aucun doute à ce sujet.

343. HIRUNDO DOMICELLA Finsh et Hartl.

Hirundo domicella Finsh et Hartl., Orn. Ost Afr., I, p. 143.
　　— *melanocrissa* Hartl., Orn. W. Afr., p. 27.

N'Jargaigne. — Peu commun. — Gambie, Casamence, Mélacorée, Zekinkior, Sedhiou, Bathurst.

344. HIRUNDO SENEGALENSIS Lin.

Hirundo Senegalensis Lin., Syst. Nat., I, p. 345.
　　　　　　— Hartl., Orn. W. Afr., p. 27.
Hirondelle à ventre roux du Sénégal Buff., Pl. Enl., 310.

N'Jargaigne. — Commun. — Saldé, Dagana, Podor, Thionk, Sorres, M'Bao, Ponte, Albreda, Bathurst.

345. HIRUNDO GORDONI Jard.

Hirundo Gordoni Jard., Contr. Orn., 1849, p. 141.
　　　　　— Hartl., Orn. W. Afr., p. 27.

N'Jargaigne. — Rare. — Gambie, Casamence, Mélacorée, Zekinkior, Sedhiou, Sainte-Marie, Albreda.

Du Gabon, des Aschanties, de l'Ogooué, etc., cette espèce est également citée par M. Sharpe (*P. Z. S. of Lond.,* 1870, p. 317) comme habitant la Gambie.

346. HIRUNDO ABYSSINICA Guer.

Hirundo Abyssinica Guer., Rev. Zool., 1843, p. 322.
    —   — Hartl., Orn. W. Afr., p. 28.
    — *puella* Sharpe, P. Z. S. of Lond., 1870, p. 319.
    — *striolata* Gray, Cat. Fiss. Brit. Mus., p. 23.
Cecropis striolata Rüpp., Syst. Ueber., p. 18, t. 6.

N'Jargaigne. — Assez fréquent. — Kita, Bakel, Dagana, Podor, Fouta-Kouro, Kouguel, Arondou, Makana.

Les exemplaires de l'*Hirundo Abyssinica,* que nous possédons de la haute Sénégambie, ne diffèrent sous aucun rapport de ceux d'Abyssinie, dont le type a été publié et figuré par Rüppel (*loc. cit.*); indépendamment de la région Est de l'Afrique, cette espèce est indiquée dans le pays des Aschanties et au Rio-Boutry.

Fam. NECTARINIIDÆ Illig.

Gen. HEDYDIPNA Cab.

347. HEDYDIPNA METALLICA Cab.

Hedydipna metallica Cab., Mus. Hein., I, p. 101.
           — Shelly, Monogr. Cinnyr. (1).
Necturinia metallica Licht., Very. Doubl., p. 15.

Maramelaisselaisse (2). — Peu commun. — Kita, Bakel, Maina, Bandoubé, Fouta-Kourou.

---

(1) M. Shelly, de même que la plupart des Ornithologistes Anglais, auteurs de monographies, ayant la singulière habitude de ne jamais paginer ni leur texte, ni leurs planches, nous nous voyons forcé de citer seulement son ouvrage, sans renvoyer à ce texte ni à ces planches.

(2) Le mot *Maramelaisselaisse,* servant à désigner presque toutes les

Selon M. Shelly (*loc. cit.*), cet Oiseau serait confiné (*confined*)
au Nord-Est de l'Afrique, dans les vallées de l'Abyssinie et dans
le Sud de la Nubie, où il habite durant toute l'année; voyageant
quelquefois, mais surtout au Nord du continent Africain.

Ce serait sans doute dans ses migrations, qu'il visiterait les
régions Nord-Est de la Sénégambie. Ces voyages réguliers nous
semblent très hypothétiques, car les exemplaires étudiés et les
observations faites sur place démontrent que l'espèce est sédentaire, du moins dans le haut Sénégal.

On ne peut invoquer contre cette donnée, la supposition que
peut-être l'*Hedydipna metallica* a pu être confondu avec son
congénère que nous allons examiner, l'*Hedydipna platura*; car
malgré des points de ressemblance assez tranchés, l'un et
l'autre sont parfaitement faciles à distinguer; et, en outre, le dernier n'habite pas les mêmes parages. Nous avons tué les deux
espèces; nos affectueux correspondants, MM. les Drs Savatier et
Colin notamment, nous ont fourni sur ces Oiseaux de précieux
renseignements; il est, par conséquent, hors de doute que
l'espèce Abyssinienne doit être inscrite au nombre des Oiseaux
Sénégambiens.

348. HEDYDIPNA PLATURA Reich.

Hedydipna platura Reich., Handb. Scans., p. 299.
   —   Shelly, Monogr. Cinnyr.
Nectarinia platura Drap., Dict. Class. H. N., XV, p. 511.
   —   Hartl., Orn. W. Afr., p. 53.
Le Sucrier figuier Levaill., Ois. Afr., VI, p. 157, pl. CCXCIII.

Assez commun. — Joalles, M'Bao, Thionk, Diouk, Gandiole, Mélacorée, Bathurst, Zekinkior.

---

espèces de la famille des *Nectariniidæ*, nous ne le répéterons pas à chacune
des espèces; nous observons également une fois pour toutes que ces Oiseaux
sont recherchés comme Oiseaux de parure, et entrent, pour une large part, dans
le commerce des peaux préparées, soit par les Indigènes, soit directement par
les commerçants Européens.

Gen. **NECTARINIA** Illig.

349. NECTARINIA PULCHELLA Jard.

Nectarinia pulchella Jard., Monogr. Sund. B., p. 207, pl. XVIII.
     —   Shelly, Monogr. Cinnyr.
Certhia pulchella Lin., Syst. Nat., I, p. 187.
Cinnyris caudatus Vieill., N. Dict. H. N., XXXI, p. 508.
Le Grimpereau à longue queue du Sénégal Briss., Orn., III, p. 645.

Commun. — Thionk, Leybar, Diouk, M'Bao, Ponte, Hann; Casamence, Gambie, Sedhiou, Zékinkior, Mélacorée; plus rare dans la haute Sénégambie, Richard-Toll, Faf, N'Bilor, Damarkour.

350. NECTARINIA CUPREONITENS Shelly.

Nectarinia cupreonitens Shelly, Monogr. Cinnyr.
     —   *famosa* Rüpp., Neue Wirb. Vög., p. 90 (non Illig.).
Souimanga à longue queue Lefeb., Voy. Abyss., p. 88.

Peu commun. — Kita, Bakel, Maina, Boukarié, Albreda, Bathurst, Sedhiou, Mélacorée.

Cette espèce, plus spécialement propre à l'Abyssinie, d'après M. Shelly, est citée par le même auteur comme existant en Casamence; les localités où nous l'indiquons confirment cette indication, et donnent au *Nectarinia cupreonitens,* une aire d'habitat plus étendue qu'on ne le supposait jusqu'ici.

Gen. **CINNYRIS** Cuv.

351. CINNYRIS SUPERBUS Cuv.

Cinnyris superbus Cuv., R. An., I, p. 412.
     —   —   Shelly, Monogr. Cinnyr.
     —   *sanguineus* Less., Trait. Orn., p. 296.
Nectarinia superba Hartl., Orn. W. Afr., p. 45.

Assez rare. — Leybar, Thionk, Diouk, Ponte, M'Bao, Joalles, Rufisque, Dakar.

352. CINNYRIS SPLENDIDUS Cuv.

Cinnyris splendidus Cuv., R. An., I, p. 412.
      —   Shelly, Monogr. Cinnyr.
Nectarinia splendida Hartl., Orn. W. Afr., p. 46.
Le Sucrier éblouissant Levaill., Ois. Afr., VI, p. 163, pl. CCXCV, f. 1.

Commun. — Kita, Saldé, Thionk, Dakar-Bango, Zekinkior, Sedhiou, Bathurst.

353. CINNYRIS VENUSTUS Cuv.

Pl. XVIII, fig. 1.

Cinnyris venustus Cuv., R. An., I, p. 412.
      —   Shelly, Monogr. Cinnyr.
Nectarinia venusta Hartl., Orn. W. Afr., p. 48.
Cinnyris affinis Rüpp., Neue Wirb. Vög., p. 87, pl. XXXI.
      —   Shelly, Monogr. Cinnyr.
Nectarinia affinis Heugl., Orn. Nordost Afr., p. 232.

Assez rare. — Kita, Bakel, Makana, Kouguel, Maina, Zekinkior, Sedhiou, Bathurst.

Les différences, invoquées par M. Shelly pour légitimer la séparation des *Cinnyris venustus* et *affinis,* sont tellement faibles, qu'il n'y a pas lieu d'en tenir compte; la comparaison d'un certain nombre d'individus fait, en effet, ressortir les liens qui les unissent et démontre que les légères variations de plumage dépendent uniquement de l'âge des sujets.

M. Shelly localise, en outre, le *Cinnyris affinis* dans le Nord-Est de l'Afrique, et donne pour habitat au *Cinnyris venustus* toute la région comprise entre le Sénégal et le Gabon. Cette manière de voir est également inadmissible, car les *deux variations,* si l'on peut s'exprimer ainsi, habitent l'une et l'autre les parages Sénégambiens où nous les indiquons.

Le mâle adulte du *Cinnyris venustus,* que nous figurons, est dans son plumage d'amour et diffère, sous certains rapports, des types représentés sur la planche de M. Shelly; ces différences ne doivent être attribuées qu'à l'âge du sujet, ainsi qu'à la saison où il a été capturé.

Le nid de cette espèce (Pl. XVIII, fig. 2) est construit sur le même plan que celui de tous les Cinnyris en général; il est composé de feuilles sèches, de plumes, et suspendu aux branches des grands arbres; il présente au centre une entrée circulaire; au fond sont déposés de trois à quatre œufs d'un blanc rougeâtre, piquetés de rouge orangé, quelquefois tachetés de même couleur au gros bout; leur axe mesure 0,015^{mm} sur 0,010^{mm} de diamètre (Pl. XVIII, fig. 3).

354. CINNYRIS CHLOROPYGIUS C. Bp.

Cinnyris chloropygius C. Bp., Consp. Av., I, p. 407.
— Shelly, Monogr., Cinnyr.
Nectarinia chloropygia Hartl., Orn. W. Afr., p. 47.

Commun. — Bakel, Dagana, Saldé, Thionk, Leybar, Diouk, M'Bao, Hann, Zekinkior, Albreda, Mélacorée.

355. CINNYRIS SENEGALENSIS Cuv.

Cinnyris Senegalensis Cuv., R. An., I, p. 412.
— Shelly, Monogr. Cinnyr.
Nectarinia Senegalensis Hartl., Orn. W. Afr., p. 49.

Commun. — Mêmes localités que l'espèce précédente.

356. CINNYRIS FULIGINOSUS Cuv.

Cinnyris fuliginosus Cuv., R. An., I, p. 412.
— Shelly, Monogr. Cinnyr.
Nectarinia fuliginosa Hartl., Orn. W. Afr., p. 43.
— *aurea* Hartl., Orn. W. Afr., p. 44.

Commun. — Thionk, Leybar, Sorres, Diouk, M'Bao, Hann, Zekinkior, Albreda.

357. CINNYRIS AMETHISTINUS Cuv.

Cinnyris amethistinus Cuv., R. An., I, p. 412.
     —   Shelly, Monogr. Cinnyr.
Nectarinia amethistina Hartl., Orn. W. Afr., p. 44.

Commun. — Leybar, Thionk, Dakar-Bango, Gandiole, tout le Oualo, Zekinkior, Bathurst.

Cette espèce est incontestablement Sénégambienne, malgré les renseignements fournis par M. Shelly, et d'après lesquels les régions Sud de l'Afrique seraient les seuls parages, où elle habiterait.

358. CINNYRIS ADELBERTI Gerv.

Cinnyris Adelberti Gerv., Mag. Zool., III, pl. XIX, 1834.
     —   Shelly, Monogr. Cinnyr.
Nectarinia Adelberti Hartl., Orn. W. Afr., p. 44.

Assez rare. — Kita, Saldé, Dagana, Thionk, Dakar-Bango.

Spécial au haut Sénégal, le *Cinnyris Adelberti* ne descend pas au delà de l'embouchure du fleuve, et bien qu'il soit indiqué, notamment dans le pays des Aschanties (*Shelly, loc. cit.*), nous ne l'avons ni vu ni reçu de la Casamence et de la Gambie.

359. CINNYRIS CUPREUS Less.

Cinnyris cupreus Less., Man. Orn., II, p. 47.
     —   —   Shelly, Monogr. Cinnyr.
     —   *rubrofuscus* Cuv., R. An., I, p. 412.
     —   *nibarus* Vieill., N. Dict. H. N., XXI, p. 512.
     —   *tricolor* Vieill., N. Dict. H. N., XXI, p. 573.
Nectarinia cuprea Hartl., Orn. W. Afr., p. 48.

Commun. — Kita, Podor, Saldé, Portendik, Thionk, Leybar, Cayor, Oualo, Gambie, Casamence, Mélacorée.

360. CINNYRIS VERTICALIS Shelly.

Cinnyris verticalis Shelly, Monogr. Cinnyr.
Certhia verticalis Lath., Ind. Orn., I, p. 198.
Cinnyris cyanocephalus Cuv., R. An., I, p. 412.
     —   *chloronotus* Swain., Birds W. Afr., II, p. 136, pl. XVI.
Nectarinia verticalis Hartl., Orn. W. Afr., p. 50.
     —   *cyanocephala* Hartl., Orn. W. Afr., p. 49.

Commun. — Mêmes localités que l'espèce précédente.

361. CINNYRIS CYANOLÆMUS Sharpe et Bouv.

Cinnyris cyanolæmus Sharpe et Bouv., Bull. S. Z. France, I, p. 41.
     —   Shelly, Monogr. Cinnyr.
Nectarinia cyanolæma Jard., Contr. Orn., 1851, p. 154.
     —   Hartl., Orn. W. Afr., p. 51.

Rare. — Merinaghem, Deny-Dack, Douzar, Richard-Toll, N'Bilor, le Oualo, le Cayor, Galam.

Le *Cinnyris cyanolæmus* serait spécial, d'après les auteurs, à Angola et à la Côte-d'Or. Quoique rare, il existe dans l'intérieur de la Sénégambie, où il est sédentaire et où nous l'avons tué à trois reprises différentes.

Gen. ANTHREPTES Swain.

362. ANTHREPTES LONGUEMARII C. Bp.

Anthreptes Longuemarii C. Bp., Consp. Av., I, p. 409.
     —   Shelly, Monogr. Cinnyr.
     —   Hartl., Orn. W. Afr., p. 53.
Cinnyris Longuemarii Less., Bull. Soc. Nat., XXV, p. 242.
Anthreptes leucosoma Swain., Birds W. Afr., II, p. 146.

Ekombasani. — Commun. — Thiouk, Leybar, Diouk, Dakar-Bango, Gandiole, Ponte, Hann, Joalles, Rufisque, Zekinkior, Albreda, Sedhiou

363. ANTHREPTES RECTIROSTRIS Shelly.

Anthreptes rectirostris Shelly, Monogr. Cinnyr.
Nectarinia rectirostris Jard., Monogr. Sund. B., p. 271.
    —   *Fantensis* Sharpe, Ibis, 1870, p. 52.
    —   *Gabonica* Sharpe, Cat. Afr. B., p. 41.

Assez rare. — Gambie, Casamence, Mélacorée, Bathurst, Sedhiou, Zekinkior.

364. ANTHREPTES HYPODILA Shelly.

Anthreptes hypodila Shelly, Monogr. Cinnyr.
Nectarinia hypodilus Jard., Contr. Orn., 1851, p. 153.
    —   —   Hartl., Orn. W. Afr., p. 52
    —   *subcollaris* Hartl., Orn. W. Afr., p. 52.

Commun. — Gambie, Casamence, Sedhiou, Albreda, Bathurst.

Fam. ZOSTEROPIDÆ Vig.

Gen. ZOSTEROPS Vig.

365. ZOSTEROPS ABYSSINICA Guer.

Zosterops Abyssinica Guer., Rev. et Mag. de Zool., 1843, p. 162.
    —   Hartl., J. f. Orn., 1865, p. 9.
    —   Heugl., Orn. Nordost Afr., I, p. 413.

N'Diyko. — Rare. — Kita, Bakel, Bandoubé, Taalari, bords du Bakoy et du Bafing, Falémé, Bafoulabé, Banionkadougou, Gangaran.

Cette espèce Abyssinienne a été rapportée de la haute Sénégambie, par M. le Dr Colin.

366. ZOSTEROPS SENEGALENSIS C. Bp.

Zosterops Senegalensis C. Bp., Consp. Av., I, p. 399.
    —   — Hartl., Orn. W. Afr., p. 71.
    — *flava* Swain., Birds W. Afr., II, p. 43, pl. III.
    — *citrina* Hartl., Beitr. Orn. W. Afr., p. 22.

N'Diyko. — Peu commun. — Leybar, Thionk, Sorres, M'Bao, Hann, Ponte, Gandiole, Joalles, Casamence, Gambie, Mélacorée.

Fam. LAMPROTORNITHIDÆ C. Bp.

Gen. LAMPROTORNIS Temm.

367. LAMPROTORNIS ÆNEA Hartl.

Lamprotornis ænea Hartl., J. f. Orn., 1859, p. 9.
Turdus æneus Gm., S. N., I, p. 318.
Juida ænea Less., Trait. Orn., p. 407.
Merle à longue queue du Sénégal Buff., H. N., v. III, p. 369.
Le Vert-Doré Levaill., Ois. Afr., II, p. 146, pl. LXXXVII.

Hiara-Dyao. — Commun. — Kita, Bakel, Maina, Boukarié, Thionk, Leybar, Oualo, Cayor, Dakar, Hann, Rufisque, Deine, M'Bao, Gambie, Casamence, Bathurst, Daranka, Zekinkior.

Cette espèce, comme toutes celles de la famille des *Lamprotornithidæ*, est l'objet d'un important commerce comme Oiseau de parure. Elles sont désignées par les Européens sous le nom de *Merles métalliques*.

Le mode de nidification des *Lamprotornis* est, à peu de chose près, le même chez les diverses espèces. Ils établissent leurs nids, soit sur les grands arbres, soit dans les fourrés; il est fait de petites branches grossièrement enchevêtrées, et garni, au fond, de duvet et de substances molles; les œufs diffèrent peu comme coloration; ceux du *Lamprotornis ænea* ont une forme régulièrement ovoïde, c'est-à-dire qu'ils sont à peu près égaux aux deux extrémités; ils sont d'un beau vert foncé, brillant, avec des lignes et des taches brunes, plus abondantes au gros bout; ils mesurent 0,034^{mm} suivant leur axe et 0,021^{mm} dans leur plus grand diamètre (Pl. XXIX., fig. 13).

368. LAMPROTORNIS PURPUROPTERA Hartl.

Lamprotornis purpuroptera Hartl., J. f. Orn., 1859, p. 11.
—   *purpuropterus* Rüpp., Syst. Ueber. Vög., p. 75, pl. XXV.
—   *Burchelli* P. Wurt. (non Smith.), Coll. Mergenth.
—   *porphyroptera* Heugl., Orn. Nordost Afr., I, p. 511.
Juida æneoides C. Bp., Consp. Av., I, p. 415.

Hiara-Dyao. — Assez commun. — Kita, Bakel, Arondou, Makana, forêts de Taalari, Maina, Boukarié, Podor, Saldé.

Considéré jusqu'ici comme propre au Sennaar, au Kordofan et à l'Abyssinie, ce *Lamprotornis* descend dans la haute Sénégambie, où M. le Dr Colin l'a tué à différentes reprises et pendant toute l'année.

Gen. **LAMPROCOLIUS** Sundev.

369. LAMPROCOLIUS IGNITUS Hartl.

Lamprocolius ignitus Hartl., J. f. Orn., 1859, p. 13.
—   Hartl., Orn. W. Afr., p. 116.

Lela. — Assez rare. — Gambie, Casamence, Bathurst, Albreda, Zekinkior.

370. LAMPROCOLIUS SPLENDIDUS Hartl.

Lamprocolius splendidus Hartl., J. f. Orn., 1859, p. 14.
—   Hartl., Orn. W. Afr., p. 117.
Turdus splendidus Vieill., Encycl. Méth., p. 653.
Merle vert d'Angola Buff., Pl. Enl., 561.
Lamprotornis chrysonotis Swain., Birds W. Afr., I, p. 143, pl. VI.

Lela. — Assez commun. — Gambie, Casamence, Albreda, Zekinkior, Bathurst, Daranka, Sedhiou.

Le Gabon, Fernando-Po, le Congo font partie de l'aire d'habitat de cette espèce.

371. LAMPROCOLIUS AURATUS Hartl.

Lamprocolius auratus Hartl., J. f. Orn., 1859, p. 16.
      —   Hartl., Orn. W. Afr., p. 117.
Merle violet de Juida Buff., Pl. Enl., 540.
Le Couigniop Levaill., Ois. d'Afr., pl. XC.
Turdus auratus Gm., S. N., I, p. 819.

Lela. — Commun. — Podor, Dagana, Saldé, Thionk, Leybar, Diouk, Dakar, M'Bao, Hann, Rufisque, Deine, Daranka, Zekinkior, Sedhiou.

372. LAMPROCOLIUS CYANOTIS Swain.

Lamprocolius cyanotis Swain., Birds W. Afr., I, p. 146.
   —   —   Hartl., J. f. Orn., 1859, p. 17.
   —   *chalcurus* Hartl., Orn. W. Afr., p. 118.

Lela. — Assez commun. — Gambie, Casamence, Zekinkior, Albreda, Bathurst, Sedhiou, Daranka.

373. LAMPROCOLIUS CHALYBEUS Hartl.

Lamprocolius chalybeus Hartl., J. f. Orn., 1859, p. 21.
Lamprotornis chalybea Ehrenb., Symb. Phys. Av. d., I, t. X.
   —   *nitens* Rüpp., Syst. Ueber., p. 75.

Lela. — Rare. — Thionk, Diouk, Leybar, Galam, Oualo, Cayor.

Gen. **NOTAUGES** Cab.

374. NOTAUGES CHRYSOGASTER Cab.

Notauges chrysogaster Cab., Mus. Hein., I, p. 198.
— Hartl., J. f. Orn., 1859, p. 25.
Lamprotornis rufiventris Rüpp., Neue Wirb. Vög., t. II, f. 1, p. 24.
Merle à ventre orangé du Sénégal Buff., Pl. Enl., 358.
Spreo pulchra Gray, Handl., II, p. 25.

Lela-Dyai. — Rare. — Gambie, Casamence, Sedhiou, Daranka, Zekinkior, Sainte-Marie.

Gen **PHOLIDAUGES** Cab.

375. PHOLIDAUGES LEUCOGASTER Cab.

Pholidauges leucogaster Cab., Mus. Hein., I, p. 198.
— Hartl., J. f. Orn., 1859, p. 28.
Turdus leucogaster Gm., S. N., I, p. 819.
Lamprotornis leucogaster Swain., Birds W. Afr., I, p. 112, pl. VIII.
Merle violet à ventre blanc Buff., Pl. Enl., 293, f. 1.

Lela-Dyai. — Commun. — Gambie, Casamence, Sedhiou, Bathurst, Zekinkior, Albreda.

Le *Pholidauges leucogaster* se rencontre sur la plus grande partie du continent Africain; car il a été observé en Abyssinie, à Natal, dans le Damara, ainsi que sur la côte de Mozambique.

Gen. **OLIGOMYDRUS** Schiff.

376. OLIGOMYDRUS TENUIROSTRIS Schiff.

Oligomydrus tenuirostris Schiff., Mus. Frankof.
— Hartl., J. f. Orn., 1859, p. 34.
Lamprotornis tenuirostris Rüpp., Neue Wirb. Vög., p. 26, pl. X.

Lela-Dyai. — Très rare. — Kita, Arondou, Makana, Boukarié, Maina.

C'est encore une des espèces Abyssiniennes que l'on retrouve dans la haute Sénégambie, d'où l'a rapportée M. le Dr Colin.

Fam. **BUPHAGIDÆ** Swain.

Gen. **BUPHAGA** Lin.

377. BUPHAGA AFRICANA Lin.

Buphaga Africana Lin., Syst. Nat., I, p. 154; Strickl. et Sclat., Contr.
Orn., 1852, p. 149.
— Hartl., Orn. W. Afr., p. 120.
Le Pic-Bœuf Buff., Pl. Enl., 293.
— Levaill., Ois. Afr., pl. XCVII.

Serviett. — Commun. — Bakel, Podor, Dagana, Saldé, Thionk, Diouk, Dakar-Bango, Hann, Rufisque, Dakar, Oualo, Cayor, Gandiole.

378. BUPHAGA ERYTHRORHYNCHA Temm.

Buphaga erythrorhyncha Temm., Pl. Col., 465.
— Hartl., Orn. W. Afr., p. 121.
Tanagra erythrorhyncha Stanl., Salt. Trav., app., p. 59.
Buphaga Abyssinica Hemp. et Ehren., Symb. Phys. Av., Dec. I, t. IX.
— *Africanoides* Smith., Contr. Nat. Hist. S. Afr., p. 12.

Serviett. — Moins commun que l'espèce précédente; observé dans les mêmes localités, et de plus dans toute la région Sud, dite du bas de la côte : Albreda, Bathurst, Zekinkior, Daranka, Sedhiou, Méla-corée.

Fam. **GLAUCOPIDÆ** Swain.

Gen. **CRYPTORHINA** Wagl.

379. CRYPTORHINA AFRA Sharpe.

Cryptorhina Afra Sharpe, Cat. Brit. Mus., III, p. 75, 1877.
Corvus Afer Lin., Syst. Nat., I, p. 157.
    — *Senegalensis* Lin., Syst. Av., I, p. 158.
Ptilostomus Senegalensis Swain., Birds W. Afr., I, p. 135.
        — Hartl., Orn. W. Afr., p. 113.
La Pie du Sénégal Briss., Orn., II, p. 40, pl. III, f. 2.
Le Piapiac Levaill., Ois. Afr., pl. LIV.

Bajhaigne. — Commun. — Leybar, Thionk, Diouk, Dakar-Bango, Hann, Rufisque, M'Bao, Sainte-Marie, Zekinkior, Bathurst.

La femelle de cette espèce, dit M. Sharpe : « is altogether smaller than the male, and distinguised by the bill being yellow in life, tipped with black » (*loc. cit.*). Il donne au mâle une longueur totale moyenne de 0,425^{mm}, tandis que la femelle ne mesurerait que 0,300^{mm}.

Ces deux assertions sont complètement fausses; chez les nombreux individus que nous avons examinés, les mâles et les femelles ont une taille invariable de 0,410 à 0,415^{mm} en moyenne; en outre, le bec jaune, à pointe terminée de noir, est caractéristique du mâle adulte, celui de la femelle est au contraire entièrement noir; chez les jeunes, le bec est également de cette dernière couleur.

M. Sharpe observe en outre : « the specimen from the White Nile, is a much larger and finer bird, than any of the West-African ones »; et il donne comme longueur de cet oiseau 0,475^{mm}.

Trois spécimens de *Cryptorhina Afra* du Nil-Blanc, déposés dans les galeries du Muséum de Paris, ne diffèrent en rien des types Sénégambiens; comme eux, ils ont le même plumage, la même coloration du bec: comme eux aussi ils mesurent 0,410^{mm} de long.

Les œufs de cette espèce sont piriformes, d'un blanc violet pâle, couverts de taches et de points noirs et bruns très abondants au gros bout; ils mesurent 0,032^{mm} sur 0,019^{mm} (Pl. XXIX, fig. 14).

Fam. **CORVIDÆ** Swain.

Gen. **CORVUS** Lin.

380. **CORVUS SCAPULATUS** Daud.

Corvus scapulatus Daud., Trait. Orn., II, p. 232.
 — *curvirostris* Gould., P. Z. S. of Lond., 1836, p. 18.
 —   Hartl., Orn. W. Afr., p. 114.
La Corneille du Sénégal Montb., Pl. Enl., III, pl. CCCXXVII.

Bajhaïgne. — Assez commun. — Thionk, Diouk, Dakar-Bango, Deine, Hann, pointe du Cap-Vert, Rufisque, Sedhiou, Bathurst, Zekinkior, Albreda.

Cette espèce est propre à tout le continent Africain. Elle pond de quatre à cinq œufs, d'un blanc bleu, couverts de grosses taches brunes plus abondantes au gros bout; ils mesurent 0,037^{mm} dans leur grand axe et 0,024^{mm} dans leur plus grand diamètre (Pl. XXIX, fig. 15).

Gen. **CORONE** Kaup.

381. **CORONE CORONE** Sharpe.

Corone corone Sharpe, Cat. Birds Brit. Mus., III, p. 36.
Corvus corone Lin., Syst. Nat., I, p. 155.
 —   Dohrn, J. f. Orn., 1871, p. 3.

Archipel du Cap-Vert, Saint-Antoine *(Teste Dohrn).*

C'est sous toutes réserves et sur l'indication seule de M. Dohrn, que nous inscrivons, dans notre faune, cette espèce, qui nous est complètement inconnue en Afrique.

Fam. **PLOCEIDÆ** Gray.

Gen. **TEXTOR** Temm.

382. TEXTOR ALECTO Temm.

Textor alecto Temm., Pl. Enl., 446.
   —   Hartl., Orn. W. Afr., p. 131.
Alecto albirostris C. Bp., Consp. Av., I, p. 438.
Textor panicivorus Hartl., Orn. W. Afr., p. 131.
Loxia panicivora Lin., Syst. Nat., I, p. 302.

Omokom. — Commun. — Thionk, Leybar, Diouk, Deine, Rufisque, Joalles, Albreda, Zekinkior, Bathurst, Sedhiou.

La description du *Textor panicivorus,* telle que la donne Hartlaub (*loc. cit.*), ressemble tellement à celle du *Textor alecto,* que, sans le connaître autrement, nous croyons devoir l'inscrire en synonymie.

Gen. **SYCOBIUS** Vieill.

383. SYCOBIUS MELANOTIS C. Bp.

Sycobius melanotis C. Bp., Consp. Av., I, p. 438.
Ploceus melanotis Lafresn., Rev. Zool., 1839, p. 20, pl. VII.
   — *erytrocephalus* Rüpp., Syst. Ueber., p. 71.

N'Kéné — Assez rare. — Sedhiou, Albreda, Zekinkior, Mélacorée.

Gen. **PHILAGRUS** Cab.

384. PHILAGRUS SUPERCILIOSUS Cab.

Philagrus superciliosus Cab., Mus. Hein., I, p. 179.
Plocepasser superciliosus Hartl., Orn. W. Afr., p. 131.

Peu commun. — Gambie, Casamence, Mélacorée, Albreda, Sedhiou, Zekinkior, Bathurst.

Gen. **SPOROPIPES** Cab.

385. SPOROPIPES FRONTALIS Cab.

Sporopipes frontalis Cab., Mus. Hein., I, p. 179.
—   Hartl., Orn. W. Afr., p. 131.
Loxia frontalis Vieill., Ois. Chant., pl. XVI.
Amadina frontalis Rüpp., Neue Wirb. Vög., p. 101.

Peu commun. — Thionk, Diouk, Gandiole, Albreda, Sedhiou.

Gen. **NIGRITA** Strickl.

386. NIGRITA CANICAPILLA Hartl.

Nigrita canicapilla Hartl., Orn. W. Afr., p. 130.
Æthiops canicapilla Strickl., P. Z. S. of Lond., 1841, p. 30.

Soromaka. — Rare. — Gambie, Casamence, Mélacorée, Sedhiou, Bathurst, Zekinkior.

Cette espèce du Gabon et de Fernando-Po remonte dans la basse Sénégambie, où elle vit à l'état sédentaire, sur le bord des marigots.

387. NIGRITA BICOLOR Sclat.

Nigrita bicolor Sclat., Jard. Contr., 1852, p. 34.
—   Hartl., Orn. W. Afr., p. 130.
Pytelia bicolor Hartl., Very. Brem. Samml., p. 76.

Soromaka. — Peu commun. — Casamence, Gambie, Mélacorée, Zekinkior, Sedhiou, Albreda.

Gen. **QUELEA** Rchb.

388. QUELEA OCCIDENTALIS Hartl.

Quelea occidentalis Hartl., Orn. W. Afr., p. 129.
Emberiza quelea Lin., Syst. Nat., X, p. 177.

Saor. — Commun. — Podor, Bakel, Dagana, Thionk, Diouk, Leybar,
Gambie, Casamence, Mélacorée.

389. QUELEA ORIENTALIS Heugl.

Quelea orientalis Heugl., J. f. Orn., 1862, p. 27.
Ploceus sanguinirostris var 3 Sundev., Œfv., 1850, p. 126.
Hyphantica Æthiopica Heugl., Orn. Nordost Afr., I, p. 543.

Saor. — Moins commun que l'espèce précédente. — Kita, Bakel,
Gangaran, Banionkadougou, Maina, Boukarié.

Sous le nom d'*Hyphantica Æthiopica*, Heuglin (*loc. cit.*) décrit
trois races : 1° *Senegambische Rasse*, 2° *Sudafrikanische Rasse*,
3° *Sennaar Rasse*.

Les caractères assignés à ces RACES, caractères que nous avons
rencontrés sur d'innombrables échantillons minutieusement
étudiés sur place, permettent de les ériger au rang d'espèces.

Nous inscrivons la première sous le nom de *Quelea occidentalis*,
et avec Heuglin nous la décrivons de la manière suivante : *Gastræo fulvo albido ; capite cum cervice fulvescente vel roseo ; facie
cum gula fronteque nigris.*

La seconde, désignée sous le nom de *Quelea orientalis*, se
distingue par une taille plus forte, elle est en outre, *supra subtus
que magis fulvescens, gastræo fere toto flavo flavescente ; ventre
medio albo, sæpe roseo tincto ; caput cum cervice, pectori concolore,
flavo fulvescente ; genæ cum loris, gulaque, nigræ.*

16

Gen. **FOUDIA** Rchb.

390. FOUDIA ERYTHROPS Hartl.

Foudia erythrops Hartl., Orn. W. Afr., p. 129.
Ploceus erythrops Hartl., Rev. Zool., 1848, p. 109.

Tiobolt. — Assez commun. — Thionk, Diouk, Albreda, Sedhiou, Zekinkior, Bathurst, Mélacorée.

Gen. **HYPHANTORNIS** Gray.

391. HYPHANTORNIS BRACHYPTERUS C. Bp.

Hyphantornis brachypterus C. Bp., Consp. Av., 1, p. 440.
— Hartl., Orn. W. Afr., p. 121.
Ploceus brachypterus Swain., Birds W. Afr., I, p. 168, pl. X.

Rabkat. — Assez commun. — Thionk, Diouk, Leybar, Dakar-Bango, Sorres, M'Bao, Joalles, Rufisque, Gambie, Casamence.

Presque tous les *Hyphantornis* vivent en sociétés nombreuses, et se tiennent de préférence dans les Palétuviers, sur le bord des marigots; leurs nids, artistement tissés de larges feuilles de Graminées, ont une forme ovoïde à côtés aplatis; suspendus aux branches des arbres, ils pendent au-dessus de l'eau; l'Oiseau y pénètre par une ouverture circulaire ménagée à la base; chaque couple établit son nid à côté du nid de son voisin, et il n'est pas rare de voir, sur un espace de plusieurs mètres, les arbres littéralement couverts de ces élégantes constructions.

Ces Oiseaux sont désignés par les Européens sous le nom de *Gendarmes*.

392. HYPHANTORNIS OCULARIUS Hartl.

Hyphantornis ocularius Hartl., Orn. W. Afr., p. 122.
Ploceus ocularius A. Smith., Illust. Zool. S. Afr., pl. XXX, f. 1.

Rabkat. — Assez commun. — Mêmes localités que l'espèce précédente.

Les œufs de cette espèce, au nombre de quatre à six, présentent, sur un fond vert clair, des lignes et des taches d'un vert brun foncé, très abondantes au gros bout; leur grand axe mesure 0,022^{mm} et leur plus grand diamètre 0,012^{mm} (Pl. XXIX, fig. 16).

393. HYPHANTORNIS LUTEOLUS Hartl.

Hyphantornis luteolus Hartl., Orn. W. Afr., p. 123.
Fringilla luteola Licht., Doubl., p. 23.

Rabkat. — Assez commun. — Gambie, Casamence, Mélacorée, Bathurst, Albreda, Sedhiou, Zekinkior.

394. HYPHANTORNIS AURIFRONS Hartl.

Hyphantornis aurifrons Hartl., Orn. W. Afr., p. 123.
Ploceus aurifrons Temm., Pl. Col., 175, 176.

Rabkat. — Commun. — Thionk, Leybar, M'Bao, Diouk, Dakar-Bango, Sorres.

Cet *Hyphantornis* pond cinq œufs à fond grisâtre, ornés de taches brunes et vert clair formant une couronne au gros bout; ils ont 0,024^{mm} dans leur grand axe et 0,016^{mm} de diamètre (Pl. XXIX, fig. 17).

395. HYPHANTORNIS VITELLINUS Hartl.

Hyphantornis vitellinus Hartl., Orn. W. Afr., p. 124.
Fringilla vitellina Licht., Doubl., p. 23.

Rabkat. — Rare. — Thionk, Leybar, Diouk, M'Bao, Hann.

L'espèce se retrouve au Zambèze, d'après Livingston.

396. HYPHANTORNIS TEXTOR Hartl

Hyphantornis textor Hartl., Orn. W. Afr., p. 124.
Oriolus textor Gm., S. N., I, p. 392.
Fringilla Senegalensis Briss., Orn., III, p. 173.

Rabkat. — Commun. — Kita, Bakel, Saldé, Podor, Thionk, Dakar-Bango, Diouk, Albreda, Bathurst, Sedhiou.

397. HYPHANTORNIS CUCULLATUS Hartl.

Hyphantornis cucullatus Hartl., Orn. W. Afr., p. 125.
Ploceus cucullatus Swain., Birds W. Afr., II, p. 261.
Textor cucullatus C. Pp., Consp. Av., I, p. 441.

Rabkat. — Peu commun. — Mêmes localités que l'*Hyphantornis textor*.

398. HYPHANTORNIS SPILONOTUS Hartl.

Hyphantornis spilonotus Hartl., Orn. W. Afr., p. 125.
Ploceus spilonotus Vig., P. Z. S. of Lond., 1830, p. 92.
— *stictonotus* A. Smith., Illust. Zool. S. Afr., pl. LXVI, fig. 1.

Rabkat. — Rare. — Podor, Kouguel, Aroudou, Makana, Thionk, Diouk, M'Bao.

399. HYPHANTORNIS CASTANEOFUSCUS Hartl.

Hyphantornis castaneofuscus Hartl., Orn. W. Afr., p. 126.
Ploceus castaneofuscus Less., Rev. Zool. Soc. Cuv., 1840, p. 99.

Rabkat. — Rare. — Gambie, Casamence, Mélacorée, Albreda, Zekin-kior, Sedhiou, Bathurst.

Gen. **EUPLECTES** Swain.

400. EUPLECTES FLAMMICEPS Swain.

Euplectes flammiceps Swain., Birds W. Afr., I, p. 186, pl. XIII.
—   Hartl., Orn. W. Afr., p. 127.

Guessy. — Commun. — Thionk, Leybar, Diouk, M'Bao, Albreda, Sedhiou, Bathurst, Mélacorée.

Cette espèce paraît habiter tout le continent Africain.

401. EUPLECTES ORYX Rchb.

Euplectes oryx Rchb., Singv., p. 57.
—   Hartl., Orn. W. Afr., p. 128.
Loxia oryx Lin., in Vieill. Ois. Chant., pl. LXVI.

Doumdou. — Commun. — Kita, Bakel, Bakoy, Bafing, Falémé, Bathurst, Sedhiou, Thionk, Sorres, Gandiole.

402. EUPLECTES FRANCISCANUS Hartl.

Euplectes franciscanus Hartl., Beitr. Orn. W. Afr., p. 30.
—   —   Hartl., Orn. W. Afr., p. 128.
—   *ignicolor* Swain., Birds W. Afr., I, p. 184.
Fringilla ignicolor Vieill., Ois. Chant., pl. LIX.

Bobirama. — Commun. — Mêmes localités que les deux espèces précédentes.

403. EUPLECTES PHÆNICOMERUS Gray.

Euplectes phænicomerus Gray, Ann. And Mag. Nat. Hist., 1862.

Bobirama. — Assez commun. — Kita, Bakel, Saldé, Leybar, Diouk.

404. EUPLECTES MELANOGASTER Hartl.

Euplectes melanogaster Hartl., Orn. W. Afr., p. 128.
Loxia melanogastra Lath., I. O., I, p. 395.
Fringilla Abyssinica Vieill., Encycl. Méth., p. 953.

Assez commun. — Kita, bords de la Falémé, Diouk, Leybar, Albreda, Bathurst.

Gen. **SYMPLECTES** Swain.

405. SYMPLECTES JUNQUILLACEUS Hartl.

Symplectes junquillaceus Hartl., Orn. W. Afr., p. 134.
Ploceus junquillaceus Vieill., N. D. Hist. Nat., XXXIV, p. 130.
    — *tricolor* Temm., Mus. Lugd., 1855.
Le Républicain à ventre et gorge jaune Temm., Cat., 1807, p. 234.

Rare. — Gambie, Casamence, Mélacorée, Sedhiou, Albreda, Zekin-kior, Bathurst.

406. SYMPLECTES BICOLOR Hartl.

Symplectes bicolor Hartl., Orn. W. Afr., p. 135.
Ploceus bicolor Vieill., Encycl. Méth., p. 698.
    — *chrysogaster* Vig., P. Z. S. of Lond., 1830, p. 92.

Rare. — Mêmes localités que l'espèce précédente.

Fam. **VIDUIDÆ** Cab.

Gen. **PENTHETRIA** Cab.

407. PENTHETRIA MACROURA Cab.

Penthetria macroura Cab., Mus. Hein., I, p. 176.
Loxia macroura Gm., S. N., I, p. 845.

Collhostruthus macroura Hartl., Orn. W. Afr., p. 137.
Vidua chrysonotos Swain., Birds W. Afr., I, p. 178.
Moineau du royaume de Juida Buff., Pl. Enl., 183, f. 1.

Ompodo. — Assez commun. — Thionk, Leybar, Dakar-Bango, Diouk, Gambie, Casamence, Albreda, Zekinkior, Sedhiou, Bathurst.

L'aire d'habitat de cette espèce est assez étendue; on la retrouve au Gabon, à Angola, au Benguela, aux Aschanties et au Cap.

Toutes les espèces de la famille des Viduidæ, ainsi que celles des autres familles que nous allons examiner, sont le sujet d'un commerce des plus importants; sous le nom d'Oiseaux de volière, on les exporte par milliers, plus particulièrement de Saint-Louis.

408. PENTHETRIA ARDENS Cab.

Penthetria ardens Cab., Mus. Hein., I, p. 177.
Collhostruthus ardens Hartl., Orn. W. Afr., p. 138.
Vidua torquata Less., Compl., VIII, p. 278.
— *rubritorques* Swain., Birds W. Afr., I, p. 174.

Ompodo. — Assez rare. — Thionk, Diouk, M'Bao; observé exceptionnellement dans le haut fleuve, notamment à Kita et dans les régions arrosées par la Falémé.

Cette espèce établit son nid à l'enfourchure de deux branches, sur les arbres peu élevés; ce nid, composé de matériaux très menus, ordinairement de feuilles et de tiges de Graminées, est de forme ovoïde, et rappelle un peu celui de notre Pinson d'Europe; il contient de cinq à sept œufs d'un blanc rosé, ornés de larges taches et de stries bleues; leur grand axe mesure 0,017^{mm}, leur diamètre 0,011^{mm} (Pl. XXIX, fig. 18).

Gen. **VIDUA** Cuv.

409. VIDUA REGIA Hartl.

Vidua regia Hartl., Orn. W. Afr., p. 136.
Emberiza regia Lin., Syst. Nat., I, p. 313.

Jonkala. — Rare. — Gambie, Casamence, Mélacorée, Bathurst, Albreda, Sedhiou, Zekinkior.

410. VIDUA PRINCIPALIS Hartl.

Vidua principalis Hartl., Orn. W. Afr., p. 136.
Emberiza principalis Lin., Syst. Nat., I, p. 313.
Vidua Angolensis Briss., Orn., III, app., p. 80.

Jonkala. — Rare. — Kita, Bakel, Thionk, Leybar, Diouk, Dakar-Bango, Gambie, Casamence, Albreda, Sedhiou, Bathurst.

411. VIDUA HYPOCHERINA J. Verr.

Vidua hypocherina J. Verr., Rev. et Mag. de Zool., 1856, p. 260, pl. XVI.
— Hartl., Orn. W. Afr., p. 136.

Rare. — Gambie, Casamence, Mélacorée, Albreda, Zekinkior, Bathurst.

M. Oustalet (*Nouv. Arch. Mus.*, 1879, p. 141) fait observer « que les individus du *Vidua hypocherina* qui ont servi de types à la description de J. Verreaux (*loc. cit.*) ont été donnés en 1852 par le Commandant Guislain et sont indiqués comme venant *probablement* du Gabon ». Il serait porté à croire « que cette indication est inexacte; car cette espèce n'a pas été rencontrée dans ces derniers temps par les voyageurs qui ont exploré le cours de l'Ogooué ».

De ce qu'une espèce n'a pas été encore rencontrée sur les bords de l'Ogooué, est-on en droit de supposer qu'elle n'existe pas au Gabon? c'est, croyons-nous, trancher un peu trop prématurément la question. Quoi qu'il en soit, le *Vidua hypocherina* est une espèce Sénégambienne, localisée dans toute la région Sud, où nous l'avons personnellement observée et tuée à diverses reprises.

Gen. **STEGANURA** Rchb.

412. STEGANURA PARADISEA Hartl.

Steganura paradisea Hartl., Orn. W. Afr., p. 137.
Emberiza paradisea Lin., Syst. Nat., I, p. 312.
Vidua Africana Briss., Orn., III, p. 120.

Jonkala. — Assez commun. — Thionk, Leybar, forêts du Cayor, Galam, Gandiole, M'Bao, Hann, Gambie, Casamence.

Gen. **HYPOCHERA** C. Bp.

413. HYPOCHERA ÆNEA Hartl.

Hypochera ænea Hartl., J. f. Orn., 1854, p. 115.
— *nitens* C. Bp., Consp. Av., p. 450.
— — Hartl., Orn. W. Afr., p. 149.

Saor. — Assez commun. — Thionk, Leybar, Diouk, Galam, Gandiole, M'Bao, Joalles, Rufisque, Hann.

414. HYPOCHERA ULTRAMARINA Hartl.

Hypochera ultramarina Hartl., Orn. W Afr., p. 149.
— C. Bp., Consp. Av., I, p. 450.
Fringilla ultramarina Gm., S. N., I, p. 927.
L'Outremer Buff., Ois., IV, p. 16.

Saor. — Assez commun. — Habite les mêmes localités que l'espèce précédente.

Pour inscrire comme espèces distinctes ces deux *Hypochera,* considérés comme de simples variétés par plusieurs Ornithologistes, nous nous appuyons sur des caractères tout aussi importants que ceux invoqués par M. Sharpe, quand il établit une troisième espèce : l'*Hypochera nigerrima* provenant d'Angola, et dont les caractères reposent sur la teinte du plumage qui est *omnino niger,* au lieu d'être *nigro virescens,* ou *nigro cærulescens,* comme dans nos deux espèces.

Le type de M. Sharpe a été accepté! pourquoi les deux autres ne le sont-ils pas, quand ils ont pour parrains des Ornithologistes d'une valeur au moins égale à celle de M. Sharpe?

Fam. **COCCOTHRAUSTIDÆ** Swain.

Gen. **SPERMOSPIZA** Gray.

415. SPERMOSPIZA HÆMATINA Hartl.

Pl. XIX, fig. 1, 2, 3.

Spermospiza hæmatina Hartl., Orn. W. Afr., p. 138.
Loxia hæmatina Vieill., Ois. Chant., pl. LXVII.
Spermospiza guttata Hartl., Orn. W. Afr., p. 138.
Loxia guttata Vieill., Ois. Chant., pl. LXVIII.
— J. Verr., Rev. et Mag. de Zool., 1852, p. 312.

Sagor. — Assez commun. — Gambie, Casamence, Mélacorée, Albreda, Sedhiou, Bathurst, Zekinkior.

Dans une savante note sur le genre *Spermospiza,* J. Verreaux (*loc. cit.*) a cherché à prouver « que les *Spermospiza hæmatina* et *guttata* de Vieillot formaient deux espèces distinctes, et que le *Spermospiza guttata* représentait la femelle de l'espèce, dont le mâle était inconnu à Vieillot et pour lequel, malgré cela, le nom doit être maintenu en vertu des droits de priorité ».

Cette manière de voir semble avoir été généralement acceptée; dans tous les cas, les caractères sexuels sont admis, et les individus *à taches blanches, arrondies, sont indiqués positivement comme des femelles.*

Nous regrettons d'être si souvent en contradiction avec certains Ornithologistes, mais la vérité, basée sur une observation directe et scrupuleuse, nous fait un devoir de ne pas transiger.

L'éducation de quatre couvées nous a péremptoirement démontré que les *Spermospiza hæmatina* et *guttata ne sont qu'une seule et même espèce;* que le *guttata* indiqué comme femelle *est un jeune,* tandis que le type décrit sous le nom d'*hæmatina est la femelle* de ce même *guttata.*

Les descriptions du mâle, de la femelle et du jeune de cette unique espèce, que nous désignons sous le nom d'*hæmatina* (1), descriptions établies sur *dix-sept individus,* provenant de nos *quatre couvées,* sont les suivantes :

Adulte ♂ (Pl. XIX, fig. 1). — En dessus d'un noir lustré à reflets bleuâtres; rémiges de même couleur; les secondaires et les rectrices teintées de fauve foncé; région oculaire, joues, cou, poitrine ainsi qu'une partie du ventre et les couvertures supérieures de la queue d'un rouge laque excessivement vif; sous-caudales noires, une bande de même couleur sur le milieu de la région abdominale; bec d'un bleu d'acier brillant, en dessus et en dessous de chaque mandibule; le centre de ces dernières d'un jaune vif; iris brun; pieds brun rougeâtre.

Adulte ♀ (Pl. XIX, fig. 2). — En dessus noir lustré à reflets bleuâtres comme chez le mâle, ainsi que la queue, les sous-caudales et la ligne médio-abdominale; toute la région parotidienne noire, ainsi que les couvertures supérieures de la queue; bec bleu d'acier brillant à pointe jaune; iris brun; pieds fauve pâle.

Jeune ♂ (Pl. XIX, fig. 3). — Toutes les parties supérieures d'un brun teinté de noir; tête et région parotidienne lavées de rouge vineux; gorge et une partie de la poitrine rouges, ondées de blanc jaunâtre; poitrine, flancs, couvertures supérieures de la queue, rouge laque; abdomen noir, maculé de taches arrondies blanches cerclées de noir; bec comme chez la femelle; iris d'un brun pâle; pieds brun foncé.

La taille du mâle et de la femelle est exactement la même; seuls, les jeunes offrent des dimensions un peu moins considérables.

---

(1) Les noms d'*hæmatina* et de *guttata,* ayant été créés par Vieillot à la même époque, nous choisissons celui d'*hæmatina* comme étant le plus propre à caractériser l'espèce.

Gen. **PYRENESTES** Swain.

416. PYRENESTES OSTRINUS Gray.

Pyrenestes ostrinus Gray, Gen. of Birds, II, p. 356.
—   Hartl., Orn. W. Afr., p. 139.
Loxia ostrina Vieill., Ois. Chant., pl. XLVIII.

Sagor. — Rare. — Gambie, Casamence, Albreda, Sedhiou, Zekinkior.

417. PYRENESTES PERSONATUS Dubus.

Pyrenestes personatus Dubus, Bull. Ac. Brux., 1855, XXII, p. 151.
—   Hartl., Orn. W. Afr., p. 139.

Sagor. — Peu commun. — Thionk, Diouk, Leybar, Gandiole, Dakar-Bango, Hann, Ponte, Joalles, Rufisque, Gambie, Mélacorée, Albreda, Sedhiou, Bathurst, Zekinkior.

Fam. **SPERMESTIDÆ** Cab.

Gen. **SPERMESTES** Swain.

418. SPERMESTES CUCULLATA Swain.

Spermestes cucullata Swain., Birds W. Afr., I, p. 201.
—   Hartl., Orn. W. Afr., p. 147.

Nar. — Peu commun. — Gambie, Casamence, Bathurst, Sedhiou, Joalles, Daranka.

419. SPERMESTES POENSIS Hartl.

Spermestes Poensis Hartl., Orn. W. Afr., p. 148.
Amadina Poensis Frass., P. Z. S. of Lond., 1842, p. 145.

Nar. — Assez rare. — Gambie, Casamence, Bathurst, Sedhiou.

C'est avec raison que cette espèce du Gabon, et de Fernando-Po, est indiquée par Hartlaub (*loc. cit.*) comme obseivée en Casamence.

420. SPERMESTES FRINGILLOIDES Hartl.

Spermestes fringilloides Hartl., Orn. W. Afr., p. 147.
Ploceus fringilloides Lafr., Mag. Zool., 1835, pl. XLVIII.

Nar. — Peu commun. — Thionk, Leybar, Sorres, Gandiole, Casamence, Gambie, Mélacorée.

M. Oustalet (*N. Arch. Mus.*, 1879, p. 112) indique cette espèce à Liberia, au Gabon et à Zanzibar.

Gen. UROLONCHA Cab.

421. UROLONCHA CANTANS Cab.

Uroloncha cantans Cab., Mus. Hein., I, p. 173.
Amadina cantans Hartl., Orn. W. Afr., p. 147.
Loxia cantans Gm., S. N., I, p. 859.

Narnajh. — Commun. — Thionk, Leybar, Diouk, Dakar-Bango, Dakar, Joalles, Rufisque, Hann, Ponte.

Gen. AMADINA Swain.

422. AMADINA FASCIATA Hartl.

Amadina fasciata Hartl., Orn. W. Afr., p. 146.
Loxia fasciata Gm., S. N., I, p. 859.
Sporothlastes fasciatus Cab., Mus. Hein., I, p. 173.

Tiehe. — Commun. — Thionk, Leybar, Diouk, Dakar, Joalles, Rufisque, Hann, Ponte, Gambie, Casamence, Sedhiou.

Gen. **ORTYGOSPIZA** Sundev.

423. ORTYGOSPIZA ATRICOLLIS Cass.

Ortygospiza atricollis Cass., Proc. Ac. N. Sc. Phil., 1859, p. 138
Fringilla atricollis Vieill., Encycl. Méth., p. 990.
Ortygospiza polyzona Sundev., Œfv. K. Vet. Ak. Forh., 1850.
    —   Hartl., Orn. W. Afr., p. 148.

Tiehejh. — Commun. — Habite les mêmes localités que l'espèce précédente.

Gen. **ESTRILDA** Swain.

424. ESTRILDA CINEREA Gray.

Estrilda cinerea Gray, Gen. of Birds, II, p. 368.
    —   Hartl., Orn. W. Afr., p. 141.
Fringilla cinerea Vieill., Encycl. Méth., p. 986.
Estrelda troglodytes C. Bp., Consp. Av., I, 459.
Habropyga cinerea Cab., Mus. Hein., I, p. 169.

Ramatou. — Commun. — Gambie, Casamence, Sedhiou, Albreda, Zekinkior, Bathurst.

Ce sont surtout les espèces de ce genre, que chassent les Noirs et que les commerçants Européens recherchent comme Oiseaux de volière. Comme nous l'avons déjà observé, des quantités considérables de ces Oiseaux sont expédiés en Europe plusieurs fois chaque année.

425. ESTRILDA ASTRILD Swain.

Estrilda astrild Swain., Zool. Journ., 1827, III, p. 349.
Loxia astrild Lin., Syst. Nat., I, p. 852.
Estrilda occidentalis Jard., Contr. Orn., 1851, p. 156.
    —   Hartl., Orn. W. Afr., p. 140.
   —   *rubriventris* Gray, Gen. of Birds, II, p. 368.
    —   Hartl., Orn. W. Afr., p. 141.

Ramatou. — Commun. — Thionk, Leybar, Diouk, Sorres, Dakar-Bango, Daranka, Bathurst, Albreda, Hann, Ponte, Joalles, Rufisque.

Cette espèce est répandue sur tout le continent Africain.

426. ESTRILDA MELPODA Hartl.

Estrilda melpoda Hartl., Orn. W. Afr., p. 141.
Fringilla melpoda Vieill., Encycl. Méth., p. 991.
Melpoda melpoda Gray, Handl. Birds, II, p. 51.

Ramatou. — Assez commun. — Gambie, Casamence, Mélacorée, Zekinkior, Sedhiou, Bathurst, Albreda.

427. ESTRILDA VIRIDIS Gray.

Estrilda viridis Gray, Gen. of Birds, II, 369.
    —   Hartl., Orn. W. Afr., p. 142.
Fringilla viridis Vieill., Encycl. Méth., p. 988.

Ramatou. — Rare. — Thionk, Leybar, Diouk, Sorres, Joalles, Rufisque.

428. ESTRILDA SUBFLAVA Hartl.

Pl. XX, fig. 1, 2, 3.

Estrilda subflava Hartl., Orn. W. Afr., p. 144.
Fringilla subflava Vieill., N. Dict. H. N., XXX, p. 575.
    —   *sanguinolenta* Temm., Pl. Col., 221, f. 2.

Ramatou. — Commun. — Thionk, Diouk, Dakar-Bango, Hann, Joalles, Albreda, Zekinkior, Sedhiou.

Cette espèce, que nous figurons d'après un de nos exemplaires en plumage d'amour (Pl. XX, fig. 1), construit son nid sur les arbres peu élevés; ce nid, de petit volume et de forme ovoïde,

est uniquement composé de feuilles desséchées de Graminées
(Pl. XX, fig. 2); il contient sept ou huit œufs arrondis d'un blanc
violacé, ornés de points ou de taches allongées violettes; ils
mesurent 0,015ᵐᵐ dans leur grand axe et 0,011ᵐᵐ de diamètre
(Pl. XX, fig. 3).

429. ESTRILDA CÆRULESCENS Swain.

Estrilda cærulescens Swain., Birds W. Afr., I, p. 195.
Fringilla cærulescens Vieill., Encycl. Méth., p. 986.
Lagonosticta cærulescens Cab., Mus. Hein., I, p. 172.

Ramatou. — Assez commun. — Gambie, Casamence, Mélacorée,
Sedhiou, Bathurst, Albreda, Zekinkior.

Les œufs de cette espèce, au nombre de six par nid, sont d'un
verdâtre pâle, couverts de petites taches allongées rouges; ils
mesurent 0,015ᵐᵐ de long sur 0,009ᵐᵐ de large (Pl. XXIX, fig. 19).

430. ESTRILDA SAVATIERI Rochbr.

Pl. XXI, fig. 1.

Estrilda Savatieri Rochbr., Bull. Soc. Phil., 2 août 1883.

E. — SUPRA OLIVACEA ; PILEO ET CERVICE INTENSE PLUMBEIS; REGIONE
PAROTICA, MENTO, PECTOREQUE, PALLIDE CÆRULESCENTE CINEREIS; URO-
PYGIO ET RECTRICIBUS CAUDÆ SUPERIORIBUS, RUBRO AURANTIACIS; ABDO-
MINE LÆTE LUTEO; CAUDA CASTANEO NIGRA; ROSTRO SUPRA NIGRICANTE,
INFRA RUBRO; IRIDE RUBRO; PEDIBUS FULVIS.

Tête et cou d'un cendré de plomb tirant sur le brun; dos et
ailes d'un vert olive foncé; croupion et couvertures supérieures
de la queue d'un rouge orangé brillant; joues, menton, gorge et
poitrine d'un gris bleuâtre de perle; ventre jaune pâle; flancs
d'un jaune brunâtre; sous-caudales de même couleur; rémiges
olive brun, bordées de noir; rectrices médianes d'un noir marron,

les latérales olivâtres ; mandibule supérieure brune, l'inférieure rouge carmin ; iris, de cette dernière teinte ; pieds brun pâle.

Longueur totale	87	millimètres.
— de l'aile	45	—
— de la queue	30	—
— du bec	6	—
— du tarse	16	—

Ramatou. — Assez commun. — Thionk, Leybar, Diouk, Sorres, pointe de Barbarie.

Voisine de l'*Estrilda quartinia* C. Bp., cette espèce, que nous devons à notre excellent ami M. le Dr Ludovic Savatier, Médecin en chef de la Marine, s'en différencie : par la teinte gris de perle des joues, du menton et de la gorge, régions d'un noir profond chez l'*Estrilda quartinia;* par son croupion et les couvertures supérieures de la queue, d'un rouge orange et non pas rouge vif; par ses sous-caudales jaune brunâtre et non d'un jaune pâle ; par l'absence de rayures noires sur les rectrices latérales; par ses flancs jaune brunâtre et non pas gris; enfin par ses pieds brun pâle et non noirâtres.

431. ESTRILDA QUARTINIA C. Bp.

Estrilda quartinia C. Bp., Consp. Av., I, p. 461.
      — *flaviventris* Heugl., Ueber Vög. N. O. Afr., p. 40.

Ramatou. — Assez commun. — Kita, Bakel, Saldé, Dagana, Gambie, Casamence, Sedhiou.

L'*Estrilda quartinia,* de l'Abyssinie et de la côte d'Angola, habite la haute et la basse Sénégambie; M. le Dr Colin l'a rapporté du haut fleuve et nous-même l'avons observé dans le Sud.

La description des plus exactes, que M. Barboza du Bocage a donnée de cette espèce (*Orn. Ang.,* p. 360), permet d'établir les caractères qui la distinguent de notre *Estrilda Savatieri.*

17.

432. ESTRILDA PERREINI Hartl.

Pl. XXI, fig. 2.

Estrilda Perreini Hartl., Orn. W. Afr., p. 143.
Fringilla Perreini Vieill., N. Dict. H. N., XXVI, p. 181.

Ramatou. — Assez commun. — Gambie, Casamence; rare dans le haut fleuve, Kita, Bakel, Makana, Arondou, Taalari.

Nous devons l'exemplaire que nous figurons à l'obligeance de M. le Dr Colin; il provient des environs de Kita.

Gen. LAGONOSTICTA Cab.

433. LAGONOSTICTA VINACEA Hartl.

Lagonosticta vinacea Hartl., Orn. W. Afr., p. 143.

Ramatou. — Commun. — Gambie, Casamence, Sedhiou, Albreda; plus rare dans le Nord et l'Ouest, Kita, Bakel, Sorres, Thionk, Diouk.

434. LAGONOSTICTA SENEGALA Gray.

Lagonosticta Senegala Gray, Gen. of Birds, II, p. 369.
Senegalus ruber Briss., Orn., III, p. 208.
Sénégali rouge Buff., Pl. Enl., 157, f. 1.

Ramatou. — Commun. — Mêmes localités que l'espèce précédente, et toute la Sénégambie.

435. LAGONOSTICTA RUFOPICTA Hartl.

Lagonosticta rufopicta Hartl., Orn. W. Afr., p. 143.
Estrelda rufopicta Fras., P. Z. S. of Lond., 1843, p. 27.

Ramatou. — Assez rare. — Kita, Arondou, Makana, Tombocané.

Cette espèce, généralement indiquée au Cap, à Angola, au Fanti, a été observée dans la haute Sénégambie par M. le D\u02b3 Colin, qui nous l'a communiquée.

436. LAGONOSTICTA MINIMA Cab.

Lagonosticta minima Cab., Mus. Hein., I, p. 172.
— Hartl., Orn. W. Afr., p. 144.
Fringilla minima Vieill., Encycl. Méth., p. 992.

Ramatoutout. — Commun. — Se rencontre dans toute la Sénégambie.

Gen. **URAEGINTHUS** Cab.

437. URAEGINTHUS PHÆNICOTIS Cab.

Uraeginthus phænicotis Cab., Mus. Hein., I, p. 171.
— Hartl., Orn. W. Afr., p. 145.
Fringilla benghalus Lin., Syst. Nat., I, p. 323.

Siramakomba. — Assez commun. — Kita, Bakel, Aroudou, Gangaran, Sedhiou, Bathurst, Babagaye, Kœza, Safal.

438. URAEGINTHUS GRANATINUS Gurney.

Uraeginthus granatinus Gurney, in Anders. B. Damara, p. 180.
— Cab., Mus. Hein., I, p. 171.
— Hartl., Orn. W. Afr., p. 144.
Fringilla granatina Lin., Syst. Nat., I, p. 319.

Simarakomba. — Peu commun. — Gambie, Casamence, Albreda, Zekinkior, Bathurst, Sedhiou.

Cette espèce du Sud de l'Afrique remonte dans la basse Sénégambie, où nous en avons tué des exemplaires.

Gen. **PYTELIA** Swain.

439. PYTELIA MELBA Strickl.

Pytelia melba Strickl., Contr. Orn., 1852, p. 151.
—   Hartl., Orn. W. Afr., p. 145.

Simarakomba. — Rare. — Thionk, Dakar-Bango, Gandiole, Hann, Ponte, Gambie, Casamence, Zekinkior.

440. PYTELIA PHÆNICOPTERA Swain.

Pytelia phænicoptera Swain., Birds W. Afr., I, p. 203, pl. XVI.
—   Hartl., Orn. W. Afr., p. 145.
Estrilda erythroptera Less., Ech. du Monde Sav., 1844, p. 295.

Simarakomba. — Peu commun. — Vit dans les mêmes localités que son congénère.

Fam. **FRINGILLIDÆ** Vig.

Gen. **PASSER** Briss.

441. PASSER SWAINSONII C. Bp.

Passer Swainsonii C. Bp., Consp. Av., I, p. 510.
—   Rüpp., Syst. Ueber., n° 295.

Dialack. — Assez commun. — Kita, Bakel, Makana, Arondou, Gangaran, Maina.

442. PASSER SIMPLEX Hartl.

Passer simplex Hartl., Orn. W. Afr., p. 150.
Pyrgita simplex Swain., Birds W. Afr., I, p. 208.
—   *gularis* Less., Rev. Zool., 1839, p. 45.

Dialack. — Assez commun. — Thionk, Diouk, Sorres, Dakar-Bango, Joalles, Rufisque, Bathurst.

443. PASSER DIFFUSUS C. Bp.

Passer diffusus C. Bp., Consp. Av., I, p. 511.
    —   Hartl., Orn. W. Afr., p. 151.
Pyrgita diffusa Smith., Rep. of Exp. C. Afr., p. 50.

Dialackba. — Assez commun. — Joalles, Bathurst, Sedhiou, Albreda, Zekinkior.

L'examen attentif d'un nombre considérable d'individus, que nous avons eus en mains, soit vivants, soit provenant de nos récoltes personnelles ou de celles de nos chasseurs, nous ont pleinement convaincu de l'existence des trois espèces précitées.

Cette opinion a été émise, avant nous, par M. Sharpe (*P. Z. S. of Lond.*, 1870, p. 143) et par M. Gurney (*in Anders. B. Damara*, p. 188); les différences de taille et de coloration ne peuvent permettre de confondre ces trois types sous une seule et même appellation.

M. Sharpe est porté à les considérer comme races géographiques. Notre opinion sur les races est assez connue pour que nous n'insistions pas; nous ferons observer, cependant, que nos trois espèces paraissent occuper plus particulièrement, chacune, une aire limitée : au Nord de la Sénégambie appartient, en effet, le *Passer Swainsonii;* le *Passer simplex* ne se rencontre guère que dans l'Ouest proprement dit, tandis que le *Passer diffusus* occupe la région Sud.

444. PASSER JAGOENSIS Gould.

Passer jagoensis Gould, Voy. Beagle Birds, 95, tab. 31.
Pyrgita jagoensis Gould, P. Z. S. of Lond., 1837, p. 77.
Passer italiæ Peale., Unit. St. Expl. Exp., 1848.

Archipel du Cap-Vert, île Saint-Vincent.

D'après Dohrn (*J. f. Orn.*, 1871, p. 3), sur la foi duquel nous inscrivons cette espèce, elle apparaîtrait en Janvier, à l'île de Saint-Vincent.

445. PASSER SALICICOLUS Cab.

Passer salicicolus Cab., Mus. Hein., I, p. 155.
Fringilla salicicola Vieill., Faun. Franç., p. 417.
Passer salicarius Keys, Wirb. Eur., p. 40.
— *hispaniolinsis* Degl., Orn. Eur., I, p. 244.

Archipel du Cap-Vert, îles Saint-Vincent et Saint-Antoine.

C'est également sur l'affirmation de Dohrn que nous citons cette seconde espèce, qui, elle aussi, serait de passage à l'Archipel du Cap-Vert.

Fam. PYRRHULIDÆ Swain.

Gen. CRITHAGRA Swain.

446. CRYTHAGRA BUTYRACEA Gray.

Crythagra butyracea Gray, Gen. of Birds, II, 384.
Fringilla butyracea Vieill., Encycl. Méth., p. 976.

Sagou. — Rare. — Gambie, Casamence, Albreda, Sedhiou, Bathurst, Zekinkior.

447. CRYTHAGRA MUSICA Hartl.

Crythagra musica Hartl., Orn. W. Afr., p. 149.
— *leucopygia* Sundev., Œfv. Vet. Ak. Forh., 1850, p. 127.
Sénégali chanteur Vieill., Ois. Chant., pl. II.

Sagou. –- Assez commun. — Thionk, Diouk, Leybar, Sorres, Joalles, Rufisque, Sedhiou, Bathurst, Zekinkior, Albreda.

Fam. **EMBERIZIDÆ** Vig.

Gen. **FRINGILLARIA** Swain.

448. FRINGILLARIA FLAVIVENTRIS Hartl.

Fringillaria flaviventris Hartl., Orn. W. Afr., p. 151.
Passerina flaviventris Vieill., Encycl. Méth., p. 929.
Ortolan à ventre jaune Buff., Pl. Enl., 664, f. 2.

Ishosho. — Commun. — Kita, Bakel, Richard-Toll, N'Bilor, Babagaye, Safal, Bering, Cagnout, Maloumb, Bathurst, Albreda.

449. FRINGILLARIA SEPTEMSTRIATA Hartl.

Fringillaria septemstriata Hartl., Orn. W. Afr., p. 152.
Emberiza septemstriata Rüpp., Abyss. Wirb. Vög., t. XXX, f. 2.
    —   *Tahapisi* Smith., Rep. of Exp. C. Afr., p. 48.

Ishosho. — Assez commun. — Habite les mêmes localités que l'espèce précédente.

Fam. **ALAUDIDÆ** Boie.

Gen. **CORAPHITES** Cab.

450. CORAPHITES LEUCOTIS Cab.

Coraphites leucotis Cab., Mus. Hein., I, p. 124.
Pyrrhulauda leucotis Hartl., Orn. W. Afr., p. 154.
Alauda melanocephala Licht., Doubl., p. 28.

N'Diobaye. — Assez commun. — Saldé, Richard-Toll, Thionk, Dakar-Bango, Bathurst, Daranka, Sedhiou.

Heuglin (*Orn. Nordost Afr.*, I, p. 670) indique avec doute cette espèce comme existant au Cap-Vert, nous ne la connaissons pas de cette localité.

451. CORAPHITES FRONTALIS Cab.

Coraphites frontalis Cab., J. f. Orn., 1868, p. 218.
Alauda frontalis C. Bp., Consp. Av., I, p. 512.
Pyrrhulauda albifrons Blanf., Voy. Abyss., p. 391.
— *nigriceps* Dohrn, J. f. Orn., 1871, p. 3.

Archipel du Cap-Vert, île de Santiago. Teste Dohrn *(loc. cit.)*

Gen. **ALAUDA** Lin.

452. ALAUDA GORENSIS Vieill.

Alauda Gorensis Vieill., Encycl. Méth., p. 320.
— Sparm., Mus. Carlson., t. 1C.
— Lath., Gen. Hist., Vol. IV, p. 298.
— Hartl., Orn. W. Afr., p. 153.

Sénégal (Sparm.). Teste Hartlaub *(loc. cit.)*.

Nous ne connaissons pas cette espèce et nous la citons simplement sur la foi d'Hartlaub.

453. ALAUDA ARVENSIS Lin.

Alauda arvensis Lin., Syst. Nat., I, p. 287.
Alouette ordinaire Buff., Pl. Enl., 363, f. 1.

N'Diobaye. — Assez rare. — Portendik, Cap Mirik, Argain, Elimané, Aleb, Jarra, Kaiedé.

Cette espèce, de passage pendant l'hivernage, se tient à la limite du désert et sur la lisière des forêts de Gommiers.

Gen. **GALERITA** Boie.

454. GALERITA SENEGALENSIS c. Bp.

Galerita Senegalensis C. Bp., Consp. Av., I, p. 245.
       —   Hartl., Orn. W. Afr., p. 153.
Alauda Senegalensis Gm., S. N., I, p. 797.
Alauda cristata Senegalensis Briss., Orn., III, p. 362.

N'Diobaye. — Assez commun. — Sorres, Leybar, Diouk, Joalles, Albreda, Bathurst.

Considéré par quelques-uns comme variété locale du *Galerita cristata* d'Europe, le *Galerita Senegalensis* s'en distingue par sa taille et son mode de coloration; c'est un Oiseau sédentaire en Sénégambie, où nous n'avons jamais rencontré le type Européen.

Les œufs de cette espèce, au nombre de quatre ou cinq, sont d'un blanc rosé, pictés de points et de lignes d'un brun rougeâtre; ils mesurent 0,022^{mm} dans leur grand axe et 0,015^{mm} dans leur grand diamètre (Pl. XXIX, fig. 20).

Gen. **CALANDRELLA** Kaup.

455. CALANDRELLA DESERTI c. Bp.

Calandrella deserti C. Bp., Consp. Av., I, p. 244.
Alauda deserti Licht., Doubl., p. 28.
Ammomanes deserti Cab., Mus. Hein, I, p. 123.

N'Diobaye. — Rare. — Kaiedé, Argain, Portendik, Agnitier, Aleb, Farani, Jard, Gaser-El-Barka.

Cette espèce, d'Algérie, de Lybie, de Palestine, fait parfois une courte apparition en Sénégambie, au moment de l'hivernage; elle se tient alors sur la limite Nord-Est du Sahara.

456. CALANDRELLA CINCTURA Gould

Calandrella cinctura Gould, Voy. Beagl. Birds, p. 87.
Alauda cinctura Dohrn, J. f. Orn., 1871, p. 3.
Ammomanes pallida Cab., Mus. Hein., I, p. 125.
    —   *arenicolor* Sundev., Œfv. Vet. Ak. Forh., 1850, p. 128.

Archipel du Cap-Vert, île Santiago, plateau de Porto-Praya; Test.
Dohrn *(loc. cit.)* et Heugl. *(Orn. Nordost Afr.,* I, p. 686).

Gen. CERTHILAUDA Swain.

457. CERTHILAUDA NIVOSA Swain.

Certhilauda nivosa Swain., Birds W. Afr., I, p. 213.
    —   Hartl., Orn. W. Afr., p. 153.

N'Diobaye. — Peu commun. — Kita, Bakel, Podor, Joalles, Rufisque,
Cayor, Oualo, Galam.

Les œufs du *Certhilauda nivosa,* au nombre de quatre, sont
d'un jaune verdâtre, ornés de larges taches d'un brun violet
plus abondantes au gros bout; ils mesurent $0,024^{mm}$ sur $0,017^{mm}$
(Pl. XXIX, fig. 21).

Fam. PITTIDÆ Strickl.

Gen. PITTA Temm.

458. PITTA ANGOLENSIS Vieill.

Pitta Angolensis Vieill., N. Dict. H. N., IV, p. 356.
    —   Hartl., Orn. W. Afr., p. 74.
Brachyurus Angolensis Ell., Monogr. Pitt., t. 5.
Pitta pulih Fras., P. Z. S. of Lond., 1842, p. 190.

Naka N'Tyeye. — Rare. — Gambie, Casamence, Sedhiou, Daranka.

Le *Pitta Angolensis* est une des espèces les plus rares de la Sénégambie; nous ne pouvons douter de sa présence dans la région Sud, puisque nous en possédons un spécimen authentique tué sur les bords de la Casamence.

Comme le fait observer M. Barboza du Bocage (*Orn. Ang.*, p. 240), le bec et les pieds sont rouge laque, et non pas noirs ou noirâtres, suivant Vieillot et Hartlaub.

Nous avons eu la bonne fortune de nous procurer un œuf de *Pitta Angolensis;* il est d'un vert pâle picté de brun rouge et porte au centre une couronne de taches de la même couleur; de forme régulièrement ovoïde, il mesure $0{,}027^{mm}$ sur $0{,}017^{mm}$ (Pl. XXIX, fig. 22).

COLUMBI Illig.

Fam. TRERONIDÆ Gray.

Gen. TRERON Vieill.

459. TRERON WAALIA Heugl.

Treron Waalia Heugl., Orn. Nordost Afr., I, p. 817.
Waalia Bruce, Trav. Abyss., IV, p. 212.
Columba Abyssinica Lath., Ind. Orn., Supp., p. 40.
Treron Abyssinica Hartl., Orn. W. Afr., p. 193.
Vinago Abyssinica Cuv., R. An., I, p. 492.

Mpetajhe. — Assez rare. — Gambie, Casamence, Mélacorée, Albreda, Bathurst, Zekinkior.

L'espèce habite le Gabon, le Zambèze, le Sud de l'Afrique, la Guinée, etc.

460. TRERON CALVA Gray

Treron calva Gray, Gen. of Birds, II, p. 467.
— Hartl., Orn. W. Afr., p. 192.

Columba calva Temm., Pig. Gall., I, p. 63.
Treron nudirostris Reich., Nat. Syst., Tf. p. 244.
   —   Hartl., Orn. W. Afr., p. 192.
Vinago nudirostris Swain., Birds W. Afr., II, p. 205.
Treron crassirostris Fras., Zool. Typ., XXVI, p. 60.
  — *nudifrons* B. du Boc., Jorn. Lisb., 1867, p. 144.

Mpetajhe. — Commun. — Kita, Dagana, Bakel, Thionk, Leybar, Sorres, Albreda, Diataconda, Bathurst, Mélacorée.

A l'exemple d'Heuglin (*Orn. Nordost Afr.*, p. 821), nous considérons les *Treron calva* et *nudirostris* comme ne formant qu'une même espèce. La seule différence invoquée en faveur de leur distinction repose uniquement sur l'étendue plus ou moins grande de la nudité rostrale; quoi qu'en dise Swainson (*loc. cit.*), la forme du bec est la même; le plumage est identique; l'examen comparatif d'un nombre assez grand d'individus nous a convaincu que le caractère invoqué est purement et simplement un effet de l'âge; aux sujets jeunes répond le *Treron nudirostris,* aux spécimens âgés, le *Treron calvus.*

Fam. **COLUMBIDÆ** Swain.

Gen. **COLUMBA** Lin.

461. COLUMBA GUINEENSIS Briss.

Columba Guineensis Briss., Orn., I, p. 132.
  — *Guinea* Gm., S. N., I, p. 774.
Strictænas Guinea C. Bp., Consp. Av., II, p. 50.

Dome. — Assez commun. — Saldé, Podor, Kita, Bakel, Joalles, Daranka, Bathurst, Zekinkior.

462. COLUMBA MALHERBEI J. Verr.

Columba Malherbei J. Verr., Rev. et Mag. de Zool., 1851, p. 514.
  — *chalcauchenia* Gray, Cat. Coll., 1856, p. 30.
  — *iriditorques* Cass., P. Ac. N. Sc. Philad., 1856.

N'Toufa-dee. — Rare. — Gambie, Casamence, Mélacorée, Albreda, Bathurst.

Cette espèce, donnée comme spéciale au Gabon, se rencontre à l'état sédentaire dans les localités de la basse Sénégambie, où nous l'indiquons.

463. COLUMBA SCHIMPERI C. Bp.

Columba Schimperi C. Bp., Consp. Av., II, p. 48.
  — *livia* Auctor.
  — *livia* Hartl., Orn. W. Afr., p. 193.

Potopoto. — Commun. — M'Bao, Joalles, Rufisque et surtout la pointe du Cap-Vert, Dakar, Gorée; plus rare en Gambie et en Casamence.

Le type Sénégambien du *Columba Schimperi,* désigné sous le nom de *Biset du Sénégal,* se caractérise par une livrée que l'on ne retrouve chez aucun de ses congénères et qui diffère sensiblement des descriptions données par les auteurs. Chez le mâle adulte, les parties supérieures sont d'un vert bleu cuivré à reflets changeants; les petites couvertures des ailes, la poitrine et le ventre sont d'un gris métallique; deux larges bandes noires coupent en travers les rémiges; l'iris est rouge; les parties nues de la base du bec, sont d'un bleu rosé; les pieds, d'un rose pâle.

Il ne nous paraît pas possible d'envisager cette espèce comme une simple variété ou comme une race du *Columba livia,* suivant l'opinion de quelques-uns; notre manière de voir sur les races sauvages est connue, et quand bien même nous les accepterions, nous n'hésiterions pas à la séparer spécifiquement du type.

464. COLUMBA DOMESTICA Lin.

Columba domestica Lin., Syst. Nat., I, p. 769.
  — *livia* Briss., Orn., I, p. 82.

Piso. — Assez commun. — Est élevé en domesticité à Saint-Louis, Sorres, et dans quelques postes du haut fleuve et du bas de la côte.

Nous désignons sous ce nom les diverses races du *Pigeon domestique,* introduites par les Européens et entretenues pour l'alimentation, dans les colombiers construits à cet effet; leurs mœurs et leurs habitudes sont les mêmes que celles de leurs compagnons d'Europe.

Gen. **TURTUR** Selby.

465. TURTUR SENEGALENSIS Briss.

Turtur Senegalensis Briss., Orn., I, p. 125.
   —   Hartl., Orn. W. Afr., p. 195.
Columba Senegalensis Lin., Syst. Nat., I, p. 770.

Mariame. — Commun. — Kita, Bakel, Podor, Bakoy, Falémé, Thionk, Leybar, Sorres, Hann, Dakar, Rufisque, Albreda, Bathurst.

466. TURTUR VINACEUS Schleg.

Turtur vinaceus Schleg., Mus. P. Bas. Coll., 123.
  — *torquatus Senegalensis* Briss., Orn., I, p. 124, pl. XI, f. 1.
Columba Vinacea Gm., S. N., I, p. 782.

Jhallé. — Commun. — Mêmes localités que l'espèce précédente.

467. TURTUR SEMITORQUATUS Swain.

Turtur semitorquatus Swain., Birds W. Afr., II, p. 208.
 —   —   Hartl., Orn. W. Afr., p. 196.
 — *albiventris* Gray, Gen. of Birds, II, p. 472.

Mariame. — Assez commun. — Thionk, Sorres, Diouk, Leybar, Hann, M'Bao, Gambie, Casamence.

468. TURTUR ERYTHROPHRYS Swain.

Turtur erythrophrys Swain., Birds W. Afr., II, p. 207, pl. XXII.
—   Hartl., Orn. W. Afr., p. 195.
Columba semitorquata Rüpp., Faun. Abyss., p. 66, t. XXIII, f. 2.

Mariame. — Assez commun. — Thiouk, Diouk, Ponte, Hann, M'Bao, pointe du Cap-Vert, les deux Mamelles, Joalles, Rufisque.

469. TURTUR LUGENS Gray.

Turtur lugens Gray, Gen. of Birds, II, p. 472.
Columba lugens Rüpp., Wirb. Abyss. Vög., p. 64, t. XXII, f. 2.

Bembe. — Rare. — Kita, Bakel, Bakoy, Bafing, Gangaran, Boukarié, Maïna.

Cette espèce Abyssinienne a été rencontrée par M. le Dr Colin dans la haute Sénégambie.

Gen. PERISTERA Swain.

470. PERISTERA TYMPANISTRIA Selby.

Peristera tympanistria Selby, Pig., p. 205, pl. XXIII.
—   Hartl., Orn. W. Afr., p. 197.
Columba peristera Temm., Knip. Pig., I, pl. XXXVI.

Ibembe. — Rare. — Gambie, Casamence, Mélacorée, Albreda, Zekinkior.

Du Gabon, de Rio-Nunès, de Fernando-Po, etc., ce *Peristera* vit dans les forêts du bas de la côte, où nous l'avons observé.

Gen. **CHALCOPELEIA** Reich.

471. CHALCOPELEIA AFRA Reich.

Chalcopeleia Afra Reich., Columb., p. 78.
— Hartl., Orn. W. Afr., p. 197.
Columba Afra Lin., Syst. Nat., I, p. 214.

Menga. — Assez commun. — Thionk, Leybar, M'Bao, Rufisque, Sebicoutane, Douzar, Kounakeri, Diaoundoun, Gadieba; plus rare en Gambie et en Casamence.

Gen. **OENA** Selby.

472. OENA CAPENSIS Selby.

Oena Capensis Selby, in C. Bp. Comp., II, p. 69.
— Hartl., Orn. W. Afr., p. 198.
Columba Capensis Lin., Syst. Nat., I, p. 286.

M'Boré. — Rare. — Saldé, Maina, Tombocané, Yen, Douzar, Thionk, Diaoundoun, Galam, Oualo, Gadieba.

GALLINI Dum.

Fam. **PTEROCLIDÆ** C. Bp.

Gen. **PTEROCLES** Temm.

473. PTEROCLES GUTTURALIS A. Smith.

Pterocles gutturalis A. Smith., Illust. Zool. S. Afr. Birds, pl. III.
— Elliot, P. Z. S. of Lond., 1878, p. 241.

Vayajh. — Rare. — Kita, Taalari, Bakoy, Bafing.

Ce *Pterocles* Abyssinien se montre dans la haute Sénégambie, généralement vers les mois d'Août et de Septembre; passé cette époque, on ne le rencontre plus dans la région; nous en possédons un spécimen tué à Taalari.

474. PTEROCLES SENEGALUS Gray.

Pterocles Senegalus Gray, Gen. of Birds, III, p. 519.
Tetrao Senegalus Lin., Mantiss., p. 526.
La Gelinotte du Sénégal Buff., Pl. Enl., 130.
Pterocles guttatus Licht., Verz. D. Doubl., p. 64.

Asimirajh. — Assez commun. — Boukarié, Maina, Bandoubé, Thionk, Diouk, Dakar-Bango.

Elliot, dans son étude sur la famille des *Pteroclidæ* (*loc. cit.*), assigne pour habitat à cette espèce, l'Égypte, le Sud du Sahara, le pays des Çomalis, la Nubie, la Palestine, etc.; elle vit à l'état sédentaire dans la haute Sénégambie, ainsi que dans la partie Ouest, où nous l'avons tuée fréquemment.

475. PTEROCLES ARENARIUS Temm.

Pterocles arenarius Temm., Pig. et Gall., III, p. 240.
Tetrao arenaria Pall., Nov. Comm. Petrop., XIX, p. 418.
Perdix Aragonica Lath., Ind. Orn., p. 645.

Asimirajh. — Assez rare. — Portendik, Aleb, Gaser-El-Barka, Agnitier, Argain.

Nous avons observé cette espèce sur la limite Saharienne, au commencement de l'hivernage. Son aire d'extension, suivant Elliot (*loc. cit.*), comprend l'Asie, le Nord de l'Afrique, la Grande Canarie, etc., etc.

476. PTEROCLES EXUSTUS Temm.

Pterocles exustus Temm., Pl. Col., nᵒˢ 354-360.
    —   Hartl., Orn. W. Afr., p. 205.
    —   Elliot, P. Z. S. of Lond., 1878, p. 248.

Asimirájh. — Commun. — Bakel, Saldé, Dagana, Podor, Thionk, Leybar, Hann, Rufisque, Cayor, Oualo. Galam, Gambie, Casamence.

Les œufs de ce *Pterocles,* que nous possédons, ne sont pas tout à fait conformes à la description que Elliot en donne (*loc. cit.*); arrondis aux deux bouts, ils sont d'une couleur jaune brunâtre tournant à l'olive pâle et ornés de points bruns de petites dimensions; ils mesurent 0,039^{mm} dans leur grand axe et 0,025^{mm} dans leur diamètre (Pl. XXX, fig. 1).

Elliot les décrit ainsi : « the eggs are of a greenish colour, thickly spotted with grey and brown ».

Le nid consiste en une petite excavation pratiquée dans le sable; les œufs, au nombre de quatre, reposent sur une mince couche de feuilles sèches.

477. PTEROCLES QUADRICINCTUS Temm.

Pterocles quadricinctus Temm., Pig. et Gal., III, p. 252.
    —   —   Hartl., Orn. W. Afr., p. 205.
    —   *tricinctus* Swain., Birds W. Afr., II, pl. XXIII.

Asimirájh. — Assez commun. — Vit dans les mêmes localités que l'espèce précédente.

Fam. PHASIANIDÆ Vig.

Gen. GALLUS Lin.

478. GALLUS DOMESTICUS Auctor.

Gallus domesticus Auctor.
Phasianus gallus Lin., Syst. Nat., I, p. 270.

Guanare. — Commun. — Toute la Sénégambie.

Plusieurs races du Coq domestique sont élevées en Sénégambie; les marchés Nègres en sont largement pourvus; leur chair est ordinairement dure et peu appétissante, conséquence de leur mauvaise nourriture, consistant presque uniquement en fragments de Poissons secs.

Fam. **MELEAGRIDÆ** C. Bp.

Gen. **GALLOPAVO** Briss.

479. GALLOPAVO DOMESTICUS Temm.

Gallopavo domesticus Temm., Pig. Gall., p. 677.

Kopine. — Assez commun. — Saint-Louis, Sorres, Dakar, Rufisque, et les localités habitées par les Européens.

Le Dindon, moins communément élevé en Sénégambie que le Coq domestique, se rencontre cependant en assez grand nombre; toujours d'un prix relativement plus élevé que les Coqs et les Poules, il est moins recherché des Européens.

Fam. **NUMIDIDÆ** C. Bp.

Gen. **NUMIDA** Lin.

480. NUMIDA MELEAGRIS Lin.

Numida meleagris Lin., Syst. Nat., I, p. 273.
    —   —   Hartl., Orn. W. Afr., p. 201.
    —   *maculipennis* Swain., Birds W. Afr., II, p. 226.

Nate. — Commun. — Saldé, Dagana, Thionk, Dakar-Bango, tout le Oualo, le Cayor, Galam, le pays des Serrères, Merinaghem, Gadieba, Diaoundoun, etc.

La Pintade est indiquée comme habitant l'archipel du Cap-Vert.

481. NUMIDA CRISTATA Pall

Numida cristata Pall., Spicil. Zool., IV, p. 15, pl. V.
— *Ægyptiaca* Lath., Ind. Orn., II, p. 622.

Nate. — Rare. — Albreda, Zekinkior, Bathurst, Sedhiou.

482. NUMIDA PLUMIFERA Cass.

Numida plumifera Cass., P. Ac. N. Sc. Philad., 1858, t. III.
Guttera plumifera C. Bp., Comp. Rend. Ac. Sc., 1856, p. 876.

Nate. — Rare. — Mêmes localités que le *Numida cristata*.

Ces deux espèces sont incontestablement Sénégambiennes;
les exemplaires authentiques, que nous possédons, ne laissent
aucun doute sur leur présence constante dans les régions du bas
de la côte, où elles remontent; le Gabon et Sierra-Leone ont été
indiquées, jusqu'ici, comme leur centre d'habitat.

483. NUMIDA PTYLORHYNCHA Licht.

Numida ptylorhyncha Licht., Rüpp. Syst. Ueber. N. O. Afr., p. 872.
— *meleagris* Lefeb., Voy. Abyss., p. 142.

Kami. — Rare. — Kita, Aroudou, Kouguel, Makana, plaines du
Bakoy, du Bafing, de la Falémé, Banionkadougou.

Nous devons à M. le Dr Colin cette espèce Abyssinienne, découverte par lui dans les plaines arides des hautes régions de la
Sénégambie.

Gen. AGELASTUS Temm.

484. AGELASTUS MELEAGRIDES C. Bp.

Agelastus meleagrides C. Bp., P. Z. S. of Lond., 1849, p. 145.
— Hartl., Orn. W. Afr., p. 200.

Kaminata. — Rare. — Albreda, Bathurst, Sedhiou.

L'observation relative aux *Numida cristata* et *plumifera* s'applique à cette espèce.

Gen. **PHASIDUS** Cass.

Pl. XXII, fig. 1.

485. PHASIDUS NIGER Cass.

Phasidus niger Cass., Proc. Ac. N. Sc. Philad., 1856, p. 322.
     —   Hartl., Orn. W. Afr., p. 268.
     —   Elliot, Monogr. Phasian., pl. XXXIII.

N'Kouané. — Peu commun. — Gambie, Casamence, Albreda, Sedhiou.

Les descriptions, jusqu'ici données, de cette espèce remarquable, que nous avons possédée vivante, sont inexactes; aucun des exemplaires examinés ne présente les ponctuations et les vermiculations indiquées par Cassin (*loc. cit.*); le plumage, d'un noir bleuâtre changeant, montre seulement par place des tons roussâtre foncé; nous nous sommes assuré que ni l'âge ni le sexe n'étaient pour rien dans cette teinte.

Cassin (*loc. cit.*) donne aux parties nues les couleurs suivantes: « bill horn colour, with the edges of the mandibles nearly white; legs dark, naked space in head and neck probably yellow or light red ».

Elliot (*loc. cit.*) dit de son côté : « naked portion of head and neck, I presume would be red ; tarsi and feet horn colour; bill also horn colour ».

Chez l'Oiseau adulte mâle vivant, les parties nues de la face et du cou sont d'un jaune de Naples brillant; la gorge et le dessous du cou, d'un beau jaune orange; le bec est brun rougeâtre; les pieds, d'un rosé vineux; et l'iris, d'un rouge carmin.

Fam. **PERDICIDÆ** C. Bp.

Gen. **PTILOPACHYS** Gray.

486. PTILOPACHYS VENTRALIS Gray.

Ptilopachys ventralis Gray, Gen. of Birds, III, 505, tab. 130, f. 5.
— *fuscus* Hartl., Orn. W. Afr., p. 203.
Perdix ventralis Less., Trait. Orn., 506.
— *fusca* Vieill., Gal. Ois., t. CCXII.

Kioker. — Assez commun. — Thionk, Leybar, Diouk, Gandiole, Douzar, Samone, Albreda, Bathurst, Sedhiou.

Gen. **FRANCOLINUS** Steph.

487. FRANCOLINUS BICALCARATUS Gray.

Francolinus bicalcaratus Gray, Gen. of Birds, III, p. 505.
Tetrao bicalcaratus Lin., Syst. Nat., I, p. 277.
Perdix Senegalensis Briss., Orn., I, p. 231, t. XXIV, f. 1.
Francolinus Senegalensis Steph., Gen. Zool., XI, p. 330.

Kioker. — Commun. — Habite les mêmes localités que l'espèce précédente.

C'est la Perdrix des Nègres et des Européens.

488. FRANCOLINUS ALBIGULARIS Gray.

Francolinus albigularis Gray, List. Sp. Brit. Mus., III, p. 35.
— Hartl., Orn. W. Afr., p. 201.
Chaetopus albigularis C. Bp., Comp. Rend. Ac. Sc., 1856, p. 883.

Kioker. — Assez commun. — Thionk, Leybar, Diouk, Dakar-Bango Sorres, Gandiole, Gambie, Casamence, Albreda, Sedhiou.

489. FRANCOLINUS LATHAMI Hartl.

Francolinus Lathami Hartl., Orn. W. Afr., p. 202.
Peliperdix Lathami C. Bp., Comp. Rend. Ac. Sc., 1856, p. 882.
Francolinus Peli Temm., Bijdr. Dierkde, I, p. 50, t. XV.

Kioker. — Rare. — Gambie, Casamence, Albreda, Bathurst, Zekinkior, Sedhiou.

490. FRANCOLINUS GRANTI Hartl.

Francolinus Granti Hartl., P. Z. S. of Lond., 1865, p. 665, pl. XXX.
— Gray, Handl., II, p. 265.
— Heugl., Orn. Nordost Afr., II, p. 891.

Kioker. — Rare. — Kita, Banionkadougou, Makana, Tombocané.

Découverte par M. le Dr Colin, cette espèce Abyssinienne se montre seulement à la fin de l'hivernage.

Gen. COTURNIX Mohr.

491. COTURNIX COMMUNIS Bonn.

Coturnix communis Bonn., Encycl. Méth., I, p. 217.
Tetrao coturnix Lin., Syst. Nat., I, p. 278.
Perdix coturnix Lath., Ind. Orn., II, p. 651.
La Caille Buff., Ois., II, p. 449, t. XVI.

Prouprouníto. — Commun. — Dans toute la Sénégambie à l'époque du passage.

492. COTURNIX ADANSONI Verr.

Coturnix Adansoni Verr., Rev. et Mag. de Zool., 1851, p. 515.
— Hartl., Orn. W. Afr., p. 204.

Prouprounlito. — Assez commun. — Thionk, Leybar, Dakar-Bango, Gandiole, Albreda, Sedhiou.

Le *Coturnix Adansoni* comme l'espèce suivante, indiqués au Gabon et à Sierra-Leone, sont des Oiseaux communs en Sénégambie.

493. COTURNIX HISTRIONICA Hartl.

Coturnix histrionica Hartl., Orn. W. Afr., p. 55, t. XI.
    —   —   Hartl., Orn. W. Afr., p. 204.
    — *Delegorguei* Deleg., Voy. Afr. Austr., II, p. 605.

Kioker. — Assez commun. — Mêmes localités que le *Coturnix Adansoni*.

Fam. **TURNICIDÆ** Gray.

Gen. **ORTYXELOS** Vieill.

494. ORTYXELOS MEIFFRENI Hartl.

Ortyxelos Meiffreni Hartl., Orn. W. Afr., p. 204.
Turnix Meiffreni Vieill., N. Dict. H. N., XXXIV.
Hemipodius nivosus Swain., Birds W. Afr., II, p. 225.

Kioker. — Commun. — Thionk, Dakar-Bango, Gandiole, Gangaran, Oualo, Galam.

Fam. **CACCABINIDÆ** Gray.

Gen. **AMMOPERDIX** Gould.

495. AMMOPERDIX HAYI Shelly.

Ammoperdix Hayi Shelly, Ibis, 1871, p. 143.
Perdix Hayi Temm., Pl. Col., 328-329.
Caccabis rupicola Licht., Mus. Berol. Nom., p. 85.

Kioker. — Rare. — Kita, Bakel, Kouguel, Aroudou, Makana, Bandoubé.

Cette espèce du Nord-Est de l'Afrique est de passage en Sénégambie, où M. le Dr Colin l'a tuée à diverses reprises.

GRALLATORI Illig.

Fam. OTIDIDÆ Selys.

Gen. EUPODOTIS Less.

496. EUPODOTIS SENEGALENSIS Gray

Eupodotis Senegalensis Gray, Gen. of Birds, III, p. 533.
— Hartl., Orn. W. Afr., p. 206.
Otis Senegalensis Vieill., Encycl. Méth., p. 333.

Gueument. — Commun. — Cayor, Oualo, Galam, pays des Serrères, Gambie, Casamence.

Cette espèce, largement répandue dans toute la Sénégambie et que nous avons souvent tuée aux portes même de Saint-Louis, est désignée par les Européens sous le nom de *Poule de Pharaon.*

497. EUPODOTIS DENHAMI Child.

Eupodotis Denhami Child., Griff. An Kingd., III, p. 303.
— Hartl., Orn. W. Afr., p. 207.

Bedbed. — Rare. — Kita, Banionkadougou, Maina, Boukarié.

Un bel exemplaire, tué par M. le Dr Colin, ne laisse aucun doute sur l'existence dans le haut Sénégal de cet *Eupodotis,* observé à Angola, dans l'Afrique centrale et au Nord-Est (Heuglin, *Orn. Nordost Afr.,* II, p. 942).

498. EUPODOTIS ARABS Gray.

Eupodotis Arabs Gray, Gen. of Birds, III, p. 533.
Otis Arabs Lin., Syst. Nat., I, p. 264.
Autruche volant Adans., H. Nat. éd. Payer, t. II, p. 127.

Ketket. — Assez commun. — Thionk, Diouk, Dakar-Bango, Leybar, Gandiole, Gadieba, N'Diago, Rufisque.

499. EUPODOTIS MELANOGASTER Rüpp.

Eupodotis melanogaster Rüpp., Faun. Abyss., t. V, VII.
—   Hartl., Orn. W. Afr., p. 207.

Ketket. — Assez commun. — Mêmes localités que l'espèce précédente; également observée en Gambie et en Casamence; Albreda, Sedhiou, Bathurst.

500. EUPODOTIS HARTLAUBI Heugl.

Eupodotis Hartlaubi Heugl., Orn. Nordost Afr., II, p. 954.
Otis Hartlaubi Heugl., J. f. Orn., 1863, p. 10.

Ketket. — Assez rare. — Kita, Bakel, Taalari, Arondou, Makana.

Les descriptions, données par Heuglin, de cette espèce et de la précédente, sont tellement conformes à nos spécimens, que nous considérons, avec lui, les deux *Eupodotis* comme entièrement distincts, contrairement à l'opinion de plusieurs Ornithologistes.

Gen. HOUBARA C. Bp.

501. HOUBARA UNDULATA Gray.

Houbara undulata Gray, List. Gen. Birds, p. 83.
Otis houbara Gm., S. N., I, p. 721.
Le Houbara Desf., Mém. Ac. Sc., 1787, t. X.
L'Outarde huppée d'Afrique Buff., H. N., II, p. 59.

Lonk. — Assez commun. — Saldé, Podor, Portendik, Leybar, Thionk, Galam, Oualo, pays des Serrères, M'Bao.

Brüe, dans son « voyage au long de la côte Occidentale d'Afrique depuis le Cap Blanc jusqu'à Sierra-Leone », dont on trouve la relation dans le Père Labat, t. III, p. 360 (1698), parle d'un Oiseau fantastique tué dans le voisinage des chutes de Gouina : « Un homme de la suite du général, est-il dit, tua un Oiseau extraordinaire, que les Français nommèrent *Quatre ailes*. Il était de la grosseur d'un Coq d'Inde, le plumage blanc, le bec gros et crochu, les pieds armés de fortes griffes, avec toutes les autres marques d'un Oiseau de proie; comme le temps de sa chasse est la nuit, on ne put juger quelle est sa proie. Il avait les ailes très grandes, très fortes, et bien garnies de plumes; mais dans la partie qui touchait à l'épaule, les plumes de dessous étaient nues et couvertes néanmoins d'autres plumes plus longues que les premières, qui, à la longueur de quatre ou cinq pouces, portaient un poil long et épais; de sorte qu'une aile, en s'étendant, paraissait en former deux, l'une, à la vérité, plus grande que l'autre, avec un espace vide entre les deux. De là vient le nom de quatre ailes, que les Français donnèrent à cet Oiseau, et tout le monde aurait cru qu'il n'en avait pas moins. »

Les commentateurs de Brüe et de Labat conjecturent que cet Oiseau appartient au genre *Secrétaire*, et qu'il a de l'analogie avec le *Serpentarius secretarius*.

Cette opinion ne nous semble pas admissible, nous ne voyons aucune relation possible entre ces deux Oiseaux. Il est difficile devant la description de Brüe d'indiquer avec certitude à quelle espèce appartient l'Oiseau dont il parle; cependant quand on considère le *Houbara undulata* vivant, comme nous l'avons fait mainte fois, et que l'on voit ses ailes à demi déployées, les longues plumes du cou, à barbes effilées, fortement relevées et formant au-dessus des ailes deux larges houppes horizontalement dirigées, on est frappé de cette disposition qui de loin figure bien certainement deux ailes doubles.

Un instant nous avions été porté à voir dans le *Quatre ailes* de Brüe une espèce du genre *Neophron,* nous fiant à la couleur blanche attribuée à l'oiseau; mais là encore le caractère principal fait défaut, et nous pensons, sans rien affirmer, que le *Houbara undulata,* plus que tout autre, pourrait bien être l'Oiseau que Brüe et ses compagnons ont les premiers découvert.

Nous avons pu nous procurer deux œufs du *Houbara undulata,* qui jusqu'ici ont été décrits d'une manière fort inexacte ; ils ont une forme ovale excessivement obtuse au gros bout ; sur un fond d'un rouge livide, existent de larges taches irrégulières et comme nuageuses d'un rouge laque plus ou moins pâle, mélangées d'autres taches noires et brunes, recouvrant entièrement toute la surface ; ils mesurent 0,066^{mm} suivant leur axe et 0,042^{mm} dans leur grand diamètre (Pl. XXX, fig. 2).

Fam. **OEDICNEMIDÆ** Gray.

Gen. **OEDICNEMUS** Temm.

502. OEDICNEMUS CREPITANS Temm.

Oedicnemus crepitans Temm., Man. Orn., II, p. 322.
Charadrius oedicnemus Lin., Syst. Nat., I, p. 255.
Otis oedicnemus Lath., Ind. Orn., II, p. 661.
Le Grand Pluvier Buff., Pl. Enl., 919.

Beutté. — Peu commun. — Portendik, Aleb, pointe des Chameaux, Cap Mirik, Argain, Dakar, Joalles.

L'*Oedicnemus crepitans* d'Europe est de passage en Sénégambie à la fin de l'hivernage, et se tient le plus ordinairement sur la lisière du Sahara ou des localités qui en sont le plus voisines.

503. OEDICNEMUS SENEGALENSIS Swain.

Oedicnemus Senegalensis Swain., Birds W. Afr., II, p. 228.
      —   Hartl., Orn. W. Afr., p. 208.
Les Gros Yeux Adans., Voy. Sénég., p. 43.

Beuttebat. — Commun. — Thionk, Leybar, Hann, Gandiole, Ponte, Rufisque, Sedhiou, Sebicoutane, Albreda.

Certains Ornithologistes considèrent cette espèce comme une

simple variété de l'*Oedicnemus crepitans;* indépendamment des caractères différentiels tirés de la livrée, qui sont pour nous des caractères distinctifs, nous faisons observer que l'un est simplement de passage, tandis que l'autre est sédentaire.

Fam. **CURSORIDÆ** Gray.

Gen. **CURSORIUS** Lath.

504. CURSORIUS SENEGALENSIS Hartl.

Cursorius Senegalensis Hartl., Orn. W. Afr., p. 209.
Tachydromus Senegalensis Licht., Doubl. Cat., p. 72.
—　　　*Temminckii* Swain., Birds W. Afr., p. 106.

Dawkat. — Assez commun. — Thionk, Leybar, Dakar-Bango, Hann, Ponte, Rufisque, Joalles, Sedhiou, Albreda.

Les œufs de ce *Cursorius,* au nombre de trois par nid, ont une forme à peu près ronde; d'un jaune éclatant, ils sont marqués de lignes irrégulières et de taches brunes, celles-ci localisées au gros bout; ils mesurent 0,031^{mm} dans leur grand axe et 0,024^{mm} de diamètre (Pl. XXX, fig. 3).

505. CURSORIUS CHALCOPTERUS Temm.

Cursorius chalcopterus Temm., Pl. Col., 298.
—　　　　　Hartl., Orn. W. Afr., p. 210.
Rhinoptilus chalcopterus Strickl., P. Z. S. of Lond., 1850, p. 220.

Dawkat. — Assez commun. — Mêmes localités que son congénère.

Gen. **PLUVIANUS** Vieill.

506. PLUVIANUS ÆGYPTIUS Gray.

Pluvianus Ægyptius Gray, Gen. of Birds, III, p. 536.
—　　　　Hartl., Orn. W. Afr., p. 209.
Charadrius Ægyptius Lin., Syst. Nat., I, p. 254.
Le Pluvian du Sénégal Buff., Pl. Enl., 918. *Juv.*

Assez commun. — Dagana, Portendik, Podor, Thionk, Leybar, Dakar-Bango, Gandiole, Ponte, Sedhiou.

Fam. **GLAREOLIDÆ** Brehm.

Gen. **GLAREOLA** Briss.

507. GLAREOLA PRATINCOLA Leach.

Glareola pratincola Leach., T. Linn. Soc., 1821, p. 131, f. 12.
Hirundo pratincola Lin., Syst. Nat., I, p. 345.
Glareola Senegalensis Briss., Orn., V, p. 141.
— *torquata* Briss., Orn., V, p. 145.

Assez commun. — Kita, Saldé, Leybar, Portendik, Albreda, Sedhiou.

508. GLAREOLA NUCHALIS Gray.

Glareola nuchalis Gray, P. Z. S. of Lond., 1849, p. 63.
— Hartl., Orn. W. Afr., p. 211.
— Oustal., Nouv. Arch. Mus., 1879, p. 122.

Rare. — Gambie, Casamence, Mélacorée, Bathurst, Sedhiou, Albreda.

M. Oustalet (*loc. cit.*) donne pour habitat exclusif à cette espèce : « la Nubie (environ la 5ᵉ cataracte), la Guinée (bords du Niger), le Gabon (bords de l'Ogooué); sans insister sur son existence en Sénégambie où nous l'avons tuée, nous ajouterons qu'elle est indiquée par MM. Sharpe, Barboza du Bocage et Reichenow, comme propre à Angola.

Fam. **CHARADRIDÆ** Swain.

Gen. **CHETTUSIA** C. Bp.

509. CHETTUSIA FLAVIPES Gray.

Chettusia Flavipes Gray, Handl., III, p. 11.
Vanellus Leucurus Hartl., Orn. W. Afr., p. 211.

Peu commun. — Khaza, Safal, Babagaye, Thionk, N'Guer, Kouma, N'Bilor.

A notre connaissance, cette espèce n'a jamais été observée dans la basse Sénégambie.

Gen. **LOBIVANELLUS** Strickl.

510. LOBIVANELLUS SENEGALENSIS Rüpp.

Lobivanellus Senegalensis Rüpp., Syst. Ueber. N. O. Afr., p. 117.
— *Senegalus* Hartl., Orn. W. Afr., p. 213.
Vanellus Senegalensis armatus Briss., Orn., V, p. 111.
— *albicapillus* Vieill., N. Dict. H. N., XXXV, p. 205.
— *strigillatus* Swain., Orn. W. Afr., II, p. 241, pl. XXVII.

Uett-Uett. — Commun. — Kita, Bakel, Saldé, Thionk, N'Guer, Gandiole, Dakar, M'Bao, Sedhiou, Sainte-Marie.

Gen. **HOPLOPTERUS** C. Bp.

511. HOPLOPTERUS SPINOSUS C. Bp.

Hoplopterus spinosus C. Bp., Comp. List. B. Eur. and N. Am., 46.
— Hartl., Orn. W. Afr., p. 214.
Charadrius spinosus Lin., Syst. Nat., I, p. 256.

Teme. — Commun. — Mêmes localités que l'espèce précédente.

512. HOPLOPTERUS ALBICEPS Gurney.

Hoplopterus albiceps Gurney, Ibis, 1868, p. 255.
— Hartl., Orn. W. Afr., p. 214
Sarciophorus albiceps Fras., Zool. Typ., pl. LXIV.

Rare. — Gambie, Mélacorée, Casamence, Sedhiou, Sainte-Marie, Daranka.

C'est un des types du Gabon, de Fernando-Po, etc., qui remontent dans la basse Sénégambie.

Gen. **SARCIOPHORUS** Strickl.

513. SARCIOPHORUS PILEATUS Strickl.

Sarciophorus pileatus Strickl., P. Z. S. of Lond., 1841, p. 33.
Charadrius pileatus Gm., S. N., I, p. 961.
Hoplopterus tectus Gray, Handl. Birds, III, p. 13.

Uett-Uett. — Assez commun. — N'Guer, les Maringouins, Kouma, N'Bilor, Maloumb, Ghimbering.

Gen. **SQUATAROLA** Cuv.

514. SQUATAROLA VARIA Boie.

Squatarola varia Boie, Isis, 1828.
Vanellus varius Briss., Orn., V, p. 100.
— *Helveticus* Vieill., N. Dict. H. N., XXXV, p. 215.

Huetba. — Peu commun. — Observé à la fin de l'hivernage, à Sorres, Gandiole, Argain, au Cap Blanc et à la baie du Lévrier.

Gen. **CHARADRIUS** Lin.

515. CHARADRIUS APRICARIUS Gm.

Charadrius apricarius Gm., S. N., I, p. 687.
— *pluvialis* Lin., Syst. Nat., I, p. 254.
— — Hartl., Orn. W. Afr., p. 215.

Peu commun. — De passage à la même époque et dans les mêmes localités que le *Squatarola varia*.

Gen. **AEGIALITES** Boie.

516. AEGIALITES TRICOLLARIS Gray.

Aegialites tricollaris Gray, List. Sp. Br. Mus.
Charadrius tricollaris Vieill., Encycl. Méth., II, p. 338.
—   *bitorquatus* Licht., Isis, 1829, p. 651.

Assez rare. — Gambie, Casamence, Mélacorée, Sedhiou, Bathurst, Daranka.

517. AEGIALITES FLUVIATILIS Gray.

Aegialites fluviatilis Gray, Handl. Birds, III, p. 15.
Charadrius fluviatilis Bech., Vög. Deutschl., IV, p. 422.
Aegialites zonatus Hartl., Orn. W. Afr., p. 216.

Assez commun. — Gambie, Casamence, Sedhiou, Bathurst, Daranka, Zekinkior.

518. AEGIALITES PECUARIUS Lay.

Aegialites pecuarius Lay., Ibis, 1867, p. 244.
Charadrius pecuarius Temm., Pl. Col., 183.

Rare. — Kita, Bakel, Banionkadougou, Bakoy, Bafing, Fa'émé.

Cette espèce, du Sud et du Nord-Est de l'Afrique, nous a été communiquée par M. le Dr Colin qui l'a tuée dans le haut Sénégal.

519. AEGIALITES CANTIANA Boie.

Aegialites cantiana Boie, Isis, 1826, p. 978.
Charadrius cantianus Lath., Ind. Orn., Supp., p. 66.

Peu commun. — Cap Blanc, Baie du Lévrier, Argain, Pointe de Barbarie.

Cet *Aegialites* est de passage seulement à la fin de l'hivernage.

19

520. AEGIALITES MARGINATUS Cass.

Aegialites marginatus Cass., P. Ac. Sc. Philad., 1859, p. 173.
Charadrius marginatus Vieill. (non Geoff.), N. Dict. H. N., XXVII, p. 138.

Rare. — Kita, Falémé, Bakoy, Bafing, bords du Niger.

L'aire d'habitat de cette espèce s'étend du Cap au Gabon; on l'observe également dans le pays des Damaras, à Angola et à Madagascar. Sa présence dans le haut Sénégal nous est signalée par M. le Dr Colin ; déjà Tomson l'avait indiquée sur les bords du Niger, dans le voisinage immédiat de nos possessions Sénégambiennes.

Fam. CINCLIDÆ Gray.

Gen. CINCLUS Mœhr.

521. CINCLUS INTERPRES Gray.

Cinclus interpres Gray, Gen. of Birds, III, p. 549.
Tringa interpres Lin., Syst. Nat., I, p. 248.
Strepsilas interpres Hartl., Orn. W. Afr., p. 217.

Assez commun. — Gambie, Casamence, Mélacorée, Sedhiou, Bathurst, Daranka, Diataconda.

Fam. HÆMATOPODIDÆ Gray.

Gen. HÆMATOPUS Lin.

522. HÆMATOPUS OSTRALEGUS Lin.

Hæmatopus ostralegus Lin., Syst. Nat., I, p. 257.
     —   Hartl., Orn. W. Afr., p. 217.
Ostraligus vulgaris Less., Rev. Zool., 1839, p. 351.

Sathiou. — Assez commun. — Cap Blanc, Argain, la Bayadère, les Almadies, Angel, Tanit; très rarement observé vers le Sud.

Nous l'avons tué une seule fois au Cap Naz.

523. HÆMATOPUS MOQUINI C. Bp.

Hæmatopus Moquini C. Bp., Tabl. Echass., p. 39.
—   —   Hartl., Orn. W. Afr., p. 218.
—   *niger* Cuv. *(pro parte)*, R. An., 1, p. 469.

Sathiou. — Rare. — Diataconda, Sedhiou, Bathurst, Daranka, Mélacorée.

Jusqu'ici, le sud de l'Afrique et le Gabon étaient connus comme localités Africaines de cet *Hæmatopus*.

Fam. GRUIDÆ Vig.

Gen. GRUS Lin.

524. GRUS CINEREA Bech.

Grus cinerea Bech., Nat. Gesch., IV, p. 103.
Ardea grus Lin., Faun. Suec., p. 167.
La Grue Buff., Ois., IV, p. 287.

Kimba. — Très rare. — Cap Blanc, Argain, Angel, les Almadies.

La Grue d'Europe apparaît au moment du passage sur les rivages de la côte Ouest de la Sénégambie; nous en possédons trois exemplaires tués sur le banc d'Angel, l'un par nous, les deux autres par un de nos chasseurs.

Gen. BUGERANUS Glog.

525. BUGERANUS CARUNCULATUS Gurney.

Bugeranus carunculatus Gurney, in Anders. B. Damara, p. 278.
Ardea carunculata Lin., Syst. Nat., I, p. 643.
Grus carunculata Gray, Gen. of Birds, III, p. 552, pl. CXLVIII.

Koulokamba. — Assez rare. — Sedhiou, Daranka, île aux Chiens, Bathurst, plaines du Bafing, Portendik.

Cet Oiseau, dit M. Barboza du Bocage (*Orn. Ang.*, p. 437), appartient à la faune du Sud de l'Afrique. Heuglin (*Orn. Nordost Afr.*, p. 1253) l'indique dans la région qu'il décrit; d'après Peters, il existerait aussi dans le Mozambique.

Il habite également le Nord-Est et le Sud de la Sénégambie, d'où plusieurs individus nous ont été rapportés; nous en avons tué un dans les environs de Portendik. Les Nègres emploient son bec et ses caroncules pour fabriquer certains Grigris.

Gen. **ANTHROPOIDES** Vieill.

526. ANTHROPOIDES VIRGO Vieill.

Anthropoides virgo Vieill., Encycl. Méth., p. 1141.
Ardea virgo Lin., Syst. Nat., I, p. 234.
Grus Numidica Briss., Orn., V, p. 338.
Demoiselle de Numidie Buff., Pl. Enl., 134.

Koumajh. — Assez rare. — Kita, rives de la Falémé, Sedhiou, Thionk, Bathurst, lac de N'Guer.

Malgré l'opinion contraire de certains auteurs, l'*Anthropoides virgo* existe en Sénégambie, où nous l'avons étudié; nous nous sommes procuré ses œufs, ils sont longuement ovoïdes, d'un chamois pâle, finement piquetés de brun, avec de larges taches éparses sur toute la surface. Ces œufs sont déposés au nombre de quatre dans une cavité pratiquée dans le sable, sans aucune matière étrangère destinée à les protéger; ils mesurent 0,084^{mm} suivant leur axe et 0,052^{mm} dans leur diamètre (Pl. XXX, fig. 4).

Gen. **BALEARICA** Briss.

527. BALEARICA PAVONINA Wagl.

Balearica pavonina Wagl., Syst. Av., p. 1.
Ardea pavonina Lin., Syst. Nat., I, p. 233.
Oiseau royal Buff., Pl. Enl., 265.

Diambe. — Commun. — Bakel, Richard-Toll, Maloumb, Samatite Cagnout, Diouk, Sorres, Leybar, M'Bao, Joalles, Ponte, Hann.

Cette espèce est désignée par les Européens sous le nom d'*Oiseau Trompette.* Labat (*op. cit.,* t. II, p. 250) l'appelle *Paon d'Afrique* ou *Peignez;* « c'est particulièrement au marigot des Maringouins, dit-il, qu'on trouve les oiseaux auxquels les Français ont donné le nom de Peignez; ils sont de la grosseur de nos Coqs d'Inde, leur plumage est gris mêlé de blanc et de noir; ils ont la tête couverte au lieu de plumes d'une espèce de crin doux et long de quatre à cinq pouces qui leur pend des deux côtés et qui est un peu frisé par le bout, la queue est dessus d'un noir lustré comme du jais, et le dessous blanc comme de l'ivoire. »

Malgré cette description peu exacte, il est cependant facile de reconnaître le *Balearica pavonina.*

528. BALEARICA REGULORUM Gray.

Balearica regulorum Gray, Gen. of Birds, III, p. 533.
Grus regulorum Licht., Verz. Doubl., p. 118.
Anthropoides regulorum Vig., P. Z. S. of Lond., 1833, p. 118.

Diambe. — Rare. — Gambie, Casamence, Mélacorée, Kagniac-Cay, Maloumb, Monsor, Samatite, Wagran.

Les deux *Balearica* Africains existent en Sénégambie, où nous les avons tués l'un et l'autre; seulement ils paraissent occuper chacun une région différente, c'est-à-dire que le *Balearica pavonina* occupe l'Ouest, tandis que le *Balearica regulorum* habite particulièrement le Sud.

Fam. ARDEIDÆ Leach.

Gen. ARDEA Lin.

529. ARDEA CINEREA Lin.

Ardea cinerea Lin., Syst. Nat., I, p. 236.
   — *cristata* Briss., Orn., V, p. 396, pl. XXXIV-XXXV.
Le Héron Huppé Buff., Pl. Enl., 755.

Okogo. — Peu commun. — Portendik, Cap Blanc, Argain, les Almadies.

.Cette espèce est de passage en Sénégambie. Dohrn (*J. f. Orn.,* 1871, p. 3) la cite à l'archipel du Cap-Vert, où elle serait également de passage : « scheint sich nur setzen auf dem zuge so weit zu verirren. Ich sah auf S. Nicolas ein dort erlegtes übel augestopftes exemplar. »

530. ARDEA MELANOCEPHALA Child.

Ardea melanocephala Child., Den. Clap. Narr. App., 201.
— *atricollis* Wagl., Syst. Av. Ard., sp. 4.
— — Hartl., Orn. W. Afr., p. 219.

Okogo. — Peu commun. — Gambie, Casamence, Mélacorée, Bathurst, Albreda, Sedhiou.

Gen. ARDEOMEGA C. Bp.

531. ARDEOMEGA GOLIATH C. Bp.

Ardeomega Goliath C. Bp., Consp. Av., II, p. 109.
Ardea Goliath Temm., Pl. Col., 474.
— Hartl., Orn. W. Afr., p. 219.

Gnangeh. — Peu commun. — Lac de N'Guer, Khaza, Kouma, Kouguel, Makana, Taalari, mares aux Biches.

L'aire d'habitat de cette espèce s'étend sur toute l'Afrique.

Gen. PYRRHERODIA Finsh et Hartl.

532. PYRRHERODIA PURPUREA Finsh et Hartl.

Pyrrherodia purpurea Finsh et Hartl., Orn. O. Afr., p. 676.
Ardea purpurea Lin., Syst. Nat., I, p. 236.
Le Héron pourpré Buff., Pl. Enl., 788.

M'Bébé. — Peu commun. — Gambie, Casamence, Albreda, Sedhiou, Maloumb, Daranka.

Gen. **DEMIGRETTA** Blyth.

533. DEMIGRETTA ARDESIACA Heugl.

Demigretta ardesiaca Heugl., Orn. Nordost Afr., p. 1057.
Ardea ardesiaca Wagl. (*non Less.*), Syst. Av. Ard., sp. 20.
Herodias ardesiaca Hartl., Orn. W. Afr., p. 222.

Irouani. — Commun. — Bakel, Médine, Kouguel, Arondou, Makana, Taalari, N'Guer.

Cette espèce se retrouve en Guinée, dans le Benguela, le Sud de l'Afrique, le Zambèze, le Mozambique et à Madagascar d'après Layard, Peters et Heuglin.

Gen. **LEPTERODIAS** H. et Ehr.

534. LEPTERODIAS GULARIS Heugl.

Lepterodias gularis Heugl., Orn. Nordost Afr., p. 1059.
Ardea gularis Bosc., Act Soc. H. N., I, p. 4.
Herodias gularis Hartl., Orn. W. Afr., p. 221.
    — *schistacea* Hartl., Orn. W. Afr., p. 221.

Irouani. — Commun. — Habite les mêmes localités que l'espèce précédente; comme elle aussi, elle est répandue sur tout le continent Africain.

Gen. **HERODIAS** Boie.

535. HERODIAS FLAVIROSTRIS Hartl.

Herodias flavirostris Hartl., Orn. W. Afr., p. 220.
Ardea flavirostris Wagl., Syst. Av., sp. 9.
Egretta flavirostris C. Bp., Consp. Av., II, p. 116.

Sakourajh. — Commun. — Gambie, Casamence, Bathurst, Sedhiou, Albreda.

536. HERODIAS MELANORHYNCHA Hartl.

Herodias melanorhyncha Hartl., Orn. W. Afr., p. 221.
Ardea melanorhyncha Wagl., Syst. Av., n° 117.

Sakourajh. — Très commun. — Tous les marigots de la Sénégambie.

Nous nous sommes assuré que les couleurs du bec, des parties
nues, des pieds, etc., ne variaient pas suivant l'âge et le sexe, et
que, malgré bien des rapports dans le plumage, ces caractères et
ceux tirés de la taille militaient en faveur de la séparation des
espèces; aussi ne pouvons-nous réunir les *Herodias flavirostris* et
melanorhyncha. Nous ferons observer, en outre, que nos deux
types ne se mélangent pas; le premier semble propre au bas
de la côte, et nous n'avons jamais vu le second que dans les localités Nord-Est et Ouest.

Gen. GARZETTA Kaup.

537. GARZETTA GARZETTA Gray.

Garzetta garzetta Gray, Handl. Birds, III, p. 28.
Ardea garzetta Lin., Syst. Nat., I, p. 237.
  — *egretta* Briss., Orn., V, p. 431.
Herodias garzetta Hartl., Orn. W. Afr., p. 221.

Sakourajh. — Excessivement commun sur les marigots de toute la
Sénégambie.

Cette espèce fait son nid dans les roseaux ou les branches
basses des Palétuviers; il est composé de feuilles et de branchages
desséchés, grossièrement unis entre eux, et contient de dix à
quinze œufs très pointus à un bout, d'un vert pré uniforme et
des plus brillants; leur axe mesure 0,042^{mm}; leur grand diamètre,
0,026^{mm} (Pl. XXX, fig. 5).

Gen. **BUBULCUS** Puch.

538. BUBULCUS IBIS Heugl.

Bubulcus Ibis Heugl., Ibis, 1859, p. 346.
Ardea bubulcus Savig., Desc. Egyp. Zool., I, p. 298, t. VIII, f. 1.
Bubulcus bubulcus Hartl., Orn. W. Afr., p. 222.

Kounanke. — Commun. — Comme l'espèce précédente, cette espèce se rencontre sur tous les marigots de la Sénégambie.

Gen. **BUPHUS** Boie.

539. BUPHUS COMATUS C. Bp.

Buphus comatus C. Bp., Consp. Av., II, p. 126.
Ardea comata Pall., Reise, II, p. 715.
Buphus comata Hartl., Orn. W. Afr., p. 223.

Kounanke. — Assez commun. — Leybar, Diouk, Sorres, Gandiole, Hann, Ponte, M'Bao, Joalles, Sedhiou, Albreda, Zekinkior.

Gen. **ARDETTA** C. Bp.

540. ARDETTA MINUTA Gray.

Ardetta minuta Gray, Handl. Birds, III, p. 31.
—   Hartl., Orn. W. Afr., p. 224.
Ardea minuta Lin., Syst. Nat., I, p. 240.

Sakourajh. — Assez commun. — Gambie, Casamence, Sedhiou, Daranka.

Cette espèce du Gabon, d'Angola, du Sud de l'Afrique, du Zambèze, de Madère, des Açores, de Syrie, de Palestine, etc., etc., n'avait pas encore été, que nous sachions, rencontrée en Sénégambie.

541. ARDETTA PODICEPS Hartl.

Ardetta Podiceps Hartl., Orn. W. Afr., p. 224.
Ardeola Podiceps C. Bp., Consp. Av., II. p. 134.

Kounajh. — Assez rare. — Gambie, Casamence, Sedhiou, Sainte-Marie.

Gen. ARDEIRALLA J. Verr.

542. ARDEIRALLA STURMI J. Verr.

Ardeiralla Sturmi J. Verr., in C. Bp. Consp. Av., II, p. 131.
Ardetta Sturmi Gray, Gen. of Birds, III, p. 556.
— Hartl., Orn. W. Afr., p. 224.

Kounajh. — Peu commun. — Gambie, Casamence, Sedhiou, Diata-couda, Daranka.

L'aire d'habitat de cette espèce s'étend au Congo, au Benguela, au Damara, au Zambèze, à la Cafrerie, à Natal, etc.

Gen. BUTORIDES Blyth.

543. BUTORIDES ATRICAPILLA Hartl.

Butorides atricapilla Hartl., Orn. W. Afr., p. 223.
Ardea atricapilla Afzel. Act. Stockh., 1804.
Egretta thalassina Swain., Menag., p. 333.

Kounajh. — Commun. — Se rencontre sur les marigots de toute la Sénégambie.

L'espèce est répandue sur tout le continent, ainsi qu'à Mada-gascar, Maurice et la Réunion.

Gen. **BOTAURUS** Briss.

544. BOTAURUS STELLARIS Steph.

Botaurus stellaris Steph., Gen. Zool., XI, p. 600.
Ardea stellaris Lin., Syst. Nat., I, p. 239.
Le Butor Buff., Pl. Enl., 789.

Sakoukou. — Assez commun. — Leybar, Thionk, les Maringouins,
les Almadies, Argain, îles de la Madeleine.

Le Butor d'Europe visite la Sénégambie à la fin de l'hivernage ;
nous ne l'avons jamais observé, passé cette époque.

Gen. **NYCTICORAX** Steph.

545. NYCTICORAX EUROPÆUS Steph.

Nycticorax Europæus Steph., Gen. Zool., XI, p. 609.
   —   *griseus* C. Bp., Consp. Av., II, p. 140.
Ardea nycticorax Lin., Syst. Nat., I, p. 235.

Konotoukouma. — Assez commun. — Mêmes localités que le *Botaurus stellaris*, où il se montre à la même époque.

Gen. **CALHERODIUS** C. Bp.

546. CALHERODIUS LEUCONOTUS Heugl.

Calherodius leuconotus Heugl., Orn. Nordost Afr., p. 1088.
   —   *cucullatus* Hartl., Orn. W. Afr., p. 225.
Ardea leuconotos Wagl., Syst. Av., sp. 33.
Nycticorax leuconotus Licht., Nom. Av., p. 90.

Bakokono. — Assez commun. — Thionk, Diouk, Safal, Sedhiou,
Daranka.

Gen. **TIGRISOMA** Swain.

547. **TIGRISOMA LEUCOLOPHUM** Jard.

Pl. XXIII, fig. 1.

Tigrisoma leucolophum Jard., Ann. and Mag. N. H., vol. 17, p. 51.
— Hartl., Orn. W. Afr., p. 225.

Doumourono. — Peu commun. — Sedhiou, Daranka, Bathurst, Albreda, Thionk, Kita, Taalari.

Nous possédons deux spécimens de cette espèce rare et jusqu'ici observée seulement au Gabon, à Angola, au Rio-Boutry et au Vieux Calabar. De ces deux spécimens, l'un a été tué par nous à Thionk, le second à Taalari par M. le Dr Colin, c'est-à-dire à l'Ouest et au Nord-Est de la Sénégambie; l'un et l'autre sont adultes et du sexe mâle, ce qui nous permet d'en donner la description suivante :

Adulte ♂ — (Type figuré Pl. XXIII, fig. 1). — Plumage, d'un vert olive métallique à reflets plus pâles et brillants; dessus de la tête et derrière du cou, du même vert olive foncé; huppe blanche; face, côtés du cou, poitrine et ailes, vert métallique à bandes plus ou moins larges d'un roux cannelle; abdomen, flancs, d'un jaunâtre saumon pâle, avec quelques taches arrondies vert olive et de longues bandes blanches; bec, à mandibule supérieure vert olive pâle, l'inférieure jaune; parties nues de la face bleu pâle; iris jaune clair; pieds verts.

Longueur totale		530	millimètres.
—	des ailes	260	—
—	de la queue	110	—
—	du bec	60	—
—	du tarse	70	—

Cette description et ces mesures s'appliquent aux deux individus adultes que nous possédons et dont nous avons minutieusement vérifié le sexe; les teintes du mâle comparées à celles de la femelle, telles que les donnent MM. Barboza du Bocage et Hartlaub, présentent de très faibles différences.

La femelle se distingue par une taille plus faible, l'absence de huppe blanche et moins d'éclat et de vivacité dans la livrée, pour tout le reste elle est semblable au mâle.

Fam. **CICONIIDÆ** Selys.

Gen. **CICONIA** Lin.

548. CICONIA ALBA

Ciconia alba Briss., Orn., V, p. 365, t. XXXII
    —   Hartl., Orn. W. Afr., p. 226.
Ardea ciconia Lin., Syst. Nat., I, p. 235.

Peu commun. — Portendik, Cap Blanc, les Almadies.

Cette espèce, de passage en Sénégambie, ne séjourne que très peu de temps dans les localités qu'elle visite.

Gen. **MELANOPELARGUS** Reich.

549. MELANOPELARGUS NIGER Reich.

Melanopelargus niger Reich., Nat. Syst., t. CLXV, fig. 453.
Ciconia nigra Briss., Orn., V, p. 362.
Ardea nigra Lin., Syst. Nat., I, p. 235.

Secondiamo. — Assez rare. — Kita, Bakel, Boukarié, Maina, Richard-Toll, Sedhiou, Albreda, Bathurst.

Nous considérons cette espèce comme étant aussi de passage, ne l'ayant rencontrée qu'au temps de l'hivernage.

Gen. **ABDIMIA** C. Bp.

550. ABDIMIA ABDIMII Gray.

Abdimia Abdimii Gray, Handl. Birds, III, p. 35.
Ciconia Abdimii Licht., Verz. Doubl., p. 76.
    —   Hartl., Orn. W. Afr., p. 227.
Sphenorhynchus Abdimii Ehren., Symb. Phys. Av., II, t. V.

Secondiamo. — Assez commun. — Bakel, Bakoy, Bafing, Richard-Toll, Boukarié, Maina, Sedhiou, Zekinkior.

L'aire d'habitat de cette Cigogne comprend le Sud de l'Afrique, le Zambèze, le Mozambique, et une partie de l'Afrique centrale.

Gen. **DISSOURA** Cab.

551. DISSOURA LEUCOCEPHALA Cab.

Dissoura leucocephala Cab., Dek. Reis., III, p. 48.
Ciconia leucocephala Horsf., Trans. Linn. Soc., 1821, p. 188.
   —   —   Hartl., Orn. W. Afr., p. 227.
  —   *episcopus* Bodd., Tab., Pl. Enl.

Kandejh. — Assez rare. — Gambie, Casamence, Sedhiou, Albreda, Diataconda, Bathurst. Plus rare au Nord, Kita, Maina, Falémé.

Gen. **MYCTERIA** Lin.

552. MYCTERIA SENEGALENSIS Lath.

Mycteria Senegalensis Lath., Ind. Orn., Supp., pl. 64.
        —   Hartl., Orn. W. Afr., p. 228.
Ciconia Senegalensis Vieill., Gal., pl. CCLV.
Jabiru du Sénégal Lath., Gen. Hist., IX, p. 19.

Serignajh. — Commun. — Plaines de Bakel, Portendik, Bafoulabé, Gandiole, Richard-Toll, Babagaye, pays des Serrères, Maloumb, Monsor, Wagran.

Gen. **LEPTOPTILOS** Less.

553. **LEPTOPTILOS CRUMENIFERUS** Less.

Leptoptilos crumeniferus Less., Trait. Orn., p. 585.
       —   Hartl., Orn. W. Afr., p. 228.
Ciconia crumenifera Schleg., Mus. P. B., p. 12.
  — *vetula* Sundev., Phys. Sallsk. Tijds., 1838, I, 108.
Argala crumenifera C. Bp., Consp. Av., II, p. 117.

Baboukey. — Commun. — Habite les mêmes localités que l'espèce précédente.

Les peaux préparées de cet Oiseau sont l'objet d'un commerce important; ses longues plumes sous-caudales, blanches et légères, désignées sous le nom de *Marabouts,* sont employées dans la parure. Le bec est d'un jaune sale brun à la base, les pieds blanchâtres et comme poudreux; l'iris d'un fauve cannelle pâle, les teintes de ces parties données par M. Barboza du Bocage (*Orn. Ang.,* p. 453) sont complètement inexactes.

Fam. **ANASTOMATIDÆ** C. Bp.

Gen. **ANASTOMUS** Bonn.

554. **ANASTOMUS LAMELLIGERUS** Temm.

Anastomus lamelligerus Temm., Pl. Col., 236.
       —   Hartl., Orn. W. Afr., p. 229.
Hians Capensis Less., Man. Orn., II, p. 252.
Hiator lamelligerus Reich., Nat. Syst., t. 167, f. 438.

M'Pitowenda. — Assez commun. — Bakel, Bafoulabé, Gangaran, Damarkour, Babagaye, Sedhiou, Bering, Ghimbering, Daranka.

Fam. **SCOPIDÆ** C. Bp.

Gen. **SCOPUS** Briss.

555. SCOPUS UMBRETTA Gm.

Pl. XXIV, fig. 1 à 4.

Scopus umbretta Gm., S. N., I, p. 618.
     —   Hartl., Orn. W. Afr., p. 229.
Ardea fusca Forst., éd. Licht., p. 47.
Cephus scopus Wagl., Syst. Av., p. 146.
L'Ombrette du Sénégal Buff., Pl. Enl., 796.

Gid. — Commun. — Mêmes localités que l'espèce précédente, et toute la Sénégambie, ainsi que le continent Africain.

Les mœurs du *Scopus umbretta* ont été singulièrement interprétées ; il semble que les observateurs se soient donné le mot pour inventer sur cet Oiseau les histoires les plus fantastiques, et c'est avec peine que nous voyons des Ornithologistes de mérite accepter ces rêveries sans discussion.

Comme Layard, Delgorgues, Ayres, Kirck, Monteiro, Holub, etc., nous avons étudié l'Ombrette dans les régions où elle habite ; aussi devons-nous proclamer hautement que les récits de ces Naturalistes sont entachés des plus grossières erreurs.

« Le 30 janvier 1843, dit Delgorgues (*Voy. Afr. Austr.*, t. I, p. 516), je rencontrai un nid monstrueux couvert par un toit épais par le haut, n'ayant qu'une issue vers le Nord, sise sur un des côtés ; la forme de cette issue n'était pas ronde, mais quadrangulaire ; ce nid avait plus de six pieds de diamètre, et était formé d'une immense quantité de buchettes dont quelques-unes avaient la grosseur du petit doigt ; l'Oiseau qui les construit n'est autre que le *Hamer-Kop* (*Tête de marteau*) des colons, *Ardea umbretta* des Naturalistes. »

« L'Ombrette, écrit Layard (*The Birds of S. Africa*, 1867, p. 593), est un Oiseau étrange, voltigeant dans l'obscurité avec une grande vivacité, il fait sa proie de Grenouilles et de petits Poissons, et quand deux ou trois individus viennent chasser sur le même petit étang, ils exécutent des danses singulières, sautant en rond les uns en face des autres, ouvrant et fermant leurs ailes et prenant les poses les plus grotesques, ils construisent des nids énormes et tellement solides que leur toit peut supporter le poids d'un homme fort ; ils ont un petit trou pour entrée et leurs œufs au nombre de 3 ou 5 sont d'un blanc pur. »

« J'appris, il y a peu de temps, raconte Ayres (*Ibis*, 1880, *vol.* IV, *fourth. ser.*, p. 268), que ce singulier Oiseau prenait sa nourriture dans un fossé peu profond ; il tâte tout autour de lui, avec ses pieds, en faisant des courbettes d'une façon des plus comiques, de manière à tourmenter les Grenouilles et les Crabes dont il se nourrit. »

Pour le D⟨r⟩ Kirck (*Ibis,* 1864, *vol.* VI, p. 333), « cet Oiseau est sacré et considéré comme possédant le pouvoir de sorcellerie ; son nid colossal mesure six pieds de diamètre, sa forme est aplatie ; la plus grande partie de sa masse est composée de bâtons et de branches d'arbres intimement tissés ensemble, ces nids servent au même couple pendant plusieurs années de suite ».

La version de Monteiro est tout autre (*Angola and the riv. Congo, vol.* II, 1875, p. 73) : « les naturels m'ont affirmé que l'Ombrette ne construit jamais elle-même son nid, mais que des Oiseaux de diverses espèces le bâtissent pour elle ; si, ajoute-t-il, quelqu'un vient à se baigner dans l'étang où cet Oiseau a coutume de laver et de nettoyer ses plumes, aussitôt il est atteint d'une éruption semblable à la Gale ».

M. Gerbe, dans l'édition Française de la vie des animaux de Brehm (t. II, p. 628-629), va plus loin : « J'ai souvent vu, s'exprime-t-il, son nid énorme à ouverture parfaitement circulaire ; ce nid extérieurement a de 1ᵐ65 à 2 mètres de diamètre et environ autant de hauteur, il est bombé en forme de dôme, l'intérieur est divisé en trois chambres complètement séparées l'une de l'autre, antichambre, chambre à demeure, chambre à coucher ; ces chambres sont aussi bien construites que l'est l'intérieur du nid, l'entrée en est juste suffisante pour donner passage à l'Oiseau. La dernière chambre est située plus haut que les deux antérieures et de façon à ce que l'eau qui y entrerait puisse s'en écouler ; mais le tout est si solidement établi que les pluies même les plus fortes ne peuvent l'endommager. La chambre à coucher est la plus vaste, elle est aussi la plus reculée et c'est là que le mâle et la femelle couvent alternativement les deux œufs, qui, composant toute la couvée, reposent sur une couche molle de roseaux et de feuilles; la pièce moyenne sert à recevoir le produit des chasses; dans toute saison on y trouve des os d'animaux desséchés ou putréfiés; la chambre antérieure, la plus petite des trois, est une sorte de guérite où se tient l'Oiseau veillant à tout ce qui se passe, avertissant sa compagne par un cri et l'invitant ainsi à prendre la fuite. J. Verreaux croit se souvenir, sans en être sûr, que les œufs sont d'un blanc verdâtre semés de *quelques* taches *nombreuses.* »

Enfin, nous copions textuellement le passage suivant, que nous empruntons à la Conférence faite par M. Oustalet à la Sorbonne, le 10 mars 1883, sur l'architecture des Oiseaux, conférence publiée dans le Bulletin de l'Association Scientifique de France (p. 27 *du tirage à part*) : « Au point de vue zoologique, c'est dans le voisinage des Hérons que se place l'Ombrette, Échassier de taille moyenne et portant une livrée brune, qui habite l'île de Madagascar et toute l'Afrique australe, où il a été observé récemment par M. le Dr Holub. Dans cette dernière région l'espèce est connue sous le nom vulgaire de *Hammer-Kopf* (*Tête en marteau*),... l'Ombrette ne fréquente pas les marécages à la manière de beaucoup d'Échassiers et recherche surtout les courants et les ruisseaux limpides. Pendant des heures entières, cet Oiseau à la physionomie étrange se promène le long de la rive, comme un philosophe péripatéticien; il semble plongé dans de profondes méditations et s'en va le dos voûté en penchant sa tête chenue qu'il secoue de temps en temps comme pour chasser quelque pensée importune, à quoi peut-il songer? il cherche tout bonnement sur le sol les petits Mollusques dont il fait sa nourriture. Tout à coup il voit une ombre se projeter devant lui, il lève brusquement la tête et se trouve nez à nez avec un autre individu de son espèce; aussitôt il quitte son air absorbé et se met à exécuter une pyrrhique grotesque; son compagnon lui fait vis-à-vis pendant quelques instants; puis tous deux reprennent en sens inverse leur promenade méthodique.

» Le nid de l'Ombrette ne mesure pas moins de deux à trois mètres de circonférence à la partie supérieure, sur $0^m,50$ à $0^m,90$ de haut et pèse jusqu'à deux cents livres; il est en forme de cône renversé et consiste en une masse énorme de branches, de ramilles et même de débris d'ossements cimentés avec de la terre et disposés de manière à former une vaste chambre, dans laquelle donne accès un couloir de 0ᵐ,15 à 0ᵐ,25 d'ouverture. Cette chambre est parfaitement close en dessus et met la femelle qui couv. à l'abri des intempéries. »

Les historiens, on le voit, n'ont pas fait défaut à l'Ombrette: ses promenades philosophiques, ses méditations, ses danses pittoresques, sa nidification monumentale pourront faire longtemps les délices des auditeurs que l'on vient instruire en Sorbonne; malheureusement rien de tout cela n'est vrai : les fables les plus brillamment exposées tombent forcément devant l'inflexibilité des faits résultant d'une observation directe et consciencieuse, et l'Ombrette péripatéticienne rentre tout simplement dans la catégorie des plus humbles Hérons.

Le *Scopus umbretta,* excessivement commun non pas seulement à Madagascar et dans l'Afrique australe mais aussi en Sénégambie et sur toute l'étendue du continent Africain, est un animal solitaire vivant par couples, chaque couple ayant, pour ainsi dire, un territoire délimité ; on le rencontre sur les bords des marigots, tantôt immobile, tantôt à la recherche des petits Reptiles, des Crabes, des Insectes et des Poissons dont il se nourrit, ne se singularisant en aucune façon des troupes de Hérons de toute espèce, parmi lesquels il se mêle souvent; vers le soir, il pousse un long cri aigu et prend son vol vers le sommet des Palétuviers ou des arbres épars au milieu des marécages, afin d'y passer la nuit; à la pointe du jour, il se remet en chasse, comme les autres Échassiers ses voisins; nous ne voyons dans ces habitudes des plus ordinaires rien de comparable aux *promenades d'un philosophe péripatéticien;* à l'époque de l'union des sexes, comme chez un grand nombre d'Oiseaux, le mâle tourne un instant autour de la femelle en relevant sa huppe occipitale, il agite ses ailes et dès que l'accouplement est terminé, l'un et l'autre s'éloignent pour se remettre à la recherche de leur proie; malgré notre bon vouloir, nous n'avons jamais pu considérer cet acte comme l'*exécution* d'une *pyrrhique grotesque.*

L'Ombrette, a dit le Dʳ Holub, et d'après lui M. Oustalet, recherche les torrents et les ruisseaux limpides et ne fréquente pas les marais : c'est possible dans les localités explorées par notre confrère; mais les deux savants Naturalistes ne sont pas

sans savoir que l'Ombrette vit en Sénégambie, où les ruisseaux
et les torrents sont d'une excessive rareté, ce qui l'oblige à faire
son habitat exclusif des marigots et des marécages. Ce manque
d'eaux vives influerait-il sur ses mœurs, si différentes de celles
de ses compagnons plus fortunés *des Colonies Anglaises?*

C'est à l'enfourchure de deux ou plusieurs branches et à une
hauteur de quelques mètres, que l'Ombrette (du moins celle de
Sénégambie) établit son nid, sur les arbres au bord des marigots
ou dans les plaines avoisinantes; de loin il apparaît comme une
masse informe d'herbes sèches, au centre de laquelle existe un
trou parfaitement circulaire (Pl. XXIV, fig. I). Sous cette masse
de feuilles et de tiges de graminées, existe une véritable charpente
de forme conique et triangulaire, faite de branches d'un assez
fort diamètre, régulièrement disposées les unes au-dessus des
autres en entre-croisement, et réunies par de la vase; cet agen-
cement figuré sur la coupe perpendiculaire d'un nid (Pl. XXIV,
fig. 2) ne peut être mieux comparé qu'à un panier à cultiver les
orchidées; au fond de l'espace délimité par les branches, existe
une couche de vase, où les œufs, au nombre de cinq à huit, reposent directement; ces œufs d'un beau rose à taches plus foncées
(Pl. XXIV, fig. 3-4) mesurent 0,038^{mm} dans leur grand axe et
0,022^{mm} de diamètre.

Le diamètre du nid dépasse rarement 0^m,80; sa hauteur est de
0^m,56 et l'ouverture d'entrée, de 0^m,08. Ces dimensions sont loin
d'approcher de celles données par les observateurs précités;
quant aux différentes pièces que M. Gerbe décrit, comme s'il les
avait vues, nous ne les avons jamais observées; les Ombrettes de
la Sénégambie n'ont ni chambre à coucher, ni salle à manger, ni
guérite pour un veilleur; comme aux Nègres qui les entourent,
une modeste case leur suffit!

Fam. **PLATALEIDÆ** C. Bp.

Gen. **PLATALEA** Lin.

556. PLATALEA LEUCORODIA Lin.

Platalea leucorodia Lin., Syst. Nat., I, p. 231.

Platalea nivea Cuv., R. An., I, p. 482.
  —   *alba* Scop., Sonn. Voy., t. XXVI.
La Spatule Buff., Pl. Enl., 405.

Giamkoudou. — Assez rare. — Argain, Cap Blanc, les Almadies, Cap-Vert.

La Spatule d'Europe est de passage en Sénégambie, où elle arrive à la fin de l'hivernage.

557. PLATALEA TENUIROSTRIS Temm.

Platalea tenuirostris Temm., Man. Orn., I, p. 113.
  —   *nudifrons* Less., Trait. Orn., p. 579.
Leucorodius tenuirostris Gray, Handl. Birds, III, p. 37.

Giamkoudou. — Peu commun. — Kita, Saldé, Thionk, Diouk, M'Bao, Albreda, Sedhiou, Zekinkior.

Fam. TANTALIDÆ C. Bp.

Gen. TANTALUS Lin.

558. TANTALUS IBIS Lin.

Tantalus Ibis Lin., Syst. Nat., I, p. 241.
  —   Hartl., Orn. W. Afr., p. 230.
Ibis candida Briss., Orn., V, p. 349.

N'Djunojh. — Assez commun. — Plaines de Bakel, Portendik, Bafoulabé, Gandiole, Oualo, Cayor, Galam, Maloumb, Sedhiou, Albreda, Bathurst.

Fam. IBIDIDÆ Gray.

Gen. FALCINELLUS Bechst.

559. FALCINELLUS FALCINELLUS Gray.

Falcinellus falcinellus Gray, Handl. Birds, III, p. 39.

Ibis falcinellus Flem., Brit. An., 102.
       —   Hartl., Orn. W. Afr., p. 230.
Tantalus falcinellus Lin., Syst. Nat., I, p. 241.

Orauno. -- Assez commun. — Khaza, Safal, N'Guer, Kouma, N'Bilor, Gahé, Saloum, Daranka, Sedhiou.

Cet Ibis est répandu sur tout le continent Africain.

Gen. **GERONTICUS** Wagl.

560. GERONTICUS ÆTHIOPICUS Gray.

Geronticus Æthiopicus Gray, Gen. of Birds, III, p. 556.
Ibis religiosa Savig., Syst. Egyp. Ois., t. VII, f. 1.
Tantalus Æthiopicus Lath., Ind. Orn., II, p. 706. Juv.
Thresciornis religiosus Hartl., Orn. W. Afr., p. 231.

N'Guik. — Commun. — Bakel, Saldé, Portendik, Thionk, Diouk, Galam, Oualo, Cayor, Daranka, Zekinkior.

Les parties nues de la tête et du cou chez le mâle de cette espèce sont d'un noir bleu, et non pas simplement noires comme l'avancent la plupart des auteurs ; les pieds sont d'un rouge noir plus foncé aux doigts et aux articulations ; le bec, d'un noir bleu, a le centre des mandibules rougeâtre ; l'iris est brun et le tour des orbites d'un beau rouge laque.

Heuglin (*Orn. Nordost Afr.*, p. 1036) est le seul Ornithologiste, à notre connaissance, qui cite et décrive exactement un espace nu situé en dessous des ailes et sur le trajet de l'humérus : « cute subalari nuda, læte incarnato rubra. »

Gen. **HARPIPRION** Wagl.

561. HARPIPRION CARUNCULATA Rüpp.

Harpiprion carunculata Rüpp., Ueber N. O. Afr., p. 122.
Ibis carunculatus Rüpp., Faun. Abyss., pl. XIX.
Bostrychia carunculata Reich., Nov. Syn. Av., pl. LXXXIII.

N'Guik. — Assez rare. — Kita, Bakoy, Bafing, Falémé, Kouguel, Arondou.

Elliot (*P. Z. S. of Lond.*, 1877) indique cet Ibis comme très commun en Abyssinie; d'après Rüppel et Blanfort, il descend jusque dans la haute Sénégambie, où sa présence a été dûment établie par M. le Dr Colin. Il habite également Angola.

Plusieurs Ornithologistes, parmi lesquels on peut citer Heuglin et Elliot, inscrivent cette espèce sous le nom générique de *Bostrychia*; ce nom doit être rejeté, non seulement parce qu'il est postérieur de dix-neuf ans à celui de *Harpiprion*, mais encore parce qu'il fait double emploi, ce nom de *Bostrychia* ayant été proposé par C. Montagne (*Hist. Phys. Polit. et Nat. de Cuba*) pour des Plantes du groupe des *Phycées,* et cela douze ans avant que Reichenbach ait songé à en faire une division des Ibis.

Gen. **HAGEDASHIA** C. Bp.

562. HAGEDASHIA ÇHALCOPTERA Elliot.

Hagedashia chalcoptera Elliot, P. Z. S. of Lond., 1877, p. 500.
Ibis chalcoptera Vieill., N. Dict. H. N., XVI, p. 9.
Geronticus hagedash Gray, Gen. of Birds, III, p. 556.
   —   Hartl., Orn. W. Afr., p. 231.

N'Guik. — Peu commun. — Gambie, Casamence, Mélacorée, Sedhiou, Daranka, Zekinkior.

Gen. **COMATIBIS** Reich.

563. COMATIBIS COMATA Reich.

Comatibis comata Reich., Nov. Syn. Av., 1851, p. 291, f. 2383.
Ibis comata Rüpp., Syst. Ueber., 1845, t. XLV.

N'Guik. — Rare. — Kita, Bakel, Bakoy, Bafing, Tombocané.

C'est encore une espèce Abyssinienne recueillie dans la haute Sénégambie par le Dr Colin.

Fam. **LIMOSIDÆ** Gray.

Gen. **NUMENIUS** Lin.

564. NUMENIUS ARQUATA Lath.

Numenius arquata Lath., Ind. Orn., III, p. 710.
      —   Hartl., Orn. W. Afr., p. 232.
Scolopax arquata Lin., Syst. Nat., I, p. 242.
Le Courlis Buff., Pl. Enl., 818.

Tamabäjh. — Assez rare. — Portendik, Cap Blanc, Argain, Baie du Lévrier, Cap-Vert, les Almadies, Pointe de Barbarie.

Nous considérons cette espèce comme de passage en Sénégambie, l'ayant seulement observée à l'époque de l'hivernage.

565. NUMENIUS PHÆOPUS Lath.

Numenius phæopus Lath., Ind. Orn., III, p. 712.
      —   Hartl., Orn. W. Afr., p. 232.
Scolopax phæopus Lin., Syst. Nat., I, p. 243.

Tamabäjh. — Assez rare. — Nous ferons pour ce *Numenius* les mêmes observations que pour le précédent ; il habite les mêmes localités et de plus les bords de la Casamence et de la Gambie.

Gen. **LIMOSA** Briss.

566. LIMOSA ÆGOCEPHALA Gray.

Limosa ægocephala Gray, Gen. of Birds, III, p. 570.
Scolopax ægocephala Lin., Syst. Nat., I, p. 246.
La Barge commune Buff., Pl. Enl., 874.

Tamabajh. — Peu commun. — Portendik, Argain, les Almadies, Cap Blanc.

567. LIMOSA RUFA Briss.

Limosa rufa Briss., Orn., V, p. 231, t. XXV.
—   Hartl., Orn. W. Afr., p. 233.
Scolopax Lapponica Lin., Syst. Nat., I, p. 246.

Tamabajh. — Peu commun. — Argain, Cap Blanc, Pointe de Barbarie, Gambie, Casamence.

Ces deux *Limosa* sont seulement de passage en Sénégambie.

Fam. TOTANIDÆ Gray.

Gen. TOTANUS Bech.

568. TOTANUS STAGNALIS Bech.

Totanus stagnalis Bech., Orn. Taschemb., II, p. 292.
—   Hartl., Orn. W. Afr., p. 233.
Scolopax totanus Lin., Syst. Nat., I, p. 245.

Ritanké. — Assez commun. — Gambie, Casamence, Sedhiou, Albreda, Zekinkior.

Plus particulièrement propre à la basse Sénégambie, ce *Totanus* Européen, dont l'aire d'extension est considérable, nous paraît être seulement de passage dans les localités où nous l'avons observé.

569. TOTANUS OCHROPUS Temm.

Totanus ochropus Temm., Man. Orn., IV, p. 420.
Tringa ochropus Lin., Syst. Nat., I, p. 250.
Bécasseau ou Cul Blanc Buff., Pl. Enl., 843.

Bekas. — Assez commun. — Mêmes localités que l'espèce précédente; comme elle aussi, de passage.

570. TOTANUS GLAREOLA Temm.

Totanus glareola Temm., Man. Orn., IV, p. 421.
Tringa glareola Lin., Syst. Nat., I, p. 250.
— *littorea* Lin., Faun. Suec., p. 66.

Bekas. — Assez commun. — Toute la Sénégambie, où l'espèce est de passage.

571. TOTANUS CALIDRIS Bechst.

Totanus calidris Bechst., Naturg. Deustsch., IV, 216.
— Hartl., Orn. W. Afr., p. 234.
Tringa gambetta Gm., S. N., I, p. 671.
Scolopax calidris Lin., Syst. Nat., I, p. 245.
Chevalier aux pieds rouges Buff., Pl. Enl., 827.

Bekas. — Assez commun. — Toute la Sénégambie.

572. TOTANUS GRISEUS Bechst.

Totanus griseus Bechst., Naturg. Deutsch., IV, p. 231.
Limosa grisea Briss., Orn., V, p. 267.
Glottis chloropus Nils., Orn. Suec., II, p. 57.

Bekas. — Peu commun. — Gambie, Casamence, Sedhiou, Hann, M'Bao, Joalles, Rufisque.

573. TOTANUS FUSCUS Leisl.

Totanus fuscus Leisl., Nachtr. Bechst. Natg., II, p. 45.
Scolopax fusca Lin., Syst. Nat., I, p. 243.
Tringa atra Lath., Ind. Orn., II, p. 738.

Bekas. — Assez rare. — Cap Blanc, Argain, les Almadies, Pointe du Cap-Vert, Hann, M'Bao, Joalles, Rufisque.

Comme toutes ses congénères, cette espèce doit être placée parmi les Oiseaux migrateurs qui se montrent en Sénégambie pendant la durée de l'hivernage ou à la fin de cette saison.

Gen. **TRINGOIDES** C. Bp.

574. TRINGOIDES HYPOLEUCUS Gray.

Tringoides hypoleucus Gray, Handl. Birds, III, p. 46.
Tringa hypoleucas Lin., Syst. Nat., I, p. 250.
Actitis hypoleucus Hartl., Orn. W. Afr., p. 235.

Ishombo. — Assez commun. — Les Almadies, Argain, baie du Lévrier, M'Bao, Hann, Gambie, Casamence, Sedhiou, Daranka.

Fam. **RECURVIROSTRIDÆ** C. Bp.

Gen. **RECURVIROSTRA** Lin.

575. RECURVIROSTRA AVOCETTA Lin.

Recurvirostra avocetta Lin., Faun. Suec., p. 191.
           —   Hartl., Orn. W. Afr., p. 235.
Avocette Buff., Pl. Enl., 353.

Sagueminho. — Peu commun. — Argain, les Almadies, Cap Blanc, îles de la Madeleine, Gorée, Hann, Ponte, Joalles, Gambie, Casamence.

Nous avons observé cette espèce seulement au commencement de l'hivernage.

Gen. **HIMANTOPUS** Briss.

576. HIMANTOPUS CANDIDUS Briss.

Himantopus candidus Briss., Orn., V, p. 33.

Himantopus melanopterus Hartl., Orn. W. Afr., p. 236.
—   *vulgaris* Bech., Orn. Taschemb., II, p. 335.
L'Echasse Less., Compl. Buff., II, p. 678.

Hawhielejhi. — Rare. — Cap Blanc, les Almadies, Hann, Gambie, Casamence, Sedhiou, Bathurst.

Fam. **TRINGIDÆ** C. Bp.

Gen. **PHILOMACHUS** Möhr.

577. PHILOMACHUS PUGNAX Möhr.

Philomachus pugnax Möhr., Gen. Av.
Tringa pugnax Lin., Syst. Nat., I, p. 247.
Machetes pugnax Cuv., R. An., I, p. 527.
Le Combattant ou Paon de mer Buff., Pl. Enl., 305.

Omonigoui. — Rare. — Cap Blanc, Baie du Lévrier, les Almadies, Argain, Angel, les deux Mamelles, Sedhiou, Daranka, Bathurst.

Gen. **TRINGA** Lin.

578. TRINGA CANUTUS Lin.

Tringa canutus Lin., Syst. Nat., I, p. 251.
—   Hartl., Orn. W. Afr., p. 237.
Maubèche grise Buff., Pl. Enl., 365.

Sandijha. — Commun. — Gambie, Casamence, Sedhiou, Bathurst, Albreda, Daranka, Mélacorée.

579. TRINGA CINCLUS Lin.

Tringa cinclus Lin., Syst. Nat., I, p. 251.
Schœniclus cinclus Möhr., Gen. Av.
Le Cincle Buff., Pl. Enl., 852.

Sandijha. — Rare. — Mêmes localités que l'espèce précédente.

580. TRINGA MINUTA Leisl.

Tringa minuta Leisl., Nachtr. Bechst. Natg., I, p. 74.
　　　　— 　　　Hartl., Orn. W. Afr., p. 238.
Actodromus minutus Kaup., Natur. Syst., p. 55.

Sandijha. — Assez commun. — M'Bao, Hann, Diouk, Gandiole, Sedhiou, Daranka.

581. TRINGA TEMMINCKII Leisl.

Tringa Temminckii Leisl., Nachtr. Bechst. Natg., I, p. 65.
　　　　— 　　　Hartl., Orn. W. Afr., p. 238.
Leimonites Temmincki Kaup., Natur. Syst., p. 37.

Sandijha. — Assez rare. — Joalles, Dakar, Sedhiou, Cap Naz, Mélacorée.

582. TRINGA SUBARQUATA Temm.

Tringa subarquata Temm., Man. Orn., II, p. 609.
Scolopax subarquata Guild., Nov. Conn. Petrop., 1775, XIX, p. 471.
Numenius Africanus Lath., Ind. Orn., II, p. 712.

Sandijha. — Assez commun. — Les Almadies, Argain, Hann, M'Bao, Gambie, Casamence, Mélacorée.

Gen. CALIDRIS Cuv.

583. CALIDRIS ARENARIA Leach.

Calidris arenaria Leach., Cat. Brit. Mus., p. 28.
Tringa arenaria Lin., Syst. Nat., I, p. 251.
Arenaria vulgaris Bech., Orn. Taschemb., II, p. 462.

Sandïjha. — Commun. — Toute la Sénégambie; espèce éminemment voyageuse et ne se montrant que pendant l'hivernage.

Fam. **SCOLOPACIDÆ** C. Bp.

Gen. **GALLINAGO** Leach.

584. **GALLINAGO MAJOR** Leach.

Gallinago major Leach., Cat. Brit. Mus., p. 31.
Scolopax major Gm., S. N., I, p. 661.
— *gallinago* Temm., Man. Orn., II, p. 676.
La double Bécassine Degl., Orn., II, p. 181.

Bekassba. — Assez rare. — Portendik, Cap Mirik, Argain et le haut Sénégal, Bakoy, Kita, Aroudou, Tombocané.

585. **GALLINAGO SCOLOPACINA** C. Bp.

Gallinago scolopacina C. Bp., Compt. Rend., 1856, XLIII, p. 579.
— Hartl., Orn. W. Afr., p. 239.
Scolopax gallinago Lin., Syst. Nat., I, p. 244.
La Bécassine Buff., Pl. Enl., 883.

Bekassba. — Peu commun. — Argain, les Almadies, Pointe des Chameaux, M'Bao, Sedhiou, Daranka, Bathurst.

586. **GALLINAGO GALLINULA** C. Bp.

Gallinago gallinula C. Bp., List. Ois. Eur., p. 52.
Scolopax gallinula Lin., Syst. Nat., I, p. 244.
Lymnocryptes gallinula Kaup., Natur Syst., p. 118.

Bekassba. — Rare. — Cap Blanc, baie du Lévrier, les Almadies, Pointe des Chameaux, marigot des Maringouins.

Gen. **SCOLOPAX** Lin.

587. SCOLOPAX RUSTICOLA Lin.

Scolopax rusticola Lin., Syst. Nat., I, p. 243.
Rusticola vulgaris Vieill., N. Dict. H. N., II, p. 348.
La Bécasse Buff., Pl. Enl., 885.

Bekassba. — Rare. — Cap Blanc, les Almadies, marigot des Maringouins, Portendik, où nous l'avons tué à la fin de l'hivernage.

Gen. **RHYNCHÆA** Cuv.

588. RHYNCHÆA CAPENSIS Gray.

Rhynchæa Capensis Gray, Zool. Misc., I, p. 18.
     —   Hartl., Orn. W. Afr., p. 239.
Scolopax Capensis Lin., Syst. Nat., I, p. 246.

Ishombo. — Peu commun. — Les Almadies, Cap Blanc, Argain, Hann, Cap Mirik, Sedhiou, Zekinkior, Cap Sainte-Marie.

Fam. **PARRIDÆ** Gray.

Gen. **PARRA** Lath.

589. PARRA AFRICANA Gm.

Parra Africana Gm., S. N., I, p. 709.
     —   Hartl., Orn. W. Afr., p. 240.
Metopodius Africanus Wagl., Isis, 1832.

N'Dyogono. — Assez commun. — Portendik, Kita, Bakel, Thionk, les Maringouins, les Almadies, Sedhiou, île aux Chiens, Cap Sainte-Marie.

Les œufs du *Parra Africana,* que nous avons étudiés sur place, ont une forme conique; ils sont d'un vert olive pâle et ornés de larges stries irrégulières brunes; leur grand axe mesure 0,035^{mm} sur 0,024^{mm} dans le plus grand diamètre (Pl. XXX, fig. 6).

Fam. **FULICIDÆ** C. Bp

Gen. **FULICA** Lin.

590. FULICA ATRA Lin.

Fulica atra Lin., Faun. Succ., p. 193.
— Hartl., Orn. W. Afr., p. 245.
La Foulque Buff., Pl. Enl., 197.

Temetema. — Assez rare. — Marigots de Leybar, Thiouk, N'Bilor, Kouma, lac de N'Guer, Babagaye, Khasa.

Les individus Sénégambiens ne diffèrent, sous aucun rapport, de ceux d'Europe.

591. FULICA CRISTATA Gm.

Fulica cristata Gm., S. N., I, p. 704.
Lupha cristata Rchb., Handl., III, pl. XXI.

Ouwno. — Rare. — Étangs de Kouguel, Makana, Tombocané, bords de la Falémé, Bakoy, Bafing.

Cette espèce semble se localiser dans la région Nord-Est de la Sénégambie; du moins M. le Dr Colin et nous ne l'avons pas observée ailleurs.

Fam. **GALLINULIDÆ** Gray.

Gen. **GALLINULA** Briss.

592. GALLINULA CHLOROPUS Lath.

Gallinula chloropus Lath., Ind. Orn., II, p. 770.
— Hartl., Orn. W. Afr., p. 244.
Fulica chloropus Lin., Syst. Nat., I, p. 218.

Owno. — Peu commun. — Lac de N'Guer, marais de Gangaran, étangs de Kouguel, Arondou, Makana.

Nous n'avons observé cette espèce que dans la haute Sénégambie où nous ne la considérons pas comme sédentaire.

Fam. PORPHYRIONIDÆ Rchb.

Gen. HYDRORNIA Hartl.

593. HYDRORNIA ALLENI Hartl.

Hydrornia Alleni Hartl., Orn. W. Afr., p. 243.
Porphyrio Alleni Thoms., Ann. and Mag. Nat. Hist., X, p. 204.
Gallinula mutabilis Sundev., Œfv. 1850, p. 132.

Guitokono. — Assez commun. — Kouguel, Makana, Thionk, Sedhiou, île aux Chiens.

Gen. PORPHYRIO Briss.

594. PORPHYRIO SMARAGNOTUS Temm.

Porphyrio smaragnotus Temm., Man. Orn., II, p. 700.
   — *chlorynotus* Vieill., Encycl. Méth., 1050.

Seeyejh. — Commun. — Mêmes localités que l'espèce précédente.

Cette espèce est très recherchée comme Oiseau de volière; les commerçants Européens la désignent au Sénégal sous le nom de *Poule Sultane.*
Ses œufs arrondis aux deux bouts sont d'un beau rose laque pâle, et portent des taches plus foncées irrégulièrement éparses sur toute la surface. Leur axe mesure 0,044^{mm}; leur grand diamètre, 0,033^{mm} (Pl. XXX, fig. 7). L'Oiseau construit un nid de roseaux et d'herbes desséchées, grossièrement enlacées; il est placé presque au niveau de l'eau, sur les racines et les branches des Palétuviers.

Fam. **RALLIDÆ** Leach.

Gen. **ORTYGOMETRA** Lin.

595. ORTYGOMETRA PYGMÆA Gray.

Ortygometra pygmæa Gray, Gen. of Birds, III, p. 593.
Crex pygmæa Naum., V. D., IX, p. 567, t. CCXXXIX.
— *Bailloni* Kaup., Thierr., II, p. 364.

Idiownho. — Rare. — Kouma, N'Bilor, Safal, Monzor, Cagnout, Samatite.

Gen. **LIMNOCORAX** Peters.

596. LIMNOCORAX SENEGALENSIS Peters.

Limnocorax Senegalensis Peters, Bericht. Verh. Ac. Wiss. Berl., 1854, p. 188.
— *flavirostris* Hartl., Orn. W. Afr., p. 244.
Rallus carinatus Swain., Class. Birds, I, p. 158, f. 86.

Idiownho. — Peu commun. — Gambie, Casamence, Mélacorée, Ghimbering, Itou, Bering, Cagnout, Zekinkior, Albreda.

Gen. **PORZANA** Vieill.

597. PORZANA PORZANA Gray.

Porzana porzana Gray, Handl. Birds, III, p. 62.
Rallus porzana Lin., Syst. Nat., I, p. 262.
Gallinula porzana Lath., Ind. Orn., II, p. 772.
La Marouette Buff., Pl. Enl., 751.

Idiownho. — Peu commun. — Portendik, Jarra, Faraui, Agnitier, Thionk, Safal, Cap Mirik.

Gen. **CREX** Bechst.

598. CREX PRATENSIS Bechst

Crex pratensis Bechst., Naturg. Deutsch., IV, p. 410.
Rallus crex Lin., Faun. Suec., p. 70.
Gallinula crex Lath., Ind. Orn., II, p. 766.
Le Rale de Genêts Buff., Pl. Enl., 750.

Idiownho. — Assez rare. — Leybar, Thionk, Pointe de Barbarie, Sorres, Hann, M'Bao, Ponte.

599. CREX PULCHRA Gray.

Crex pulchra Gray, Zool. Misc., I, p. 13.
—   Hartl., Orn. W. Afr., p. 241.
Gallinula pulchra Swain., Birds W. Afr., II, p. 243.

Idiown. — Assez rare. — Gambie, Mélacorée, Sedhiou, Daranka.

600. CREX DIMIDIATA Schleg.

Crex dimidiata Schleg., Mus. P. B., p. 27.
Corethrura cinnamomea Hartl., Orn. W. Afr., p. 242.
—   *ruficollis* Layard, Birds S. Afr., p. 239.

Idiown. — Assez commun. — Habite les mêmes localités que le *Crex pulchra*.

Gen. **RALLINA** Schleg.

601. RALLINA OCULEA Schleg.

Rallina oculea Schleg., Mus. P. B., p. 20.
Rallus oculeus Hartl., Orn. W. Afr., p. 241.
Canirallus oculeus C. Bp., Compt. Rend. Ac. Sc., 1856, XLIII, p. 600.

Donkaré. — Rare. — Gambie, Casamence, Sedhiou, Bathurst, île aux Chiens, Samatite, Cagnout.

Fam. **HELIORNITHIDÆ** Less.

Gen. **PODICA** Less.

602. PODICA SENEGALENSIS Less.

Pl. XXV, fig. 1.

Podica Senegalensis Less., Trait. Orn., p. 596.
Heliornis Senegalensis Vieill., Gal. Ois., t. CCLXXX.
Podoa Pucherani C. Bp., note sur le genre Heliornis, 1856.

Idiowho. — Peu commun. — Thionk, Leybar, Lac de N'Guer, Khaza, Safal, Taalari, Gangaran, Cagnout, Ghimbering.

A part quelques légères différences que nous signalerons plus loin, Hartlaub (*Orn. W. Afr.*, p. 249) est le seul qui ait scrupuleusement décrit le mâle et la femelle du *Podica Senegalensis;* ses descriptions répondent parfaitement à tous nos exemplaires, ainsi qu'au type de Vieillot que nous avons sous les yeux, type un peu trop brièvement caractérisé et surtout mal figuré (*Gal. des Ois.*, 1825, t. II, p. 201, pl. CCLXXX).

C'est ce type de Vieillot déposé dans les galeries du Muséum de Paris que nous figurons; pour sa description, nous ne saurions mieux faire que de reproduire celle d'Hartlaub, en la modifiant légèrement.

Adulte ♂. — SUPRA SATURATE BRUNNEA, *passim olivaceo nitescente,* MACULIS DORSALIBUS *pallide isabellinis,* MAGNIS, *subrotundatis, nigromarginalis,* CREBRE NOTATA; GULA CHALYBÆA, FASCIA STRIATA, SUPERCILIARI, UTRINQUE PER COLLI LATERA DECURRENTE ALBA; RECTRICUM RACHIDIBUS AURANTIIS; HYPOCHONDRIIS FULVO *castaneoque,* FASCIATIS; COLLO INFERIORE *pallide* FULVESCENTE; ROSTRO *culmine ruforubro, inferne corallino; iride roseo;* PEDIBUS CARNEO RUBENTIBUS.

Nos mensurations nous donnent :

Longueur totale	511	millimètres.
— de l'aile	230	—
— de la queue	140	—
— du bec	42	—
— des pieds	45	—

Adulte ♀. — MULTO MINOR; GULA ALBA.

En outre les teintes générales sont plus pâles et le devant de la poitrine est fortement teinté de roux cannelle.

Longueur totale	470	millimètres.
— de l'aile	180	—
— de la queue	120	—
— du bec	34	—
— des pieds	38	—

ODONTOGLOSSI Nitz.

Fam. PHOENICOPTERIDÆ C. Bp.

Gen. PHOENICOPTERUS Lin.

603. PHOENICOPTERUS ANTIQUORUM Temm.

Pl. XXVI, fig. 1.

Phoenicopterus antiquorum Temm., Man. Orn., II, p. 587.
     — *ruber* Lin. *(pro parte)*, Syst. Nat., I, p. 139.
     — *Europæus* Swain., Class. Birds, II, p. 364.

Diajholi. — Commun. — Pointe de Barbarie, Safal, Thionk, Leybar, N'Guer, Khaza, Cap-Vert.

604. PHOENICOPTERUS ERYTHRÆUS J. Verr.

Pl. XXVI, fig. 2.

Phoenicopterus erythræus J. Verr., Rev. Zool., 1855, p. 221.
— Gray, Ibis, 1869, p. 442, pl. XIV, f. 6.

Diajholi. — Assez commun. — Mêmes localités que l'espèce précédente ; nous l'avons également tué en Gambie.

Gen. PHOENICONAIAS Gray.

605. PHOENICONAIAS MINOR Gray.

Pl. XXVI, fig. 3.

Phoeniconaias minor Gray, Ibis, 1869, p. 442, pl. XV, f. 8.
Phoenicopterus minor Geoff., Bull. Soc. Philom. Paris, II, p. 97.
— Hartl., Orn. W. Afr., p. 246.

Diajholi. — Assez commun. — Bakel, Kita, bords du Bafing, Falémé, N'Guer, Gangaran, Thionk, Leybar, Mélacorée, Sedhiou, île aux Chiens, Zekinkior.

Gray (*loc. cit.*) s'est fondé sur la forme du bec pour caractériser les diverses espèces de la famille des *Phoenicopteridæ*; un examen minutieux des différents types nous a montré que cette fois ses vues étaient exactes, et nous les acceptons; nous différons seulement sur la manière d'interpréter certaines dispositions; sans entrer dans une étude comparative qui nous entraînerait trop loin, nous renvoyons à ses figures qui, opposées aux nôtres exécutées d'après le vivant, montreront suffisamment les caractéristiques invoquées.

ANSERINI Swain.

Fam. PLECTROPTERIDÆ Gray.

Gen. PLECTROPTERUS Leach.

606. PLECTROPTERUS GAMBIENSIS Steph.

Plectropterus Gambiensis Steph., Gen. Zool., XII, 7, t. XXXVI.
    —   Hartl., Orn. W. Afr., p. 246.
Anas Gambensis Briss., Orn., VI, p. 283.
Cygnus Gambensis Rüpp., Orn. Misc., XII, t. I.

Hitt. — Assez commun. — Saldé, Oualo, Cayor, Galam, Gambie, Casamence.

Il n'est pas rare de voir cette espèce domestiquée, vivre et se reproduire dans les basses-cours des Nègres et des Européens, notamment à Saint-Louis, Sorres, etc.

Gen. SARCIDIORNIS Eyt.

607. SARCIDIORNIS AFRICANA Eyt.

Sarcidiornis Africana Eyt., Mon. Anat., p. 103.
    —   Hartl., Orn. W. Afr., p. 246.

Berkejh. — Assez commun. — Marigots de Kouguel, Arondou, Makana, Lac de N'Guer, Leybar, Thionk, Sorres, Bering, Diataconda, Cagnout, Ghimbering.

A l'état vivant, le caroncule placé au-dessus du bec n'est pas noir, comme le disent la plupart des auteurs, ni d'un noir verdâtre, comme l'affirme Hartlaub (*loc. cit.*), mais d'un pourpre foncé et brillant.

Fam. **ANSERIDÆ** Lafr.

Gen. **CHENALOPEX** Steph.

608. CHENALOPEX ÆGYPTIACA Gould.

Chenalopex Ægyptiaca Gould., Birds Eur., V, p. 353.
Anas Ægyptiaca Lin., Syst. Nat., I, p. 197.

Hitt. — Peu commun. — Bakel, Kita, Makana, Tombokané, Taalari.

Cette espèce, tuée dans la haute Sénégambie, ne s'y montre que pendant les mois d'Octobre et de Novembre.

Gen. **BERNICLA** Steph.

609. BERNICLA CYANOPTERA Rüpp.

Bernicla cyanoptera Rüpp., Syst. Ueber., t. XLVII.
Anser cyanopterus Schleg., Cat. Anser., p. 96.

Rare. — Bakel, Kita, Taalari, Makana.

Ce *Bernicla,* comme le *Chenalopex Ægyptiaca,* visite seulement le haut Sénégal.

Gen. **NETTAPUS** Brandt.

610. NETTAPUS AURITUS Gray.

Nettapus auritus Gray, Gen. of Birds, III, p. 608.
Anas auritus Bodd., Tab. Pl. Enl., 770.
Nettapus Madagascariensis Hartl., Orn. W. Afr., p. 247.

Sililo. — Commun. — Tous les marigots de la Sénégambie, et plus spécialement Kita, Taalari, Makana, Leybar, Thionk, Sorres, les Marin-gouins, lac de N'Guer, Sedhiou, Daranka, Albreda.

La femelle diffère du mâle par des teintes plus pâles et par l'absence de la tache vert pré entourée de noir, située de chaque côté du cou chez les mâles.

Chez les jeunes, le dessus de la tête et le derrière du cou sont d'un noir terne; les deux côtés de la face et du cou sont d'un blanc sale; une bande étroite brune, partant de la région occipitale, se dirige obliquement en traversant l'œil et va se terminer au niveau de la naissance du bec; deux taches brunes arrondies se montrent sur la même ligne en dessous de l'œil, l'une en côté de la région parotidienne, l'autre au niveau de la mandibule inférieure; les parties rousses de l'adulte sont d'un fauve cannelle excessivement pâle; le bec est noirâtre; l'iris, brun.

Le bec chez le mâle est orangé à onglet verdâtre; l'iris est blanc, et non pas brun; les pieds sont d'un brun jaunâtre pâle. Les œufs, d'un vert olive pâle, mesurent 0,039^{mm} dans leur grand axe sur 0,026^{mm} de diamètre (Pl. XXX. fig. 8).

Fam. **ANATIDÆ** Cuv.

Gen. **DENDROCYGNA** Swain.

611. DENDROCYGNA VIDUATA Hartl.

Dendrocygna viduata Hartl., Orn. W. Afr., p. 247.
Anas viduata Lin., Syst. Nat., I, p. 205.
— *personata* P. P. Wurtemb.

Agagarajh. — Commun. — Kita, Taalari, Bakel, Gangaran, Bakoy, Falémé, N'Guer, Maringouins, N'Bilor, N'Baroul, N'Diadioun, Casamence, Gambie.

612. DENDROCYGNA FULVA Baird.

Pl. XXVII, fig. 1.

Dendrocygna fulva Baird., Birds N. Amer., p. 770, tab. 63.
Anas fulva Gm., S. N., I, p. 530.

Agagarajh. — Très commun. — Mêmes localités que le *Dendro-cygna viduata.*

Comme le précédent, ce *Dendrocygna* abonde sur tous les marigots de la Sénégambie, où il vit sédentaire pendant toute l'année; c'est l'une des espèces les plus communes et nous insistons tout particulièrement sur ce fait. Les nombreux individus que nous avons examinés, tous ceux que nous possédons, ne diffèrent en rien des types Américains.

Le *Dendrocygna major*, espèce donnée comme Indienne et citée également dans la partie orientale du continent Africain et à Madagascar, est considéré, par les uns, comme espèce distincte; par les autres, comme race locale; en tout semblable par sa livrée au *Dendrocygna fulva*, il en différerait uniquement par sa taille de beaucoup supérieure.

Non seulement, la différence de taille seule n'est pas, selon nous, suffisante pour distinguer deux espèces; mais l'affirmation des auteurs, relativement à cette taille, est erronée; car le type *major* de Madagascar donne des dimensions de beaucoup inférieures à celles du type *fulva* Américain.

Les mesures comparées de deux échantillons, faisant partie des collections du Muséum, démontrent l'exactitude de notre assertion.

	Type de Madagascar.	Type d'Amérique.
Longueur totale	442 millim.	511 millim.
— de l'aile	220 —	240 —
— de la queue	74 —	78 —
— du bec	48 —	51 —
— du tarse	47 —	52 —
— du doigt médian	50 —	67 —

Les types Sénégambiens donnent les mêmes mensurations que ceux de Madagascar.

Nous faisons figurer un de nos exemplaires de la Sénégambie, tué par nous-même, sur le marigot de Leybar.

Quelques ornithologistes, Heuglin entre autres (*Orn. Ost Afr.,* II, p. 1303), ont soin, avec raison, de distinguer du *Dendrocygna fulva* le *Dendrocygna arcuata* de Cuvier, bien qu'il offre avec lui de très grands rapports : « Der *D. fulva*, dit Heuglin, sehr nahe steht *D. arcuata* Cuv. ».

D'autres, au contraire, inscrivent cette espèce en synonymie du *Dendrocygna fulva;* nous voyons, en effet, dans un ouvrage récent, la *prétendue race locale* du *Dendrocygna fulva,* qualifiée du nom de *Dendrocygna arcuata, var. major;* l'étude du type de Cuvier montre combien cette manière de voir est peu acceptable; la livrée de l'échantillon type est la suivante :

Adulte ♂. — En dessus brun à plumes bordées de roux jaunâtre; petites couvertures cannelle foncé, les autres d'un brun fuligineux; les grandes pennes rousses; dessus de la tête brun, joues d'un gris jaunâtre sale; cou, devant de la poitrine, de la même couleur; une ligne brune à peine indiquée sur la partie postérieure du cou à partir de la nuque; couvertures supérieures de la queue, cannelle foncé; poitrine, d'un brun jaune olivâtre pâle; ventre roux rougeâtre; dessous de la queue d'un blanc roux; bec rougeâtre; pieds d'un gris roux à membrane plus foncée; iris brun.

A des caractères différentiels aussi tranchés, il faut ajouter les dimensions qui doivent naturellement être tout aussi importantes ici que pour la variété *major,* dont on a vu la non-valeur.

Longueur totale		410	millimètres.
—	de l'aile	190	—
—	de la queue	60	—
—	du bec	44	—
—	du tarse	42	—
—	du doigt médian	52	—

Gen. **CAIRINA** Flem.

613. **CAIRINA MOSCHATA** Flem.

Cairina moschata Flem., Phil. Zool., 1822, p. 260.
Anas moschata Lin., Syst. Nat., I, p. 199.
Le Canard musqué Buff., Pl. Enl., 989.

Khonkhel. — Commun. — Domestiqué.

Le Canard musqué est un des Oiseaux de basse-cour, que l'on rencontre le plus souvent en Sénégambie; chaque case de Nègres en possède plusieurs paires, notamment à Saint-Louis, N'Dar-Tout, Guet N'Dar, Sorres, etc.; les jeunes et les œufs sont directement consommés par eux ou vendus aux Européens. C'est un Oiseau des plus rustiques et dont l'élevage est des plus simples et des moins coûteux sur les bords du fleuve.

Gen. **CASARCA** C. Bp.

614. CASARCA RUTILA C. Bp.

Casarca rutila C. Bp., Geogr. List., p. 56.
Anas rutila Pall., Nov. Comm. Petrop., XIV, p. 579, t. XXII, f. 1.
Tadorna rutila Boie, Oken., Isis, 1822, p. 563.

Ijogeh. — Rare. — Marigots du haut fleuve; Falémé, Bakoy, Bafing, Taalari, Gangaran, Banionkadougou.

Cette espèce d'Égypte, d'Abyssinie, etc., descend dans le haut Sénégal, où elle vit à l'état sédentaire.

Gen. **MARECA** Stèph.

615. MARECA PENELOPE C. Bp.

Mareca penelope C. Bp., Geogr. List., p. 65.
Anas penelope Lin., Syst. Nat., I, p. 202.
Canard siffleur Buff., Pl. Enl., 825.

Felebajh. — Assez commun. — Thionk, Leybar, Taalari, Sedhiou.

Ce Canard se montre seulement à la fin de l'hivernage, et doit être considéré comme voyageur.

Gen. **DAFILA** Leach.

616. DAFILA ACUTA Leach.

Dafila acuta Leach., Birds N. Amer., p. 776.

Anas acuta Lin., Syst. Nat., I, p. 202.
  — *longicauda* Briss., Orn., VI, p. 369, t. XXXIV, f. 1, 2.
Le Pilet Buff., Pl. Enl., 945.

Kougoujh. — Assez commun. — Thionk, Sorres, Gandiole, Sedhiou, Daranka.

C'est une espèce également de passage.

Gen. **ANAS** Lin.

617. ANAS DOMESTICA Gm.

Anas domestica Gm., S. N., I, p. 538.
Boschas domestica Swain., Faun. Bor. Amer., II.

Boumou. — Commun. — Domestiqué.

L'*Anas boschas* ne nous est pas connu à l'état sauvage en Sénégambie; aussi est-ce intentionnellement que nous inscrivons
sous le titre *domestica* les nombreux individus élevés par les
Nègres, en compagnie du *Cairina moschata*.

618. ANAS XANTHORHYNCHA Forst.

Anas xanthorhyncha Forst., Descr. An., p. 345.
  — *flavirostris* A. Smith. *(non Vieill.)*, Illust. S. Afr. Zool., t. XCVI.

Boumou. — Assez rare. — Gambie, Casamence, Mélacorée, Sedhiou,
Daranka, Marigot aux Huîtres.

C'est une des espèces du Sud et d'Angola notamment, que l'on
voit remonter jusque dans la basse Sénégambie, d'où nous en
possédons quatre exemplaires adultes mâles et femelles.

Gen. **QUERQUEDULA** Steph.

619. **QUERQUEDULA CIRCIA** Steph.

Querquedula circia Steph., Gen. Zool., XII, p. 143.
Anas circia Lin., Faun. Suec., p. 129.
   — *querquedula* Briss., Orn., VI, p. 427, t. XXXIX.
Sarcelle commune Buff., Pl. Enl.. 946.

Boro. — Assez commun. — Marigots de Sorres, Leybar, Diouk, Sedhiou, Zekinkior.

620. **QUERQUEDULA CRECCA** Steph.

Querquedula crecca Steph., Gen. Zool.. XII. p. 146.
Anas crecca Lin., Syst. Nat., 1, p. 204.
La petite Sarcelle Buff., Pl. Enl., 947.

Boro. — Commun. — Mêmes localités que sa congénère.

621. **QUERQUEDULA CAPENSIS** A. Smith.

Querquedula Capensis A. Smith., Illust. S. Afr. Zool., p. 98.
Anas Capensis Gm., S. N., I, p. 527.

Boro. — Assez rare. — Gambie, Casamence, Mélacorée, Sedhiou, Daranka, Zekinkior.

Cette espèce, du Cap et du Sud de l'Afrique, remonte assez régulièrement dans la basse Sénégambie.

622. **QUERQUEDULA HARTLAUBI** Cass.

Querquedula Hartlaubi Cass., Pr. Ac. N. Sc. Philad., 1858, p. 175.
   — *cyanoptera* Hartl., Orn. W. Afr., p. 248.
Anas cuprea Schleg., Mus. P. B., p. 62.

Boro. — Rare. — Mêmes localités que l'espèce précédente, où elle vit à l'état sédentaire.

Gen. **SPATULA** Boie.

623. **SPATULA CLYPEATA** Boie.

Spatula clypeata Boie, Oken., Isis, 1822, p. 564.
Anas clypeata Lin., Syst. Nat., I, p. 200.
Canard souchet Buff., Pl. Enl., 971.

Jankjele. — Commun. — Thionk, Sedhiou, Bathurst, Daranka, Gandiole, Diouk, les Almadies, Argain, la Madeleine.

Fam. **FULIGULIDÆ** Swain.

Gen **FULIGULA** Steph.

624. **FULIGULA RUFINA** Steph.

Fuligula rufina Steph., Gen. Zool., XII, p. 188.
Anas rufina Pall., Reis., II, App., p. 713.
Canard siffleur huppé Buff., Pl. Enl., 928.

Jankeljha. — Peu commun. — Les Almadies, Argain, la Madeleine, Pointe de Barbarie, Marigot des Maringouins, Joalles, Rufisque, Hann, rivière Samone.

Gen. **FULIX** Sundev.

625. **FULIX MARILA** Baird.

Fulix marila Baird., Birds N. Amer., p. 791.
Anas marila Lin., Syst. Nat., I, p. 196.
Le Milouinan Buff., Pl. Enl., 1002.

Jankljha. — Rare. — Marigots du haut Sénégal, Kita, Bakel, Taalari, Gangaran, Banionkadougou.

L'espèce est seulement de passage, nous ne la connaissons que dans le haut fleuve.

Gen. **AYTHYA** Boie.

626. AYTHYA NYROCA Boie.

Aythya nyroca Boie, Oken., Isis, 1822, p. 564.
Anas nyroca Guld., Nov. Comm. Petrop., XIV, p. 402.
La Sarcelle d'Égypte Buff., Pl. Enl., 1000.

Boro. — Peu commun. — Mêmes localités que l'espèce précédente, et comme elle, également de passage.

Fam. **ERISMATURIDÆ** Gray.

Gen. **THALASSORNIS** Eyt.

627. THALASSORNIS LEUCONOTUS Eyt.

Thalassornis leuconotus Eyt., Monogr. Anat., p. 166.
Anas leuconotus A. Smith., Illust. S. Afr. Zool., pl. CVII.

Boroba. — Rare. — Marigots de la basse Sénégambie, Gambie, Casamence, Sedhiou, Daranka.

Nous en possédons un exemplaire mâle adulte, provenant de Sedhiou.

Gen. **ERISMATURA** C. Bp.

628. ERISMATURA LEUCOCEPHALA Eyt.

Erismatura leucocephala Eyt., Monogr. Anat., p. 170.
Anas leucocephala Scop., Ann. Menag., I, p. 65.
Biziura leucocephala Schleg., Mus. P. B., p. 11.

Boroba. — Rare. — Kita, Bakel, Falémé, Bakoy, Bafing, Taalari, Gangarau.

629. ERISMATURA MACCOA Eyt.

Erismatura maccoa Eyt., Monogr. Anat., p. 169.
Anas maccoa A. Smith., Illust. S. Afr. Zool., t. CVIII.
Biziura maccoa Schleg., Mus. P. B., p. 10.

Boroba. — Rare. — Gambie, Casamence, Sedhiou, Zekinkior

Fam. MERGIDÆ Gray.

Gen. MERGUS Lin.

630. MERGUS SERRATOR Lin.

Mergus serrator Lin., Syst. Nat., I, p. 208.
Merganser niger Vieill., Encycl. Méth., p. 104.
Le Harle huppé Buff., Pl. Enl., 207.

Kangajh. — Peu commun. — Taalari, Gangarau, Gandiole, Saloum, Argain, baie du Lévrier.

C'est une espèce de passage en Sénégambie.

GAVIÆI C. Bp.

Fam. LARIDÆ Leach.

Gen. LARUS Lin.

631. LARUS MARINUS Lin.

Larus marinus Lin., Syst. Nat., I, p. 225.
Dominicanus marinus C. Bp., Consp. Av., II, p. 213.
Le Grisard Buff., Pl. Enl., 266,

Ogégé. — Assez commun. — Cap Blanc, les Almadies, Argain, Pointe de Barbarie.

632. LARUS FUSCUS Lin.

Larus fuscus Lin., Syst. Nat., I, p. 225.
— *griseus* Briss., Orn., VI, p. 162.

Ogégé. — Commun. — Mêmes localités que l'espèce précédente et généralement sur tout le littoral.

633. LARUS ARGENTATUS Brun.

Larus argentatus Brun, Orn. Bor., 1764, p. 44.
— *cinereus* Briss., Orn., VI, p. 160.
Goëland à manteau gris Buff., Pl. Enl., 253.

Ogégé. — Commun. — Cap Blanc, Argain, Baie du Lévrier, îles de la Madeleine, Pointe de Barbarie, Dakar, Gorée, les Almadies.

634. LARUS RIDIBUNDUS Lin.

Larus ridibundus Lin., Syst. Nat., I, p. 225.
— *capistratus* Temm., Man. Orn., II, p. 785.
Mouette rieuse Buff., Pl. Enl., 970.

Kassi. — Commun. — Cap Blanc, les Almadies, Cap Naz, Barre du Sénégal, Pointe de Barbarie, Argain, Gorée.

635. LARUS HARTLAUBI Bruch.

Larus Hartlaubi Bruch., J. f. Orn., 1853, p. 102.
Gelastes Hartlaubi Hartl., Orn. Madag., p. 85.

Kassi. — Assez commun. — Embouchures de la Gambie et de la Casamence; Bathurst, Sedhiou.

636. LARUS MINUTUS Pall.

Larus minutus Pall., Zoogr. Rosso Asiat., II, p. 331.
— *nigrotis* Less., Man. Orn., p. 619.
— *Orbignyi* Sav., Descr. Egyp., p. 341, t. IX, f. 3.

Kassitout. — Peu commun. — Kita, Bakel, Bakoy, Bafing, Taalari.

Cette espèce nous a été communiquée par M. le Dr Colin; nous en possédons deux exemplaires provenant des bords du Bafing.

637. LARUS GELASTES Licht.

Larus gelastes Licht., Thien. Fortp. Vög., p. 22.
— — Hartl., Orn. W. Afr., p. 252.
— *tenuirostris* Temm., Man. Orn., III, p. 478.

Kassi. — Commun. — Les Almadies, Argain, Baie du Lévrier, les deux Mamelles, Dakar, Joalles, Rufisque, Gorée.

Gen. **RISSA** Leach.

638. RISSA TRIDACTYLA Gray.

Rissa tridactyla Gray, List. B. Brit. Mus., III, 174.
Larus tridactylus Lin., Syst. Nat., I, p. 220.
— Hartl., Orn. W. Afr., p. 253.

Kassi. — Commun. — Mêmes localités que l'espèce précédente.

Fam. **STERNIDÆ** C. Bp.

Gen. **STERNA** Lin.

639. STERNA FLUVIATILIS Brehm.

Sterna fluviatilis Brehm., Vög. Deuts., p. 779.
— *Senegalensis* Swain., Birds W. Afr., II, p. 250.
— Hartl., Orn. W. Afr., p. 255.

Dourajh. — Commun. — Cap Blanc, les Almadies, Argain, Baie du Lévrier, Dakar, Gorée, Bathurst, Cap Naz.

640. STERNA HIRUNDO Lin.

Sterna hirundo Lin., Syst. Nat., I, p. 227.
—   *marina* Eyt., Gray, Sp. Brit. Mus., p. 266.
—   *Nilotica* Hasslq., Reise, p. 325.

Dourajh. — Commun. — Toute la côte, du Cap Blanc au Cap Roxo.

641. STERNA MACROPTERA Blas.

Sterna macroptera Blas., J. f. Orn., 1866, p. 76.
—   *Senegalensis* Schleg. *(non Swain.)*. Cat. Stern., p. 16.

Dourajh. — Peu commun. — Casamence, Bathurst, et toute la côte Sud.

Nous ne connaissons pas cette espèce dans le Nord-Est et l'Ouest de la Sénégambie, où ses congénères se rencontrent souvent en grand nombre venant du large et des îles de l'Océan.

Gen. THALASSEUS Boie.

642. THALASSEUS CANTIACUS Boie.

Thalasseus cantiacus Boie, Oken., Isis, 1822, p. 563.
—   Hartl., Orn. W. Afr., p. 255.
Sterna cantiaca Gm., S. N., I, p. 606.

Dourajh. — Commun. — Les Almadies, Argain, la Madeleine, Dakar, Rufisque, Gorée, Bathurst.

643. THALASSEUS CASPICUS Boie.

Thalasseus caspicus Boie, Oken., Isis, 1822, p. 563.
—   *melanotis* Swain., Birds W. Afr., II, p. 253.
Sterna Caspia Pall., Nov. Comm. Petrop., XIV, p. 583, t. XXII.

Dourajh. — Peu commun. — Gambie, Casamence, Sedhiou, **Ba**thurst.

644. THALASSEUS BERGI Blas.

Thalasseus Bergi Blas., J. f. Orn., 1866, p. 81.
Sterna Bergi Licht., Verz. Doubl., p. 80.
Pelecanopus Bergi Hartl., Orn. W. Afr., p. 254.

Dourajh. — Peu commun. — Mêmes localités que l'espèce précédente.

Gen. **SYLOCHELIDON** Boie.

645. SYLOCHELIDON GALERICULATA Boie.

Sylochelidon galericulata Boie, Oken., Isis, 1844, p. 186.
    —   Hartl., Orn. W. Afr., p. 244.
Sterna galericulata Licht., Verz. Doubl., p. 81.

Dourajh. — Peu commun. — Gambie, Casamence, Sedhiou, **Ba**thurst, Cap Blanc, les Almadies.

Cette espèce apparaît exceptionnellement dans la basse Sénégambie; il en est de même pour les rares spécimens observés sur la côte Nord-Ouest.

Un individu, tué par nous aux Almadies, en Juillet, à la suite d'un gros temps, fait partie de nos collections.

Gen. **STERNULA** Boie.

646. STERNULA MINUTA Boie.

Sternula minuta Boie, Oken., Isis, 1822, p. 563.
    —   Hartl., Orn. W. Afr., p. 256.
Sterna minuta Lin., Syst. Nat., I, p. 228.

Dourajh. — Assez commun. — Kita, Falémé, Marigots de Taalari, Gangaran.

M. le Dr Colin nous a communiqué de beaux exemplaires de cette espèce tués par lui dans les environs de Kita.

Gen. **HYDROCHELIDON** Boie.

647. **HYDROCHELIDON FISSIPES** Gray.

Hydrochelidon fissipes Gray, Gen. of Birds, III, p. 660.
Sterna fissipes Lin., Syst. Nat., I, p. 228.
— *obscura* Gm., S. N., I, p. 608.

Dourajh. — Peu commun. — Cap Blanc, Argain, les Almadies, Gorée, Dakar.

648. **HYDROCHELIDON NIGRA** Gray.

Hydrochelidon nigra Gray, Gen. of Birds, III, p. 660.
— Hartl., Orn. W. Afr., p. 256.
Sterna nigra Lin., Syst. Nat., I, p. 227.

Dourajh. — Assez rare. — Gambie, Albreda, Sedhiou, Bathurst.

649. **HYDROCHELIDON HYBRIDA** Gray.

Hydrochelidon hybrida Gray, Gen. of Birds, III, p. 660.
Sterna hybrida Pall., Zoogr. Rosso Asiat., II, p. 338.

Dourajh. — Peu commun. — Mêmes localités que l'*H. nigra,* où il semble faire seulement de rares apparitions.

650. **HYDROCHELIDON ANAESTHETUS** Heugl.

Hydrochelidon anaesthetus Heugl., Orn. Nordost Afr., p. 1453.
Sterna panayensis Gm., S. N., I, p. 607.
— *melanoptera* Swain., Birds W. Afr., II, p. 249.
— — Hartl., Orn. W. Afr., p. 255.

Dourajh — Peu commun. — Gambie, Casamence, Bathurst, Cap Mirik. Observé quelquefois, mais seulement à la suite de gros temps, à Gorée et à Dakar.

651. HYDROCHELIDON FULIGINOSA Wagl.

Hydrochelidon fuliginosa Wagl., Oken., Isis, 1832.
Sterna fuliginosa Finsh. et Hartl., Orn. Cent., p. 225.
— *infuscata* Licht., Verz. Doubl., p. 51.

Dourajh. — Peu commun. — Mêmes localités que l'espèce précédente.

Gen. ANOUS Leach.

652. ANOUS STOLIDUS Leach.

Anous stolidus Leach., Cat. Brit. Mus., p. 180.
— Hartl., Orn. W. Afr., p. 256.
Sterna stolida Lin., Amæn. Acad., IV, p. 240.
Mouette brune Buff., Pl. Enl., 997.

Kassi. — Assez commun. — Cap Blanc, les Almadies, Argain, Pointe de Barbarie, Cap-Vert, Dakar, Cap Mirik, Gorée.

Fam. RHYNCHOPSIDÆ C. Bp.

Gen. RHYNCHOPS Lin.

653. RHYNCHOPS FLAVIROSTRIS Vieill.

Rhynchops flavirostris Vieill., N. Dict. H. N., III, p. 358.
— — Hartl., Orn. W. Afr., p. 257.
— *albirostris* Licht., Verz. Doubl., p. 80.
— *orientalis* Rüpp., Zool. Atl., p. 37, t. XXIV.

M'Barrajh. — Commun. — Bords de la Falémé, du Bakoy, du

Bafing, Taalari, Gangaran, Banionkadougou, les Almadies, Argain, Cap Naz, Gambie, Casamence, Bathurst.

L'aire d'habitat de cette espèce s'étend sur la majeure partie du continent Africain.

TUBINARI Swain.

Fam. **PROCELLARIDÆ** Boie.

Gen. **PUFFINUS** Briss.

654. PUFFINUS MAJOR Fab.

Puffinus major Fab., Oken., Isis, 1824, p. 785.
　　　　—　　　　Hartl., Orn. W. Afr., p. 250.
Procellaria grisea Gm., S. N., I, p. 564.
Puffinus cinereus C. Bp., Birds N. Amer., p. 370.

Doré. — Peu commun. — Cap Blanc, les Almadies, Argain, Pointe de Barbarie, Baie du Lévrier, Cap Mirik, Gorée.

655. PUFFINUS KUHLII C. Bp.

Puffinus Kuhlii C. Bp., Consp. Av., II, p. 202.
　　—　　*cinereus* Cuv., R. An., I, p. 554.

Doré. — Peu commun. — Mêmes localités que l'espèce précédente.

656. PUFFINUS ANGLORUM Briss.

Puffinus Anglorum Briss., Orn., VI, p. 131.
　　—　　*Baroli* C. Bp., Consp. Av., II, p. 204.
Procellaria puffinus Brun., Orn. Bor., p. 29.

Doré. — Commun. — Cap Blanc, Argain, Baie de Tanit, les Almadies, la Bayadère, les deux Mamelles, Cap Naz.

657. PUFFINUS FULIGINOSUS Strickl.

Puffinus fuliginosus Strickl., P. Z. S. of Lond., 1832, p. 129.
— *cinereus* A. Smith., Illust. S. Afr. Zool., t. LVI.

Doré. — Commun. — Mêmes localités que le *Puffinus Anglorum.*

658. PUFFINUS CHLORORHYNCHUS Less.

Puffinus chlororhynchus Less., Trait. Orn., p. 613.
Procellaria chlororhyncha Schleg., Mus. P. B., p. 25.
Puffinus sphenurus Gould., Ann. Mag. N. H., 1844, p. 365.

Doré. — Assez rare. — Gambie, Cap Naz, Bathurst, Sedhiou.

Gen. PROCELLARIA Lin.

659. PROCELLARIA PELAGICA Lin

Procellaria pelagica Lin., Syst. Nat., I, p. 212.
Thalassidroma pelagica Vig., Zool. Journ., 1825, II, p. 405.
Procellaria lugubris C. Bp., Comp. Rend. Ac. Sc., 1856.

Doré. — Commun. — Cap Blanc, les Almadies, la Bayadère, Gorée, Dakar, archipel du Cap-Vert.

Cette espèce, comme les deux suivantes, est commune au large; dans les gros temps, elle s'approche des côtes et vient souvent échouer à quelque distance dans les terres.

660. PROCELLARIA OCEANICA Kuhl.

Procellaria oceanica Kuhl., Monogr. Procell., p. 136, t. X, f. 1.
— *Wilsoni* C. Bp., J. Ac. Phil., III, p. 231, t. IX.
— — Hartl., Orn. W. Afr., p. 251.

Doré. — Commun. — Mêmes localités que le *Procellaria pelagica.*

661. PROCELLARIA FULIGINOSA Banks.

Procellaria fuliginosa Banks., Icon., 19.
   —   *Atlantica* Gould., Ann. Mag. N. H., 1844, p. 362.
   —   *macroptera* A. Smith., Illust. S. Afr. Zool., t. LII.

Doré. — Commun. — Mêmes localités que ses deux précédents congénères.

662. PROCELLARIA ÆQUINOXIALIS Lin.

Procellaria æquinoxialis Lin., Syst. Nat., I, p. 213.
   —   *nigra* Forst., Descrip. Anim., p. 26.

Doré. — Peu commun. — Cap Blanc, Argain, la Bayadère, Baies de Tanit et du Lévrier, Archipel du Cap-Vert.

Repoussé du large par les gros temps.

663. PROCELLARIA VITTATA Gm.

Procellaria vittata Gm., S. N., I, p. 560.
Prion vittatus Lacep., Mém. Inst., 1800, p. 514.
Procellaria latirostris Bonnat, Encycl. Méth., p. 81.

Doré. — Rare. — Baie du Tanit, Argain.

Nous avons observé une seule fois cette espèce en vue d'Argain, où nous en avons tué, à la suite d'une tempête, un exemplaire, qui fait partie de nos collections.

Gen. DAPTION Steph.

664. DAPTION CAPENSE Steph.

Daption Capense Steph., Gen. Zool., XIII, p. 241.
Procellaria Capensis Lin., Syst. Nat., I, p. 213.
Le Damier Buff., Pl. Enl., 964.

Akakalajh. — Très rare. — Cap Mirik, Bathurst, embouchure de la Gambie.

Cette espèce du Cap se montre très rarement sur la côte Ouest d'Afrique, où elle est probablement poussée par les vents. Nous en possédons deux individus tués au Cap Mirik.

Gen. **OSSIFRAGA** H. et Jacq.

665. OSSIFRAGA GIGANTEA H. et Jacq.

Ossifraga gigantea H. et Jacq., Compt. Rend. Ac. Sc., 1844, p. 121.
Procellaria gigantea Gm., S. N., I, p. 564.
—   *ossifraga* Forst., Descrip. Anim., p. 343.

Dikorgajh. — Très rare. — Cap Mirik, Bathurst.

Une seule fois, à notre connaissance, cette espèce du Cap, qui semblerait assez fréquente dans les parages d'Angola (*Barboza du Bocage, Orn. Ang.,* p. 517-518), a été tuée à Bathurst, dans la basse Sénégambie. Nous possédons un bel exemplaire de mâle adulte tué au Cap Mirik. Il est à supposer que la présence de cet Oiseau, dans les localités où nous l'indiquons, n'est pas le pur effet du hasard; car le nom seul que les Nègres lui ont imposé dénote qu'ils le connaissent depuis longtemps, et que, s'il n'est pas sédentaire, il les visite cependant à des époques régulières.

Gen. **DIOMEDEA** Lin.

666. DIOMEDEA EXULANS Lin.

Diomedea exulans Lin., Syst. Nat., I, p. 214.
—   *albatrus* Pall., Spic. Zool., V, p. 28.
L'Albatros Buff., Pl. Enl., 237.

N'Tioudombo. — Très rare. — Cap Mirik, Bathurst.

Nous ferons, pour cette espèce, les mêmes observations que pour l'*Ossifraga gigantea;* nous ajouterons que nous en avons tué un couple à la pointe de Barbarie au mois de Juillet. Les Nègres fabriquent, avec les membranes interdigitales des pattes, des Grigris et autres petits ustensiles, que l'on reçoit souvent de la basse Sénégambie, preuve certaine que l'Oiseau habite ces parages.

STEGANOPODI Nitz.

Fam. PHAËTHONIDÆ Rchb.

Gen. PHAËTHON Illig.

667. PHAËTHON AETHEREUS Lin.

Phaëthon aethereus Lin., Syst. Nat., 1, p. 219.
Lepturus (Paille en cul) Briss., Orn., VI, p. 480, pl. XLII, f. 1.
Le Grand Paille en queue Buff., Pl. Enl., 998.

Niakou. — Rare. — Cap Blanc, les Almadies, Argain.

Heuglin (*Orn. Nordost Afr.,* p. 1471) indique cette espèce au Cap-Vert. Nous ne savons s'il entend l'archipel du Cap-Vert, où le *Phaëthon aethereus* existe en effet, ou bien la pointe du Cap-Vert, ce qui est tout différent. Nous ne le connaissons pas de cette dernière localité. Dans son catalogue du voyage de Marche et Compiègne (p. 41), M. Bouvier le cite comme ayant été recueilli à Fernand Vaz.

Fam. PLOTIDÆ Selys.

Gen. PLOTUS Lin.

668. PLOTUS LEVAILLANTI Temm.

Plotus Levaillanti Temm., Pl. Col., 380.
— *rufus* Licht., Doubl., p. 87.
— *congensis* Leach., Tuck. Voy., App., p. 408.
Anhinga du Sénégal Buff., Pl. Enl., 107.

Kandar. — Commun. — Thionk, Leybar, Sorres, Kita, Bakel, Gandiole, Diouk, Albreda, Sedhiou, Bathurst.

Les tout jeunes sujets de cette espèce sont couverts d'un duvet blanc jaunâtre, teinté de roux par places, plus particulièrement à la partie postérieure du cou et à la poitrine.

Fam. **SULARIDÆ** Reich.

Gen. **SULA** Briss.

669. SULA BASSANA Briss.

Sula Bassana Briss., Orn., VI, p. 493.
— *major* Briss., Orn., VI, p. 497.
Pelecanus Bassanus Lin., Syst. Nat., I, p. 218.

N'Kindejh. — Assez commun. — Cap Blanc, Argain, Tanit, Cap Mirik, Bathurst.

670. SULA FUSCA Briss.

Sula fusca Briss., Orn., VII, p. 499.
Pelecanus fiber Lin., Syst. Nat., I, p. 218.
— *parvus* Gm., S. N., I, p. 579.

N'Kindejh. — Peu commun. — Les Almadies, Baie du Lévrier, Archipel du Cap-Vert.

Cette espèce existe dans les parages d'Angola (*B. du Boc., Orn. Ang.*, p. 521).

671. SULA PISCATOR Hartl.

Sula piscator Hartl., Orn. W. Afr., p. 258.
Pelecanus piscator Lin., Syst. Nat., I, p. 217.
Sula candida Briss., Orn., VI, p. 501.
— *rubripes* Gould., P. Z. S. of Lond., 1837, p. 156.

N'Kindejh. — Rare. — Gambie, Casamence, Bathurst, île aux Chiens.

Fam. **FREGATIDÆ** Swain.

Gen. **FREGATA** Briss.

672. FREGATA AQUILA Illig.

Fregata aquila Illig., Prod. Av., p. 279.
Tachypetes aquila Vieill., Gal. Ois., t. CCXCIV.
Pelecanus aquilus Lin., Syst. Nat., I, p. 216.
Atagen aquila Gray, Gen. of Birds, III, p. 669.

Gawaye. — Rare. — Cap Blanc, les Almadies, archipel du Cap-Vert.

C'est cette espèce dont parle Adanson sous le nom de Grande Frégate (*Cours Hist. Nat.*, éd. *Payer,* t. I, p. 556), et qu'il indique à l'Archipel du Cap-Vert.

Son apparition, rare sur le littoral, coïncide avec les tempêtes.

Fam. **GRACULIDÆ** Gray.

Gen. **GRACULUS** Lin.

673. GRACULUS CARBO Gray.

Graculus carbo Gray, Gen. of Birds, III, p. 667.
Pelecanus carbo Lin., Syst. Nat., I, p. 216.
Carbo cormoranus Mey., Tasch. Vög. Deutsch., 1810, II, p. 575.
Phalacrocorax carbo Leach., Cat. Brit. Mus., p. 34.
       —   Hartl., Orn. W. Afr., p. 259.

Soonn. — Assez commun. — Thionk, Leybar, Diouk, Gandiole, Rivière Samoue, Kounakeri, N'Diago, Diaoundoun.

Les jeunes ont le dessus de la tête, le cou et la gorge, piquetés de blanc sur un fond noir brun.

674. GRACULUS CRISTATUS Grey.

Graculus cristatus Gray, Gen. of Birds, III, p. 667.
Pelecanus graculus Lin., Syst. Nat., I, p. 217.
Carbo cristatus Temm., Man. Orn., II, p. 900.

Soonn. — Rare. — Kita, Bakel, Taalari, N'Guer, Aroudou, Makana, Tombocaué.

675. GRACULUS LUCIDUS Gray.

Graculus lucidus Gray, Gen. of Birds, III, p. 667.
   — *melanogaster* Gray, Gen. of Birds, III, p. 667.
Phalacrocorax melanogaster Less., Trait. Orn., p. 604.

Soonn. — Assez commun. — Gambie, Casamence, Ghimbering; plus rare en remontant la côte, les Almadies, île Safal, Gahé.

676. GRACULUS AFRICANUS Gray.

Graculus Africanus Gray, Gen. of Birds, III, p. 667.
Pelecanus Africanus Gm., S. N., I, p. 177.
Carbo longicaudus Swain., Birds W. Afr., II, p. 255, t. XXXI

Soonn. — Commun. — Kita, Bakel, Thionk, Diouk, Rufisque, Joalles, Sedhiou, Bathurst, Zekinkior.

Les œufs de cette espèce sont excessivement allongés, ils présentent une teinte d'un blanc jaunâtre nuagée de vert pâle; leur grand axe mesure 0.066^{mm} sur 0,031^{mm} de diamètre (Pl. XXX, fig. 9).

Fam. **PELECANIDÆ** C. Bp.

Gen. **PELECANUS** Lin.

677. PELECANUS ONOCROTALUS Lin.

Pelecanus onocrotalus Lin., Syst. Nat., I, p. 132.
—   Hartl., Orn. W. Afr., p. 259.
Le Pélican Buff., Pl. Enl., 87.

N'Djiagabar. — Commun. — Saint-Louis, Thionk, Diouk, et en général toute la Sénégambie.

Les Pélicans sont l'objet d'un commerce étendu de la part des Noirs et des Européens; les peaux préparées sont envoyées en Europe et employées dans la parure.

Les observations d'Adanson sur les Pélicans sont d'une scrupuleuse exactitude (*Cours Hist. Nat.*, éd. *Payer*, t. I, p. 560); nous les reproduisons en entier :

« Cet Oiseau fréquente les lacs et les rivières d'eau douce et d'eau salée, rassemblé toujours par grandes troupes. Il est toujours sur l'eau, nageant sans plonger et sans s'élever, comme le disent quelques écrivains, pour fondre avec rapidité sur les Poissons qui font sa seule nourriture.

» Voici la manière dont j'ai vu ces Oiseaux faire la pêche autour du Sénégal, où ils sont on ne peut pas plus communs. D'abord ils choisissent un lieu qui n'ait pas plus de deux à trois pieds de profondeur d'eau ; ils s'y rassemblent à des distances de deux à trois toises les uns des autres et y nagent quelque temps tranquillement, puis prennent leur vol de temps en temps, à une très petite hauteur de cinq à six pieds, pour se laisser retomber pesamment à trois ou quatre toises de l'endroit qu'ils viennent de quitter; il est probable que l'eau se trouble par ce mouvement qui peut-être étourdit les Poissons. Dès qu'ils les voient rassemblés, ils ouvrent leur large bec qui forme une espèce de truble ou d'épervier, qui en prend plusieurs à la fois, puis ils vident leur poche de l'eau dont elle est remplie en penchant de côté

leur bec qui la laisse écouler, pendant que les Poissons y restent
jusqu'à ce qu'ils veuillent les avaler ou les porter à leurs petits.

» Le Pélican perche rarement sur les arbres. Je puis assurer
que cet Oiseau est presque toujours sur le rivage, la tête appliquée contre son cou. La femelle fait son nid à terre à une petite
distance des eaux, et elle y pond environ cinq œufs ».

678. PELECANUS RUFESCENS Gm.

Pelecanus rufescens Gm., S. N., I, p. 571.
    —   *cristatus* Less., Trait. Orn., p. 602.

N'Djiagabar. — Commun. — Mêmes localités que l'espèce précédente.

679. PELECANUS CRISPUS Bruch.

Pelecanus crispus Bruch., Oken., Isis, 1832, p. 1109.
    —   *onocrotalus* Pall., Zoogr. Rosso Asiat., II, p. 292.
    —   *patagiatus* Brehm., Oken., Isis., 1832.

Konkondontongou. — Assez rare. — Kita, Bakel, Taalari, Banionkadougou.

Un bel exemplaire de cette espèce nous a été communiqué par
M. le Dr Colin ; il provient de Kita.

PIGOPODI Illig.

Fam. COLYMBIDÆ Leach.

Gen. COLYMBUS Lin.

680. COLYMBUS SEPTENTRIONALIS Lin.

Colymbus septentrionalis Lin., Syst. Nat., I, p. 220.
Mergus gutture rubro Briss., Orn., V, p. 111.
Cephus septentrionalis Pall., Zoogr. Rosso Asiat., II, p. 342.

N'Tiole. — Rare. — Kita, Bakel, Falémé, Bakoy, Bafing, Taalari.

C'est une espèce de passage, et qui visite exceptionnellement la haute Sénégambie.

Fam. **PODICIPIDÆ** Leach.

Gen. **PODICEPS** Lath.

681. PODICEPS CRISTATUS Lath.

Podiceps cristatus Lath., Ind. Orn., II, p. 780.
        —   Hartl., Orn. W. Afr., p. 249.
Colymbus cristatus Lin., Syst. Nat., I, p. 222.

Bakono. — Peu commun. — Thionk, Diouk, Gandiole, les Almadies, Argain.

Les tout jeunes individus « nestling », comme disent les Anglais, sont couverts d'un duvet d'un gris foncé sur le dos, coupé de lignes parallèles et longitudinales d'un blanc sale ; ces raies deviennent d'un blanc pur sur le cou et les côtés de la tête dont le fond est noirâtre, une tache d'un blanc éclatant forme une calotte occipitale, le ventre est entièrement blanc ainsi que la pointe du bec.

682. PODICEPS AURITUS Lath.

Podiceps auritus Lath., Ind. Orn., II, p. 781.
Colymbus auritus Lin., Faun. Suec., p. 53.
Podiceps nigricollis Brehm., Vög. Deutsch., p. 963.

Bakono. — Rare. — Gambie, Casamence, Bathurst, Mélacorée.

L'espèce paraît être de passage ; un exemplaire de Bathurst, que nous possédons, a été tué à la fin de l'hivernage.

683. PODICEPS GRISEIGENA Gray.

Podiceps griseigena Gray, Gen. of Birds, III, p. 633.
Colymbus griseigena Bodd., Tab. Pl. Enl., 55.
—   *rubricollis* Gm., S. N., I, p. 592.

Bakono. — Peu commun. — Kita, Falémé, Bakoy, Bafing, Taalari.

684. PODICEPS MINOR Lath.

Podiceps minor Lath., Ind. Orn., II, p. 784.
Colymbus fluviatilis Briss., Orn., VI, p. 59.
—   *minor* Gm., S. N., I, p. 591.
—   —   Hartl., Orn. W. Afr., p. 249.

Somono. — Assez commun. — Thionk, Leybar, Sorres, les Marin-
gouius, Kita, Taalari, Joalles, Rufisque, Bathurst, Sedhiou.

Chez les très jeunes sujets de cette espèce, le duvet est brun
foncé ; les raies parallèles, moins nombreuses que dans le *Podiceps cristatus*, sont roux cannelle foncé ; le front porte une tache
blanche ; la poitrine et le ventre sont blancs.

685. PODICEPS PELZELNI Hartl.

Podiceps Pelzelni Hartl., Orn. Madag., p. 83.
Poliocephalus Pelzelni Gray, Handl. Birds, III, p. 94.

Somono. — Très rare. — Kita, Bords du Niger, Bakoy et Bafing.

Un exemplaire authentique de cette espèce, considérée comme
spéciale à Madagascar, exemplaire que nous possédons, a été
tué dans les environs de Kita ; elle visite régulièrement la haute
Sénégambie.

RATITI Huxl.

STRUTHIONI Lath.

Fam. STRUTHIONIDÆ Vig.

Gen. STRUTHIO Lin.

686. STRUTHIO CAMELUS Lin.

Struthio camelus Lin., Syst. Nat., I, p. 265.
    —   Hartl., Orn. W. Afr., p. 206.
L'Autruche Buff., Pl. Enl., 457.

Bandioli. — Commun. — Toute la région Saharienne.

L'Autruche, en Sénégambie, est chassée par les Nègres, pour ses plumes, qu'ils vendent aux commerçants Européens; elles sont le sujet de transactions assez fortes; l'état des exportations, faites pendant l'année 1876, porte le chiffre des plumes de parure, parmi lesquelles celles d'Autruches forment la plus large part, à la somme de 231,646 francs. Cette somme résulte du prix élevé auquel monte chaque plume. Rarement les Autruches sont prises vivantes; il en résulte une diminution sensible de ces Oiseaux, dont on peut prévoir la destruction complète dans un temps peu éloigné.

Les observations d'Adanson sont, comme toujours, d'une grande exactitude. « L'Autruche, dit-il (*Cours Hist. Nat.*, éd. *Payer,* t. I, p. 365), pond, au Sénégal, deux ou trois fois pendant la saison sèche, entre le mois de Novembre et le mois de Mai, douze à quinze œufs chaque fois. Ces œufs, que j'ai mesurés, avaient six pouces et demi de longueur sur cinq pouces de diamètre. Elle pond sur des espèces de buttes de sable de quatre à cinq pieds de diamètre, qu'elle amoncelle avec ses pieds; non pas au soleil, comme on le prétend, mais à couvert sous les arbres isolés des plaines et plus souvent sur la lisière des forêts; elle les couve constamment la nuit, et pendant le jour, toutes les fois seulement que l'air est au-dessous de la température de trente à trente-deux degrés, ce qui arrive assez rarement dans ce pays pendant la saison de la ponte, quoique ce soit celle de l'hiver, ou la saison la moins chaude de l'année ».

La graisse de l'Autruche est très recherchée des Nègres; ils l'emploient dans certaines maladies.

M. Sclater, dans un mémoire *on the Struthious Birds living in the Society's Menagerie (Trans. Zool. Soc. of Lond.,* 1862, vol. IV, p. 354 *et seq.*), suppose qu'il existe en Afrique trois espèces ou trois races locales d'Autruches. Selon lui, l'espèce du Sud de l'Afrique diffère de celle du Nord, en ce que, chez le type du Cap, la peau du cou est bleue et non pas rouge, que le cou et le dessus de la tête sont couverts d'un duvet épais, tandis que le type de Barbarie a le sommet de la tête nu.

Quoi qu'il en soit de ces caractères peu concluants, nous sommes persuadé que la Sénégambie possède au moins deux espèces d'Autruches. Les renseignements nous manquent pour entrer dans les détails nécessaires à la démonstration de ce fait; nous établirons néanmoins, d'après nos notes, que deux types de taille différente ont été généralement confondus; l'un constituerait pour nous le *Struthio camelus* des auteurs, c'est celui que nous désignerons sous le nom de type Algérien le plus commun dans la région Sénégambienne qui touche au Sahara, type de très grande taille, dont le plumage chez le mâle est toujours fortement mélangé de blanc, à cou garni d'un duvet roussâtre. Le second, d'un tiers moins grand, a le cou à peine recouvert de rares poils bruns, son plumage est d'un noir bleuâtre intense; seuls, l'extrémité des ailes, la queue et un collier à la base du cou, sont d'un blanc pur. Ce type, en tout semblable à celui figuré par M. Sclater (Pl. LXVII, *loc. cit.*), s'observe dans la haute Sénégambie. C'est de lui que proviennent les œufs beaucoup moins volumineux que ceux du premier type, de forme plus arrondie et à test plus lisse souvent dépourvu des granulations caractéristiques, œufs semblables à ceux exposés par M. Bartlett, « smaller and very much smoother and less deeply pitted, the granulations in some specimens being nearly evanescent » (*Sclater, loc. cit.*).

En raison de la présence en Sénégambie de deux types, considérés jusqu'ici par plusieurs Ornithologistes comme ayant une aire d'habitat limitée, il nous semble que la distinction en Autruche du Nord et en Autruche du Sud de l'Afrique ne peut être admise, et que le nom d'*Australis*, proposé par M. Gurney pour le type du Sud (*Ibis*, 1868, p. 254), ne devra pas être accepté lorsque ces types seront mieux connus. Nous ajouterons que la caractéristique du cou emplumé, donnée par M. Sclater au type du Sud, est inexacte, puisqu'on la trouve chez les sujets dits Algériens.

Quant à un type de très petite taille relative, propre à l'intérieur de l'Afrique, l'Autruchon des anciens auteurs, *Struthio bidactylus* de Temminck, les renseignements qui nous ont été fournis tendent à constater sa présence à Kita et dans les plaines du Bakoy et du Bafing. Grâce à notre confrère M. le Dr Colin, nous espérons posséder bientôt des preuves de son existence; nous reviendrons sur ce sujet intéressant, dans les suppléments à cet ouvrage.

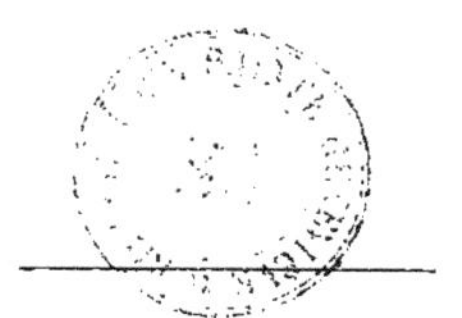

LISTE MÉTHODIQUE

DES

OISEAUX DE LA SÉNÉGAMBIE.

CARINATI Huxl.

Accipitrini Illig.

Vulturidae C. Bp.

I. Gyps Savig.

1. — G. occidentalis C. Bp.
2. — G. Rüppeli C. Bp.

II. Pseudogyps Sharpe.

3. — P. Africanus Sharpe.

III. Otogyps Gray.

4. — O. auricularis Gray.

IV. Lophogyps C. Bp.

5. — L. occipitalis C. Bp.

Neophronidae Savig.

V. Neophron Savig.

6. — N. percnopterus Savig.
7. — N. pileatus Gray.
8. — N. monachus Jard.

Gypaetidae C. Bp.

VI. Gypaetus Storr.

9. — G. ossifragus Sharpe.

Gypogeranidae C. Bp.

VII. Serpentarius Cuv.

10. — S. secretarius Daud.

Polyboridae C. Bp.

VIII. Polyboroides A. Smith.

11. — P. typicus A. Smith.

Circinidae C. Bp.

IX. Circus Lacep

12. — C. Maurus Less.
13. — C. macrurus Sharpe.
14. — C. ranivorus Cuv.

Accipitridae Swain.

X. Melierax Gray.

15. — M. polyzonus Rüpp.
16. — M. gabar Hartl.
17. — M. niger Lay.

XI. Astur Lacep.

18. — A. tibialis J. Verr.
19. — A. sphenurus Sharpe.

XII. Accipiter Briss.

20. — A. minulus Vig.
21. — A. Hartlaubii Cass.
22. — A. melanoleucus A. Smith.

Buteonidae Swain.

XIII. Buteo Cuv.

23. — B. augur Rüpp.

XIV. Kaupifalco C. Bp.

24. — K. monogrammicus C. Bp.

Aquilidae Swain.

XV. Aquila Briss.

25. — A. rapax Less.
26. — A. Wahlbergi Sundev.

XVI Nisaetus Hodgs

27. — N. spilogaster Sharpe.
28. — N. pennatus Sharpe.

XVII Spizaetus Vieill.

29. — S. bellicosus Kaup.
30. — S. albescens Gray.

XVIII. Lophoaetus Kaup.

31. — L. occipitalis Kaup.

Circaetidae Swain.

XIX. Circaetus Vieill.

32. — C. Gallicus Vieill.
33. — C. cinereus Vieill.
34. — C. Beaudouinii J. Verr. et O. des Murs.
35. — C. cinerascens Müll.

XX. Helotarsus Smith.

36. — H. ecaudatus Gray.

Haliætidae Blyth.

XXI. Haliætus Savig.

37. — H. vocifer Cuv.

XXII. Gypohierax Rüpp.

38. — G. Angolensis Rüpp.

Milvidae C. Bp.

XXIII. Nauclerus Vigors.

39. — N. Riocouri Vigors.

XXIV. Milvus Cuv.

40. — M. Ægyptius Gray.
41. — M. Korschun Sharpe.

XXV. Elanus Savig.

42. — E. cœruleus Strickl.

XXVI. Pernis Cuv.

43. — P. apivorus Cuv.

XXVII. Baza Hodgs.

44. — B. cuculoides Schl.

Falconidae C. Bp.

XXVIII. Poliohierax Kaup.

45. — P. semitorquatus Kaup.

XXIX. Falco Lin.

46. — F. barbarus Lin.
47. — F. tanypterus Schl.
48. — F. ruficollis Swain.

XXX. Cerchneis Boie.

49. — C. tinnuncula Boie.
50. — C. neglecta Sharpe.
51. — C. rupicola Boie.
52. — C. ardesiaca Sharpe.

Pandioni Sharpe.

Pandionidae Sharpe.

XXXI. Pandion Savig.

53. — P. haliætus Less.

Strigi C. Bp.

Bubonidae Swain.

XXXII. Scotopelia C. Bp

54. — S. Peli C. Bp.
55. — S. Oustaleti Rochbr.

XXXIII. Bubo Cuv.

56. — B. maculosus C. Bp.
57. — B. cinerascens Guer.
58. — B. lacteus Steph.

XXXIV. Scops Savig.

59. — S. Senegalensis Swain.
60. — S. leucotis Swain.

Surnidae C. Bp.

XXXV. Noctua Savig.

61. — N. spilogastra Heugl.

XXXVI. Glaucidium Boie.

62. — G. perlatum Sharpe.
63. — G. Ileua Rochbr.

Syrniidae Sharpe.

XXXVII. Asio Briss.

64. — A. Abyssinicus Strickl.
65. — A. Capensis Strickl.

XXXVIII. Syrnium Savig.

66. — S. nuchale Sharpe.
67. — S. Woodfordi C. Bp.

Strigidae C. Bp

XXXIX Strix Lin

68. — S. flammea Lin.
69. — S. insularis Pelz.
70. — S. Poensis Fras.

Psittaci Nitz.

Palaeornithidae Gray.

XL. Palæornis Vig.

71. — P. parvirostris C. Bp.

XLI. Agapornis Selby.

72. — A. Tarantæ Reichen.
73 — A. pullaria Selby.

Psittacidæ Leach.

XLII. Psittacus Lin.

74 — P. Timneh Fras.
75. — P. erythacus Lin.
76. — P. rubrovarius Rchbr.

Pionidae Reichen.

XLIII. Poeocephalus Swain.

77 — P. robustus Reichen.
78. — P. fuscicollis Reichen.
79. — P. Gulielmi C. Bp.
80. — P. Senegalus Swain.
81. — P. flavifrons C. Bp.

Picari Nitz.

Picidae C. Bp.

XLIV. Dendropicus Malh.

82. — D. Lafresneyi Malh.
83. — D. Africanus Gray.
84. — D. obsoletus Malh.
85. — D. Abyssinicus Heugl.
86. — D. minutus Malh.

XLV. Mesopicus Malh.

87. — M. pyrrhogaster Malh.
88. — M. menstruus Malh.
89. — M. immaculatus Malh.
90 — M. goertan Malh.

Gecinidae Gray.

XLVI. Chrysopicus Malh.

91. — C. nivosus Malh.
92. — C. maculosus Malh.
93. — C. chrysurus Malh.
94. — C. Nubicus Malh.
95. — C. punctatus Malh.

Picumnidae C. Bp.

XLVII. Verreauxia Hartl.

96 — V. Africana Hartl.

Yungidae C. Bp.

XLVIII. Yunx Lin.

97. — Y. æquatorialis Rüpp.

Cuculidae Swain.

XLIX. Cuculus Lin.

98. — C. canorus Lin.
99. — C. solitarius Steph.
100. — C. gularis Steph.
101. — C. clamosus Lath.

L. Chrysococcyx Boie

102. — C. smaragdineus Strickl.
103. — C. cupreus Fiusch.
104. — C. Klaasi C. Bp.

LI. Coccystes Gloger.

105. — C. glandarius Heugl.
106. — C. Caffer Sharpe.
107. — C. Jacobinus Cab. et Hein.

Phænicophaidae Gray.

LII. Ceuthmochares Cab. et Hein.

108. — C. flavirostris Rochbr.

Centropodidae C. Bp.

LIII. Centropus Illig.

109. — C. Senegalensis Kuhl.
110. — C. monachus Rüpp.
111. — C. superciliosus Hemp. et Ehr.

Indicatoridae Swain.

LIV. Indicator Vieill.

112. — I. Sparrmanni Steph.
113. — I. major Steph.
114. — I. minor Steph.

Pogonorhynchidae Marsh.

LV. Pogonorhynchus V. der Hœv.

115. — P. dubius V. der Hœv.
116. — P. bidentatus Heugl.
117. — P. Vieilloti Strickl.
118. — P. melanocephalus Goff.

Megalæmidae Marsh.

LVI. Xylobucco C. Bp.

119. — X. scolopaceus Hartl.

LVII. Barbatula Less.

120. — B. pusilla Hartl.
121. — B. chrysocoma Marsh.
122. — B. atroflava Strickl.
123. — B. subsulphurea Fras.

LVIII. Gymnobucco C. Bp.

124. — G. calvus Hartl.

Capitonidae Briss.

LIX. Trachyphonus Rauz.

125. — T. purpuratus Verr.

Trogonidae C. Bp.

LX. Trogon Lin.

126. — T. Narina Vieill.

Bucorvidae Elliot.

LXI. Bucorvus Less.

127. — B. Abyssinicus Less.
128. — B. Guineensis B. du Boc.
129. — B. Caffer B. du Boc.

Bucerotidae C. Bp.

LXII. Ceratogymna C. Bp.

130. — C. elata C. Bp.

LXIII. Bycanistes Cab. et Hein.

131. — B. cristatus Cab. et Hein.

LXIV. Pholidophalus Elliot.

132. — P. fistulator Elliot.

LXV. Lophoceros Hemp. et Ehr.

133. — L. nasutus Elliot.

LXVI. Tockus Less.

134. — T. melanoleucus C. Bp.
135. — T. fasciatus C. Bp.
136. — T. semifasciatus Sharpe.
137. — T. erythrorhynchus Rüpp.
138. — T. Bocagei Oustal.

Musophagidae C. Bp.

LXVII. Musophaga Isert.

139. — M. violacea Isert.

LXVIII. Turacus Cuv.

140. — T. giganteus Hartl.

LXIX. Schizorhis Wagl.

141. — S. Africana Hartl.
142. — S. concolor Hartl.
143. — S. leucogastra Rüpp.

LXX. Corithaix Illig.

144. — C. persa Hartl.
145. — C. purpureus Cuv.
146. — C. macrorhynchus Fras.

Coliidae C. Bp.

LXXI. Colius Briss.

147. — C. macrourus Heugl.
148. — C. nigricollis Vieill.

Coraciidae Gray.

LXXII. Coracias Lin.

149. — C. garrula Lin.
150. — C. nævia Daud.
151. — C. Abyssinica Gm.
152. — C. cyanogastra Sharpe.

Eurystomidae Rochbr.

LXXIII. Eurystomus Vieill.

153. — E. afer Gray.
154. — E. gularis Vieill.

Alcedinidae C. Bp.

LXXIV. Alcedo Lin.

155. — A. quadribrachys C. Bp.
156. — A. semitorquata Swain.

LXXV. Corythornis Kaup.

157. — C. cyanostigma Sharpe.
158. — C. cœruleocephala Kaup.

LXXVI. Ceryle Boie.

159. — C. rudis Boie.
160. — C. maxima Gray.

Dacelonidae C. Bp.

LXXVII. Ispidina Kaup.

161. — I. picta Kaup.

LXXVIII. Halcyon Swain.

162. — H. erythrogastra Sharpe.
163. — H. semicœrulea Rüpp.
164. — H. chelicutensis Finsh et Hartl.
165. — H. cyanoleuca Hartl.
166. — H. Senegalensis Swain.
167. — H. Malimbica Cass.

Meropidae Leach.

LXXIX. Merops Lin.

168. — M. aplaster Lin.
169. — M. superciliosus Lin.
170. — M. albicollis Vieill.
171. — M. bicolor Daud.
172. — M. viridissimus Swain.
173. — M. Nubicus Gm.

LXXX. Melittophagus Boie.

174. — M. variegatus C. Bp.
175. — M. erythropterus C. Bp.
176. — M. Lafresnayi Guer.
177. — M. Bullockii C. Bp.

LXXXI. Dicrocercus Cab.

178. — D. hiruxdinaceus Cab. et Hein.

Nyctiornitidae Swain.

LXXXII. Meropiscus Sundev.

179. — M. gularis Sundev.

Epopsini A. M. Edw.

Upupidae C. Bp.

LXXXIII. Upupa Lin.

180. — U. Senegalensis Hartl.
181. — U. Africana Bech.

Irrisoridae Less.

LXXXIV. Irrisor Less.

182. — I. erythroryuchus Mont.
183. — I. cyanomelas Mont.
184. — I. aterrimus Steph.

Ocyptilini A. M. Edw.

Cypselidae C. Bp.

LXXXV. Cypselus Illig.

185. — C. æquatorialis Müll.
186. — C. apus Blyth.
187. — C. Caffer Licht.
188. — C. parvus Licht.
189. — C. affinis Gray.

Chaeturidae Sclat.

LXXXVI. Chætura Steph.

190. — C. Sabini Gray.

Caprimulgidae Vig.

LXXXVII. Caprimulgus Lin.

191. — C. tristigma Rüpp.
192. — C. poliocephalus Rüpp.
193. — C. Ægyptius Licht.
194. — C. rufigena A. Smith.

LXXXVIII. Scotornis Swain.

195. — S. longicauda Heugl.

LXXXIX. Macrodipteryx Swain.

196. — M. vexillarius Hartl.
197. — M. longipennis Shaw.

Passeri Illig.

Turdidae Gray.

XC. Turdus Lin.

198. — T. Abyssinicus Gm.
199. — T. pelios C. Bp.
200. — T. Chiguancoides Seebohm.

XCI. Geocichla Kuhl.

201. — G. Simensis Seebohm.

XCII. Monticola Boie.

202. — M. saxatilis Boie.

XCIII. Cossypha Vig.

203. — C. verticalis Hartl.
204. — C. semirufa.Guer.

XCIV. Cercotrichas Boie.

205. — C. erypthroptera Cab.

XCV. Cittocincla Sclat.

206. — C. albicapilla Sharpe.

Crateropodidae Swain.

XCVI. Argya Less.

207. — A. fulva Dresser.
208. — A. Acaciæ Cab.
209. — A. rubiginosa Heugl.

XCVII. Crateropus Swain.

210. — C. Reinwardtii Swain.
211. — C. platycercus Swain.
212. — C. leucocephalus Rüpp.
213. — C. atripennis Swain.

XCVIII. Hypergerus Reich.

214. — H. utriceps Hartl.

Saxicolidae Swain.

XCIX. Saxicola Bechs.

215. — S. lugubris Rüpp.
216. — S. leucura Keys.
217. — S. deserti Temm.
218. — S. stapazina Temm.
219. — S. œnanthe Bech.
220. — S. leucorhoa Hartl.
221. — S. aurita Temm.
222. — S. isabellina Cretz.

C. Myrmecocichla Cab.

223. — M. formicivora C. Bp.

CI. Pratincola Koch.

224. — P. rubetra Koch.
225. — P. Senegalensis Hartl.
226. — P. rubicola Koch.

CII. Pentholæa Cab.

227. — P. frontalis Cab.

Ruticillidae Swain.

CIII. Ruticilla C. L. Brehm.

228. — R. phœnicurus C. Bp.
229. — R. mesoleuca Cab.

CIV. Cyanecula Brehm.

230. — C. cœrulecula C. Bp.

CV. Erythacus Cuv.

231. — E. rubecula Swain.

Sylviidae Vigors.

CVI. Sylvia Scop.

232. — S. cinerea Bech.
233. — S. orpheus Temm.
234. — S. conspicillata Marm.
235. — S. atricapilla Scop.
236. — S. subalpina Bonel.
237. — S. deserticola Trist.

Phylloscopidae Swain.

CVII. Phylloscopus Bois.

238. — P. sibilatrix Blyth.
239. — P. trochilus Boie.
240. — P. Bonelli C. Bp.

Calamodytidae C. Br.

CVIII. Hypolais Brehm

241. — H. polyglotta Gerb.
242. — H. opaca Cab.

CIX. Acrocephalus Naum.

243. — A. turdoides Heugl.
244. — A. streperus Newt.

CX. Calamocichla Sharpe.

245. — C. brevipennis Sharpe.

Maluridae Gray.

CXI. Euprinodes Cass.

246. — E. olivaceus Cass.

CXII. Dryodomas Finsh et Hartl

247. — D. rufifrons Sharpe.

CXIII. Sylvietta Latr.

248. — S. rufescens Cass.
249. — S. micrura Hartl.

CXIV. Eremomela Sundev.

250. — E. lutescens Hartl.
251. — E. viridiflava Hartl.
252. — E. pusilla Hartl.

CXV. Camaroptera Sundev.

253. — C. brevicaudata Sundev.
254. — C. superciliaris Cass.

CXVI. Prinia Horsf.

255. — P. mystacea Rüpp.

CXVII. Burnesia Jerd.

256. — B. gracilis Sharpe.

CXVIII. Orthotomus Horsf.

257. — O. erythropterus Sharpe.

CXIX. Cisticola Kaup.

258. — C. cinerascens Heugl.
259. — C. erythrops Sharpe.
260. — C. rufa Sharpe.
261. — C. cisticola Less.
262. — C. terrestris Ayres.
263. — C. Strangei Sharpe.
264. — C. lugubris O. des Murs.
265. — C. subruficapilla Sharpe.

Paridae Bole.

CXX. Parus Lin.

266. — P. leucomelas Rüpp.
267. — P. leuconotus Guer.

Ægithalidae Vig.

CXXI. Ægithalus Boie.

268. — Æ. calotropiphilus Rochbr.

Motacillidae Boie.

CXXII. Motacilla Lin.

269. — M. Alba Lin.
270. — M. vidua Sundev.

CXXIII. Budytes Cuv.

271. — B. flava Cuv.
272. — B. Rayi C. Bp.

Anthidae Gray.

CXXIV. Anthus Bechst.

273. — A. arboreus Bechst.
274. — A. campestris Bechst.
275. — A. Gouldii Fras.

CXXV. Macronyx Swain.

276. — M. croceus Gurn.

Pycnonotidae Gray.

CXXVI. Criniger Temm.

277. — C. Verreauxi Sharpe.
278. — C. barbatus Finsch.

CXXVII. Xenocichla Hartl.

279. — X. flavicollis Sharpe.
280. — X. olivacea Sharpe.
281. — X. syndactyla Sharpe.
282. — X. scandens Sharpe.
283. — X. leucopleura Sharpe.
284. — X. canicapilla Sharpe.

CXXVIII. Andropadus Swain.

285. — A. latirostris Strickl.
286. — A. virens Cass.

CXXIX. Chlorocichla Sharpe.

287. — C. gracilirostris Sharpe.

CXXX. Pycnonotus Boie.

288. — P. barbatus Gray.
289. — P. Ashanteus C. Bp.

Oriolidae Boie.

CXXXI. Oriolus Lin.

290. — O. galbula Lin.
291. — O. auratus Vieill.
292. — O. monachus Cab.
293. — O. brachyrhynchus Swain.

Dicruridae Swain.

CXXXII. Dicrurus Vieill.

294. — D. atripennis Swain.

CXXXIII. Buchanga Hogds.

295. — B. musica Rochbr.

Campephagidae Gray.

CXXXIV. Graucalus Cuv.

296. — G. pectoralis Jard.

CXXXV. Campephaga Vieill.

297. — C. phœnicea Swain.

Malaconotidae Wagn.

CXXXVI. Laniarius Vieill.

298. — L. barbarus Vieill.
299. — L. sulfureopectus Less.
300. — L. superciliosus Hartl.
301. — L. multicolor Gray.
302. — L. cruentus Hartl.
303. — L. Peli C. Bp.
304. — L. icterus Cuv.

CXXXVII. Dryoscopus Boie.

305. — D. Gambensis Hartl.

CXXXVIII. Telephonu ; Swain.

306. — T. Senegalus Strickl.
307. — T. trivirgatus A. Smith.

CXXXIX. Corvinella Less.

308. — C. corvina Less.

CXL. Nilaus Swain.

309. — N. brubru Strickl.
310. — N. Edwardsi Rochbr.

Laniidae Boie.

CXLI. Enneoctonus Boie.

311. — E. collurio Boie.
312. — E. Nubicus Cab.

CXLII. Lanius Lin.

343. — L. rufus Briss.
344. — L. rutilans Temm.

Prionopidae C. Bp.

CXLIII. Eurocephalus Smith.

315. — E. Rüppelii C. Bp.

CXLIV. Prionops Vieill.

316. — P. plumatus Swain.

CXLV. Bradyornis Smith.

317. — B. Senegalensis Hartl.

CXLVI. Malæornis Gray.

318. — M. edolioides Gray.

Muscicapidae Vig.

CXLVII. Muscicapa Lin.

319. — M. grisola Lin.
320. — M. aquatica Heugl.
321. — M. atricapilla Lin.

CXLVIII. Hyliota Swain.

322. — H. flavigastra Swain.

CXLIX. Artomyas J. et E. Verr.

323. — A. fuliginosa J. et E. Verr.

Myagridae Boie.

CL. Batis Boie.

324. — B. Senegalensis Sharpe.
325. — B. orientalis Sharpe.

CLI. Platystira Jard.

326. — P. cyanea Gray.

CLII. Terpsiphone Glog.

327. — T. cristata Sharpe.
328. — T. melanogastra Cab.
329. — T. Senegalensis Rochbr.
330. — T. nigriceps Sharpe.
331. — T. rufiventris Sharpe.

CLIII. Elminia C. Bp.

332. — E. longicauda C. Bp.
333. — E. teresita Antin.

Hirundinidae Vig.

CLIV. Chelidon Boie.

334. — C. urbica Boie.

CLV. Cotyle Boie.

335. C. ambrosiaca A. M. Edw.
336. C. rupestris Heugl.

CLVI. Waldenia Sharpe.

337. — W. nigrita Sharpe.

CLVII. Hirundo Lin.

338. — H. rustica Lin.
339. — H. lucida J. Verr.
340. — H. leucosoma Swain.
341. — H. filifera Steph.
342. — H. melanocrissa Gray.
343. — H. domicella Finsh et Hartl.
344. — H. Senegalensis Lin.
345. — H. Gordoni Jard.
346. — H. Abyssinica Guer.

Nectariniidae Illig.

CLVIII. Hedydipna Cab.

347. — H. metallica Cab.
348. — H. platura Reich.

CLIX. Nectarinia Illig.

349. — N. pulchella Jard.
350. — N. cupreonitens Shelly.

CLX. Cinnyris Cuv.

351. — C. superbus Cuv.
352. — C. splendidus Cuv.
353. — C. venustus Cuv.
354. — C. chloropygius C. Bp.
355. — C. Senegalensis Cuv.
356. — C. fuliginosus Cuv.
357. — C. amethistinus Cuv.
358. — C. Adelberti Gerv.
359. — C. cupreus Less.
360. — C. verticalis Shelly.
361. — C. cyanolæmus Sharpe et Bouv.

CLXI. Anthreptes Swain.

362. — A. Longuemarii C. Bp.
363. — A. rectirostris Shelly.
364. — A. hypodila Shelly.

Zosteropidae Vig.

CLXII. Zosterops Vig.

365. — Z. Abyssinica Guer.
366. — Z. Senegalensis C. Bp.

Lamprotornithidae C. Bp.

CLXIII. Lamprotornis Temm.

367. — L. ænea Hartl.
368. — L. purpuroptera Hartl.

CLXIV. Lamprocolius Sundev.

369. — L. ignitus Hartl.
370. — L. splendidus Hartl.
371. — L. auratus Hartl.
372. — L. cyanotis Swain.
373. — L. chalybeus Hartl.

CLXV. Notauges Cab.

374. — N. chrysogaster Cab.

CLXVI. Pholidauges Cab.

375. — P. leucogaster Cab.

CLXVII. Oligomydrus Schiff.

376. — O. tenuirostris Schiff.

Buphagidae Swain.

CLXVIII. Buphaga Lin.

377. — B. Africana Lin.
378. — B. erythrorhyncha Temm.

Glaucopidae Swain.

CLXIX. Cryptorhina Wagl.

379. — C. Afra Sharpe.

Corvidae Swain.

CLXX. Corvus Lin.

380. — C. scapulatus Daud.

CLXXI. Corone Kaup.

381. — C. corone Sharpe.

Ploceidae Gray.

CLXXII. Textor Temm.

382. — T. alecto Temm.

CLXXIII. Sycobius Vieill.

383. — S. melanotis C. Bp.

CLXXIV. Philagrus Cab.

384. — P. superciliosus Cab.

CLXXV. Sporopipes Cab.

385. — S. frontalis Cab.

CLXXVI. Nigrita Strickl.

386. — N. canicapilla Hartl.
387. — N. bicolor Sclat.

CLXXVII. Quelea Rchb.

388. — Q. occidentalis Hartl.
389. — Q. orientalis Heugl.

CLXXVIII. Foudia Rchb.

390. — F. erythrops Hartl.

CLXXIX. Hyphantornis Gray.

391. — H. brachypterus C. Bp.
392. — H. ocularius Hartl.
393. — H. luteolus Hartl.
394. — H. aurifrons Hartl.
395. — H. vitellinus Hartl.
396. — H. textor Hartl.
397. — H. cucullatus Hartl.
398. — H. spilonotus Hartl.
399. — H. castaneofuscus Hartl.

CLXXX. Euplectes Swain.

400. — E. flammiceps Swain.
401. — E. oryx Rchb.
402. — E. franciscanus Hartl.
403. — E. phœnicomerus Gray.
404. — E. melanogaster Hartl.

CLXXXI. Symplectes Swain.

405. — S. junquillaceus Hartl.
406. — S. bicolor Hartl.

Viduidae Cab.

CLXXXII. Penthetria Cab.

407. — P. macroura Cab.
408. — P. ardens Cab.

CLXXXIII. Vidua Cuv.

409. — V. regia Hartl.
410. — V. principalis Hartl.
411. — V. hypocherina J. Verr.

CLXXXIV. Steganura Rchb.

412. — S. paradisea Hartl.

CLXXXV. Hypochera C. Bp.

413. — H. ænea Hartl.
414. — H. ultramarina Hartl.

Coccothraustidae Swain.

CLXXXVI. Spermospiza Gray.

415. — S. hæmatina Hartl.

CLXXXVII Pyrenestes Swain.

416. — P. ostrinus Gray.
417. — P. personatus Dubus.

Spermestidae Cab.

CLXXXVIII. Spermestes Swain.

418. — S. cucullata Swain.
419. — S. Poensis Hartl.
420. — S. fringilloides Hartl.

CLXXXIX. Uroloncha Cab.

421. — U. cantans Cab.

CXC. Amadina Swain.

422. — A. fasciata Hartl.

CXCI. Ortygospiza Sundev.

423 — O. atricollis Cass.

CXCII. Estrilda Swain.

424. — E. cinerea Gray.
425. — E. astrild Swain.
426. — E. melpoda Hartl.
427. — E. viridis Gray.
428. — E. subflava Hartl.
429. — E. cœrulescens Swain.
430. — E. Savatieri Rochbr.
431. — E. quartinia C. Bp.
432. — E. Perreini Hartl.

CXCIII. Lagonosticta Cab.

433. — L. vinacea Hartl.
434. — L. Senegala Gray.
435. — L. rufopicta Hartl.
436. — L. minima Cab.

CXCIV. Uraeginthus Cab.

437. — U. phœnicotis Cab.
438. — U. granatinus Gurney.

CXCV. Pytelia Swain.

439. — P. melba Strickl.
440. — P. phænicoptera Swain.

Fringillidae Vig.

CXCVI. Passer Briss.

441. — P. Swainsonii C. Bp.

442. — P. simplex Hartl.
443. — P. diffusus C. Bp.
444. — P. Jagoensis Gould.
445. — P. salicicolus Cab.

Pyrrhulidae Swain.

CXCVII. Crithagra Swain.

446. — C. butyracea Gray.
447. — C. musica Hartl.

Emberizidae Vig.

CXCVIII. Fringillaria Swain.

448. — F. flaviventris Hartl.
449. — F. septemstriata Hartl.

Alaudidae Boie.

CXCIX. Coraphites Cab.

450. — C. leucotis Cab.
451. — C. frontalis Cab.

CC. Alauda Lin.

452. — A. Goensis Vieill.
453. — A. arvensis Lin.

CCI. Galerita Boie.

454. — G. Senegalensis C. Bp.

CCII. Calandrella Kaup.

455. — C. deserti C. Bp.
456. — C. cinctura Gould.

CCIII. Certhilauda Swain.

457. — C. nivosa Swain.

Pittidae Strickl.

CCIV. Pitta Temm.

458. — P. Angolensis Vieill.

Columbi Illig.

Treronidae Gray.

CCV. Treron Vieill.

459. — T. Waalia Heugl.
460. — T. calva Gray.

Columbidae Swain.

CCVI. Columba Lin.

461. — C. Guineensis Briss.
462. — C. Malherbei J. Verr.
463. — C. Schimperi C. Bp.
464. — C. domestica Lin.

CCVII. Turtur Selby.

465. — T. Senegalensis riss.
466. — T. vinaceus Schleg.
467. — T. semitorquatus Swain.
468. — T. erythrophrys Swain.
469. — T. lugens Gray.

CCVIII. Peristera Swain.

470. — P. tympanistria Selby.

CCIX. Chalcopeleia Reich.

471. — C. Afra Reich.

CCX. Oena Selby.

472. — O. Capensis Selby.

Gallini Dum.

Pteroclidae C. Bp.

CCXI. Pterocles Temm.

473. — P. gutturalis A. Smith.
474. — P. Senegalus Gray.
475. — P. arenarius Temm.
476. — P. exustus Temm.
477. — P. quadricinctus Temm.

Phasianidae Vig.

CCXII. Gallus Lin.

478. — G. domesticus Auctor.

Meleagridae C. Bp.

CCXIII. Gallopavo Briss.

479. — G. domesticus Temm.

Numididae C. Bp.

CCXIV. Numida Lin.

480. — N. meleagris Lin.
481. — N. cristata Pall.
482. — N. plumifera Cass.
483. - N. ptylorhyncha Licht.

CCXV. Agelastus Temm.

484. — A. meleagrides C. Bp.

CCXVI. Phasidus Cass.

485. — P. niger Cass.

Perdicidae C. Bp.

CCXVII. Ptilopachys Gray.

486. — P. ventralis Gray.

CCXVIII. Francolinus Steph.

487. — F. bicalcaratus Gray.
488. — F. albigularis Gray.
489. — F. Lathami Hartl.
490. — F. Grau'i Hartl.

CCXIX. Coturnix Mohr

491. — C. communis Bonn.
492. — C. Adansoni Verr.
493. — C. histrionica Hartl.

Turnicidae Gray.

CCXX. Ortyxelos Vieill.

494. — O. Meiffreui Hartl.

Caccabinidae Gray.

CCXXI. Ammoperdix Gould.

495. — A. Hayi Shelly.

Grallatori Illig.

Otididae Selys

CXXII. Eupodotis Less.

496. — E. Senegalensis Gray.
497. — E. Denhami Child.
498. — E. Arabs Gray.
499. — E. melanogaster Rüpp.
500. — E. Hartlaubi Heugl.

CCXXIII. Houbara C. Bp.

501. — H. undulata Gray.

Œdicnemidae Gray.

CCXXIV. Œdicnemus Temm.

502. — Œ. crepitans Temm.
503. — Œ. Senegalensis Swain.

Cursoridae Gray.

CCXXV. Cursorius Lath.

504. — C. Senegalensis Hartl.
505. — C. chalcopterus Temm.

CCXXVI. Pluvianus Vieill.

506. — P. Ægyptius Gray.

Glareolidae Brehm.

CCXXVII. Glareola Briss.

507. — G. pratincola Leach.
508. — G. nuchalis Gray.

Charadridae Swain.

CCXXVIII. Chettusia C. Bp.

509. — C. flavipes Gray.

CCXXIX. Lobivanellus Strickl.

510. — L. Senegalensis Rüpp.

CCXXX. Hoplopterus C. Bp.

511. — H. spinosus C. Bp.
512. — H. albiceps Gurney.

CCXXXI. Sarciophorus Strickl.

513. — S. pileatus Strickl.

CCXXXII. Squatarola Cuv.

514. — S. varia Boie.

CCXXXIII. Charadrius Lin.

515. — C. apricarius Gm.

CCXXXIV. Ægialites Boie.

516. — Æ. tricollaris Gray.
517. — Æ. fluviatilis Gray.
518. — Æ. pecuarius Lay.
519. — Æ. cantiana Boie.
520. — Æ. marginatus Cass.

Cinclidae Gray.

CCXXXV. Cinclus Mœhr.

521. — C. interpres Gray.

Haematopodidae Gray.

CCXXXVI. Hæmatopus Lin.

522. — H. ostralegus Lin.
523. — H. Moquini C. Bp.

Gruidae Vig.

CCXXXVII. Grus Lin.

524. — G. cinerea Bech.

CCXXXVIII. Bugeranus Glog.

525. — B. carunculatus Gurney.

CCXXXIX. Anthropoides Vieill.

526. — A. virgo Vieill.

CCXL. Balearica Briss.

527. — B. pavonina Wagl.
528. — B. regulorum Gray.

Ardeidae Leach

CCXLI. Ardea Lin.

529. — A. cinerea Lin.
530. — A. melanocephala Child.

CCXLII. Ardeomega C. Bp.

531. — A. Goliath C. Bp.

CCXLIII. Pyrrherodia Finsh et Hartl.

532. — P. purpurea Finsh et Hartl.

CCXLIV. Demigretta Blyth.

533. — D. ardesiaca Heugl.

CCXLV. Lepterodias Hartl. et Ehr.

534. — L. gularis Heugl.

CCXLVI. Herodias Boie.

535. — H. flavirostris Hartl.
536. — H. melanorhyncha Hartl.

CCXLVII. Garzetta Kaup.

537. — G. garzetta Gray.

CCXLVIII. Bubulcus Puch.

538. — B. ibis Heugl.

CCXLIX. Buphus Boie.

539. — B. comatus C. Bp.

CCL. Ardetta C. Bp.

540. — A. minuta Gray.
541. — A. podiceps Hartl.

CCLI. Ardeiralla J. Verr.

542. — A. Sturmi J. Verr.

CCLII. Butorides Blyth.

543. — B. atricapilla Hartl.

CCLIII. Botaurus Briss.

544. — B. stellaris Steph.

CCLIV. Nycticorax Steph.

545. — N. Europæus Steph.

CCLV. Calherodius C. Bp.

546. — C. leuconotus Heugl.

CCLVI. Tigrisoma Swain.

547. — T. leucolophum Jard.

Ciconiidae Selys.

CCLVII. Ciconia Lin.

548. — C. alba Briss.

CCLVIII. Melanopelargus Reich.

549. — M. niger Reich.

CCLIX. Abdimia C. Bp.

550. — A. Abdimil Gray.

CCLX. Dissoura Cab.

551. — D. leucocephala Cab.

CCLXI. Mycteria Lin.

552. — M. Senegalensis Lath.

CCLXII. Leptoptilos Less.

553. — L. crumeniferus Less.

Anastomatidae C. Bp.

CCLXIII. Anastomus Bonn.

554. — A. lamelligerus Temm.

Scopidae C. Bp.

CCLXIV. Scopus Briss.

555. — S. umbretta Gm.

Plataleidae C. Bp.

CCLXV. Platalea Lin.

556. — P. leucorodia Lin.
557. — P. tenuirostris Temm.

Tantalidae C. Bp.

CCLXVI. Tantalus Lin.

558. — T. Ibis Lin.

Ibididae Gray.

CCLXVII. Falcinellus Bechst.

559. — F. falcinellus Gray.

CCLXVIII. Geronticus Wagl.

560. — G. Æthiopicus Gray.

CCLXIX. Harpiprion Wagl.

561. — H. carunculata Rüpp.

CCLXX. Hagedashia C. Bp.

562. — H. chalcoptera Elliot.

CCLXXI. Comatibis Reich.

563. — C. comata Reich.

Limosidae Gray.

CCLXXII. Numenius Lin.

564. — N. arquata Lath.
565. — N. phæopus Lath.

CCLXXIII. Limosa Briss.

566. — L. ægocephala Gray.
567. — L. rufa Briss.

Totanidae Gray.

CCLXXIV. Totanus Bech.

568. — T. stagnalis Bech.
569. — T. ochropus Temm.
570. — T. glareola Temm.
571. — T. calidris Bechst.
572. — T. griseus Bechst.
573. — T. fuscus Loisl.

CCLXXV. Tringoides C. Bp.

574. T. hypoleucus Gray.

Recurvirostridae C. Bp.

CCLXXVI. Recurvirostra Lin.

575. — R. avocetta Lin.

CCLXXVII. Himantopus Briss.

576. — H. candidus Briss.

Tringidae C. Bp.

CCLXXVIII. Philomachus Möhr.

577. — P. pugnax Möhr.

CCLXXIX. Tringa Lin.

578. — T. canutus Lin.
579. — T. cinclus Lin.
580. — T. minuta Leisl.
581. — T· Temminckii Leisl.
582. — T. subarquata Temm.

CCLXXX. Calidris Cuv.

583. — C. arenaria Leach.

Scolopacidae C. Bp

CCLXXXI. Gallinago Leach.

584. — G. major Leach.
585. — G. scolopacina C. Bp.
586. — G. gallinula C. Bp.

CCLXXXII. Scolopax Lin

587. — S. rusticola Lin.

CCLXXXIII. Rhynchæa Cuv.

588. — R. Capensis Gray.

Parridae Gray.

CCLXXXIV. Parra Lath.

589. — P. Africana Gm.

Fulicidae C. Bp.

CCLXXXV. Fulica Lin.

590. — F. atra Lin.
591. — F. cristata Gm.

Gallinulidae Gray.

CCLXXXVI. Gallinula Briss.

592. — G. chloropus Lath.

Porphyrionidae Rchb.

CCLXXXVII. Hydrornia Hartl.

593. — H. Alleni Hartl.

CCLXXXVIII. Porphyrio Briss.

594. — P. smaragnotus Temm.

Rallidae Leach.

CCLXXXIX. Ortygometra Lin.

595. — O. pygmæa Gray.

CCXC. Limnocorax Peters.

596. — L. Senegalensis Peters.

CCXCI. Porzana Vieill.

597. — P. porzana Gray.

CCXCII. Crex Bechst.

598. — C. pratensis Bechst.
599. — C. pulchra Gray.
600. — C. dimidiata Schleg.

CCXCIII. Rallina Schleg.

601. — R. oculea Schleg.

Heliornithidae Less.

CCXCIV. Podica Less.

602. — P. Senegalensis Less.

Odontoglossi Nitz.

Phoenicopteridae C. Bp.

CCXCV. Phoenicopterus Lin.

603. — P. antiquorum Temm.
604. — P. erythrœus J. Verr.

CCXCVI. Phoeniconaias Gray.

605. — P. minor Gray.

Anserini Swain.

Plectropteridae Gray.

CCXCVII. Plectropterus Leach.

606. — P. Gambiensis Steph.

CCXCVIII. Sarcidiornis Eyt.

607. — S. africana Eyt.

Anseridae Lafr.

CCXCIX. Chenalopex Steph.

608. — C. Ægyptiaca Gould.

CCC. Bernicla Steph

609. — B. Cyanoptera Rüpp.

CCCI. Nettapus Brandt.

610. — N. auritus Gray.

Anatidae Cuv.

CCCII. Dendrocygna Swain.

611. — D. viduata Hartl.
612. — D. fulva Baird.

CCCIII. Cairina Flem

613. — C. moschata Flem.

CCCIV. Casarca C. Bp.

614. — C. rutila C. Bp.

CCCV. Mareca Steph.

615. — M. penelope C. Bp.

CCCVI. Dafila. Leach.

616. — D. acuta Leach.

CCCVII. Anas Lin.

617. — A. domestica Gm.
618. — A. xanthorhyncha Forst.

CCCVIII. Querquedula Steph.

619. — Q. circia Steph.

620. — Q. crecca Steph.
621. — Q. Capensis A. Smith.
622. — Q. Hartlaubi Cass.

CCCIX. Spatula Boie.

623. — S. clypeata Boie.

Fuligulidæ Swain.

CCCX. Fuligula Steph.

624. — F. rufina Steph.

CCCXI. Fulix Sundev.

625. — F marila Baird.

CCCXII. Aythya Boie.

626. — A. nyroca Boie.

Erismaturidae Gray.

CCCXIII. Thalassornis Eyt.

627. — T. leuconotus Eyt.

CCCXIV. Erismatura C. Bp.

628. — E. leucocephala Eyt.
629. — E. maccoa Eyt.

Mergidae Gray.

CCCXV. Mergus Lin.

630. — M. serrator Lin.

Gaviæi C. Bp.

Laridae Leach.

CCCXVI. Larus Lin.

631. — L. mariuus Lin.
632. — L. fuscus Lin.
633. — L. argentatus Brun.
634. — L. ridibundus Lin.
635. — L. Hartlaubi Bruch.
636. — L. minutus Pall.
637. — L. gelastes Licht.

CCCXVII. Rissa Leach.

638. — R. tridactyla Gray.

Sternidae C. Bp.

CCCXVIII. Sterna Lin.

639. — S. fluviatilis Brehm.
640. — S. hirundo Lin.
641. — S. macroptera Blas.

CCCXIX. Thalasseus Boie.

642. — T. cantiacus Boie.
643. — T. caspicus Boie.
644. — T. Bergi Blas.

CCCXX. Sylochelidon Boie.

645. — S. galericulata Boie.

CCCXXI. Sternula Boie.

646. — S. minuta Boie.

CCCXXII. Hydrochelidon Boie.

647. — H. fissipes Gray.
648. — H. nigra Gray.
649. — H. hybrida Gray.
650. — H. anaesthetus Heugl.
651. — H. fuliginosa Wagl.

CCCXXIII. Anous Leach.

652. — A. stolidus Leach.

Rhynchopsidae C. Bp.

CCCXXIV. Rhynchops Lin.

653. — R. flavirostris Vieill.

Tubinari Swain.

Procellaridae Boie.

CCCXXV. Puffinus Briss.

654. — P. major Fab.
655. — P. Kuhlii C. Bp.
656. — P. Anglorum Briss.
657. — P. fuliginosus Strickl.
658. — P. chlororhynchus Less.

CCCXXVI. Procellaria Lin.

659. — P. pelagica Lin.
660. — P. oceanica Kuhl.
661. — P. fuliginosa Banks.
662. — P. æquinoxialis Lin.
663. — P. vittata. Gm.

CCCXXVII. Daption Steph.

664. — D. Capense Steph.

CCCXXVIII. Ossifraga H. et Jacq.

665. — O. gigantea H. et Jacq.

CCCXXIX. Diomedea Lin.

666. — D. exulans Lin.

Steganopodi Nitz.

Phaëthonidae Rchb.

CCCXXX. Phaëthon Illig.

667. — P. aethereus Lin.

Plotidae Selys.

CCCXXXI. Plotus Lin.

668. — P. Levaillanti Temm.

Sularidae Reich.

CCCXXXII. Sula Briss.

669. — S. Bassana Briss.
670. — S. fusca Briss.
671. — S. piscator Hartl.

Fregatidae Swain.

CCCXXXIII. Fregata Briss.

672. — F. aquila Illig.

Graculidae Gray.

CCCXXXIV. Graculus Lin

673. — G. carbo Gray.
674. — G. cristatus Gray.
675. — G. lucidus Gray.
676. — G. Africanus Gray.

Pelecanidae C. Bp.

CCCXXXV. Pelecanus Lin.

677. — P. onocrotalus Lin.
678. — P rufescens Gm.
679. — P. crispus Bruch.

Pigopodi Illig.

Colymbidae Leach.

CCCXXXVI. Colymbus Lin.

680. — C. septentrionalis Lin.

Podicipidae Leach.

CCCXXXVII. Podiceps Lath.

681. — P. cristatus Lath.
682. — P. auritus Lath.
683. — P. griseigena Gray.
684. — P. minor Lath
685. — P. Pelzelni Hartl.

RATITI Huxl.

Struthioni Leach.

Struthionidae Vig.

CCCXXXVIII. Struthio Lin.

686. — S. camelus Lin.

Bordeaux. — Imprimerie J. Durand, rue Condillac, 20.

EXPLICATION DES PLANCHES

Planche I.

Plumes du corps avec plumes adventices.
Toutes les figures sont de grandeur naturelle.

Figure 1. — *Gyps Rüppeli* C. Bp.
» 2. — *Gypaetus ossifragus* Sharpe.
» 3. — *Poliohierax semitorquatus* Kaup.
» 4. — *Pandion haliœtus* Less.
» 5. — *Scotopelia Oustaleti* Rochbr.
» 6. — *Bubo maculosus* C. Bp.
» 7. — *Glaucidium licua* Rochbr.
» 8. — *Poeocephalus fuscicollis* Reichen.
» 9. — *Mesopicus goertan* Malh.
» 10. — *Cuculus clamosus* Lath.
» 11. — *Trachyphonus purpuratus* Verr.
» 12. — *Trogon Narina* Vieill.
» 13. — *Turacus giganteus* Hartl.
» 14. — *Merops viridissimus* Swain.
» 15. — *Irrisor aterrimus* Steph.
» 16. — *Caprimulgus tristigma* Rüpp.
» 17. — *Turdus pelios* C. Bp.
» 18. — *Saxicola leucorhoa* Hartl.
» 19. — *Sylvia deserticola* Trist.
» 20. — *Parus leucomelas* Rüpp. (1).
» 21. — *Cinnyris fuliginosus* Cuv.
» 22. — *Lanius rutilans* Temm.
» 23. — *Terpsiphone melanogastra* Cab.
» 24. — *Corvus scapulatus* Daud.
» 25. — *Vidua hypocherina* J. Verr.
» 26. — *Calandrella deserti* C. Bp.

---

(1) Par suite d'une erreur du lithographe, la fig. 19 a été donnée à deux plumes différentes. Celle qui est placée au milieu de la planche entre les nᵒˢ 22 et 18 doit porter le nᵒ 20 (*Parus leucomelas*), 20 devient 21 et ainsi de suite jusqu'à 26.

Planche II.

Plumes du corps avec plumes adventices.

Toutes les figures sont de grandeur naturelle.

Figure 1. — *Circaetus Beaudouinii* J. Verr. et O. des Murs.
» 2. — *Gyps occidentalis* C. Bp. — Plume de la collerette.
» 3. — *Tockus semifasciatus* Sharpe.
» 4. — *Cisticola rufa* Sharpe.
» 5. — *Motacilla alba* Lin.
» 6. — *Nilaus Edwardsi* Rochbr.
» 7. — *Buphaga Africana* Lin.
» 8. — *Cryptorhina Afra* Sharpe.
» 9. — *Pyrenestes ostrinus* Gray.
» 10. — *Fringillaria flaviventris* Hartl.
» 11. — *Euplectes flammiceps* Swain.
» 12. — *Estrilda Savatieri* Rochbr.
» 13. — *Cursorius Senegalensis* Hartl.
» 14. — *Larus fuscus* Lin.
» 15. — *Dendrocygna fulva* Baird.

Planche III.

Plumes du corps avec plumes adventices.

Toutes les figures sont de grandeur naturelle.

Figure 1. — *Numida cristata* Pall.
» 2. — *Phasidus niger* Cass.
» 3. — *Francolinus bicalcaratus* Gray.
» 4. — *Eupodotis Senegalensis* Gray.
» 5. — *Tantalus Ibis* Lin.
» 6. — *Geronticus Æthiopicus* Gray.
» 7. — *Anthropoides virgo* Vieill.
» 8. — *Charadrius apricarius* Gm.
» 9. — *Parra Africana* Gm.
» 10. — *Tigrisoma leucolophum* Jard.
» 11. — *Scopus umbretta* Gm.
» 12. — *Phœnicopterus antiquorum* Temm.
» 13. — *Nettapus auritus* Gray.
» 14. — *Sterna hirundo* Lin.

Planche IV.

Figure 1. — *Gyps Rüppeli* C. Bp., mâle jeune 1/5 grand. nat.

Planche V.

Figure 1. — *Serpentarius secretarius* Daud., jeune 1/5 grand. nat.

Planche VI.

Figure 1. — *Spizaetus albescens* Gray., jeune 1/4 grand. nat.

Planche VII.

Figure 1. — *Poliohierax semitorquatus* Kaup., mâle grand. nat.
»   2. —   »   »   femelle grand. nat.

Planche VIII.

Figure 1. — *Scotopelia Oustaleti* Rochbr., mâle 1/3 grand. nat.

Planche IX.

Figure 1. — *Glaucidium licua* Rochbr., mâle grand. nat.

Planche X.

Figure 1. — *Psittacus rubrovarius* Rochbr., 3/4 grand. nat.

Planche XI.

Figure 1. — *Poeocephalus fuscicollis* Reichen., 3/4 grand. nat.

Planche XII.

Figure 1. — *Chrysococcyx smaragdineus* Strickl., mâle adulte grand. nat.
»   2. —   »   »   mâle jeune grand. nat.

Planche XIII.

Figure 1. — *Tockus Bocagei* Oustal., mâle 1/2 grand. nat.

Planche XIV.

CORACIAS et EURYSTOMUS

Caractères génériques (figures grandeur naturelle).

Figure 1. — Tête de *Coracias garrula* Lin.
»   2. — Sternum vu de profil.
»   3. — Tarse, métatarse et doigts.

Figure 4. — Plume du corps avec plume adventice d'après nature.
  » 5. —   »   »   d'après M. Sharpe.
  » 6. — Tête d'*Eurystomus afer* Gray.
  » 7. — Sternum vu de profil.
  » 8. — Tarse, métatarse et doigts.
  » 9. — Plume du corps avec plume adventice d'après nature.
  » 10. —   »   »   d'après M. Sharpe.

Planche XV.

Figure 1. — *Eurystomus afer* Gray, mâle adulte 2/3 grand. nat.
  » 2. —   »   » femelle adulte 2/3 grand. nat.

Planche XVI.

Figure 1. — *Ægithalus calotropiphilus* Rochbr., mâle adulte grand. nat.
  » 2. — Son nid grand. nat.
  » 3. — Œufs grand. nat.

Planche XVII.

Figure 1. — *Nilaus Edwardsi* Rochbr., mâle adulte grand. nat.
  » 2. —   »   » femelle adulte grand. nat.

Planche XVIII.

Figure 1. — *Cinnyris venustus* Cuv., mâle adulte grand. nat.
  » 2. — Son nid grand. nat.
  » 3. — Œufs grand. nat.

Planche XIX.

Figure 1. — *Spermospiza hæmatina* Hartl., mâle adulte grand. nat.
  » 2. —   »   » femelle adulte grand. nat.
  » 3. —   »   » jeune grand. nat.

Planche XX.

Figure 1. — *Estrilda subflava* Hartl., mâle grand. nat.
  » 2. — Son nid grand. nat.
  » 3. — Œufs grand. nat.

Planche XXI.

Figure 1. — *Estrilda Savatieri* Rochbr., mâle grand. nat.
  » 2. —   » *Perrcini* Hartl., mâle grand. nat.

Planche XXII.

Figure 1. — *Phasidus niger* Cass., mâle adulte 3/7 grand. nat.

Planche XXIII.

Figure 1. — *Tigrisoma leucolophum* Jard., mâle 1/4 grand. nat.

Planche XXIV.

Figure 1. — Nid de *Scopus ombretta* Gm., 1/8 grand. nat.
»   2. — Coupe perpendiculaire du nid 1/8 grand. nat.
»   3-4. — Œufs grand. nat.

Planche XXV.

Figure 1. — *Podica Senegalensis* Less., mâle 1/3 grand. nat.

Planche XXVI.

Figure 1. — *Phœnicopterus antiquorum* Temm., 2/3 grand. nat.
»   2. —   »   *erythræus* J. Verr., 2/3 grand. nat.
»   3. — *Phœniconaias minor* Gray, 2/3 grand. nat.

Planche XXVII.

Figure 1. — *Dendrocygna fulva* Baird., mâle 1/3 grand. nat.

Planche XXVIII.

OVOLOGIE.

Toutes les figures sont de grandeur naturelle.

Figure 1. — *Serpentarius secretarius* Daud.
»   2. — *Helotarsus ecaudatus* Gray.
»   3. — *Aquila rapax* Less.
»   4. — *Accipiter minulus* Vig.
»   5. — *Milvus Ægyptius* Gray.

Planche XXIX.

OVOLOGIE.

Toutes les figures sont de grandeur naturelle.

Figure 1. — *Cuculus solitarius* Steph.

Figure 2. — *Ceuthmochares flavirostris* Rochbr.
  »   3. — *Pogonorhynchus bidentatus* Heugl.
  »   4. — *Colius macrourus* Heugl.
  »   5. — *Merops Nubicus* Gm.
  »   6. — *Caprimulgus rufigena* A. Smith.
  »   7. — *Macrodipteryx longipennis* Shaw.
  »   8. — *Sylviella rufescens* Cass.
  »   9. — *Prinia mystacea* Rüpp.
  » 10. — *Cisticola rufa* Sharpe.
  » 11. —   »   *Strangei* Sharpe.
  » 12. — *Laniarius cruentus* Hartl.
  » 13. — *Lamprotornis ænea* Hartl.
  » 14. — *Cryptorhina Afra* Sharpe.
  » 15. — *Corvus scapulatus* Daud.
  » 16. — *Hyphantornis ocularius* Hartl.
  » 17. —   »   *aurifrons* Hartl.
  » 18. — *Penthetria ardens* Cab.
  » 19. — *Estrilda cærulescens* Swain.
  » 20. — *Galerita Senegalensis* C. Bp.
  » 21. — *Certhilauda nivosa* Swain.
  » 22. — *Pitta Angolensis* Vieill.

Planche XXX.

OVOLOGIE.

Toutes les figures sont de grandeur naturelle.

Figure 1. — *Pterocles exustus* Temm.
  »   2. — *Houbara undulata* Gray.
  »   3. — *Cursorius Senegalensis* Hartl.
  »   4. — *Anthropoides virgo* Vieill.
  »   5. — *Garzetta garzetta* Gray.
  »   6. — *Parra Africana* Gm.
  »   7. — *Porphyrio smaragnotus* Temm.
  »   8. — *Nettapus auritus* Gray.
  »   9. — *Graculus Africanus* Gray.

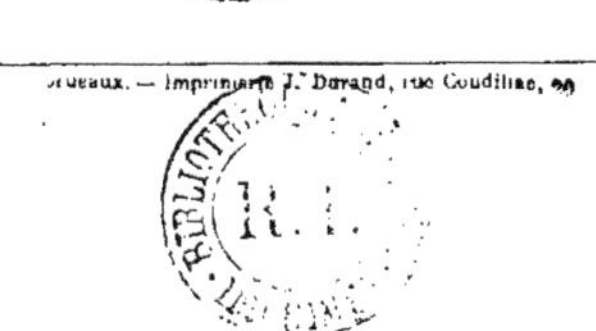

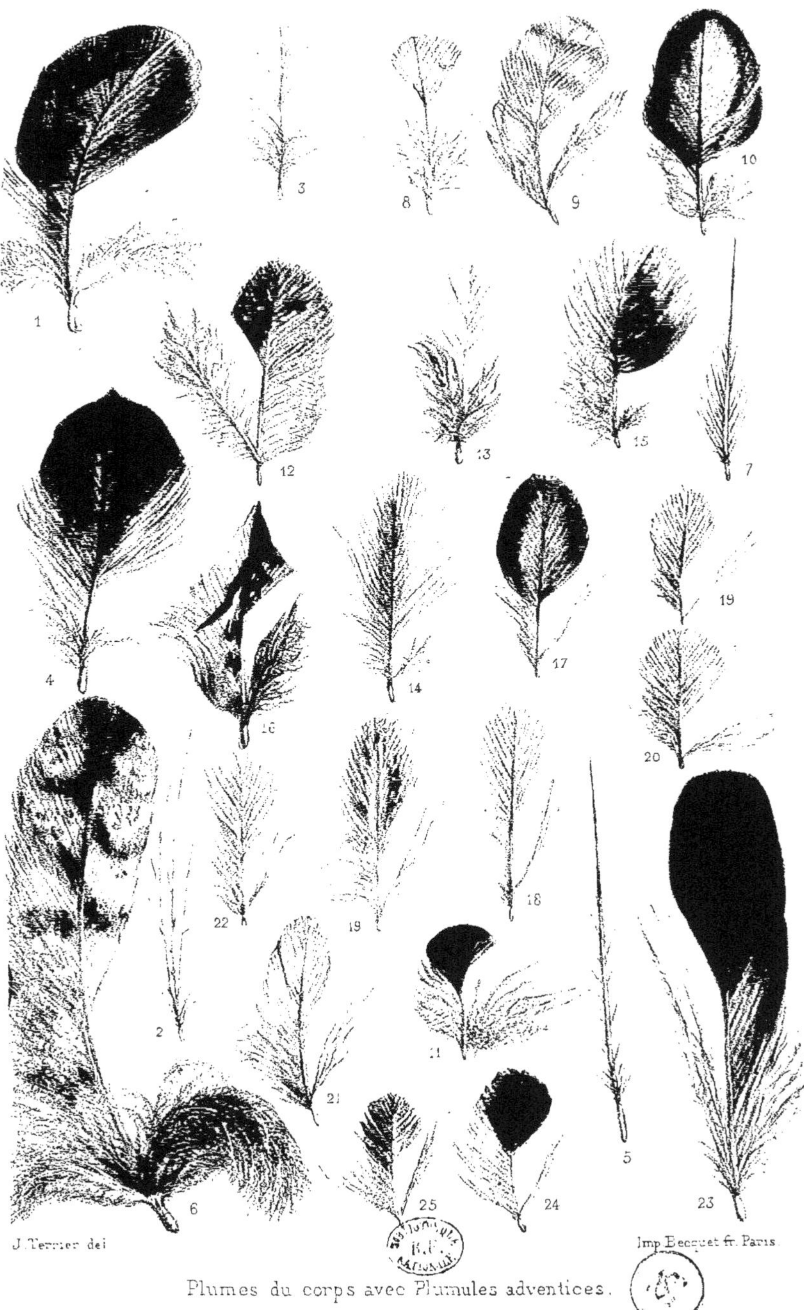

J. Terrier del.

Imp. Becquet fr. Paris.

Plumes du corps avec Plumules adventices.

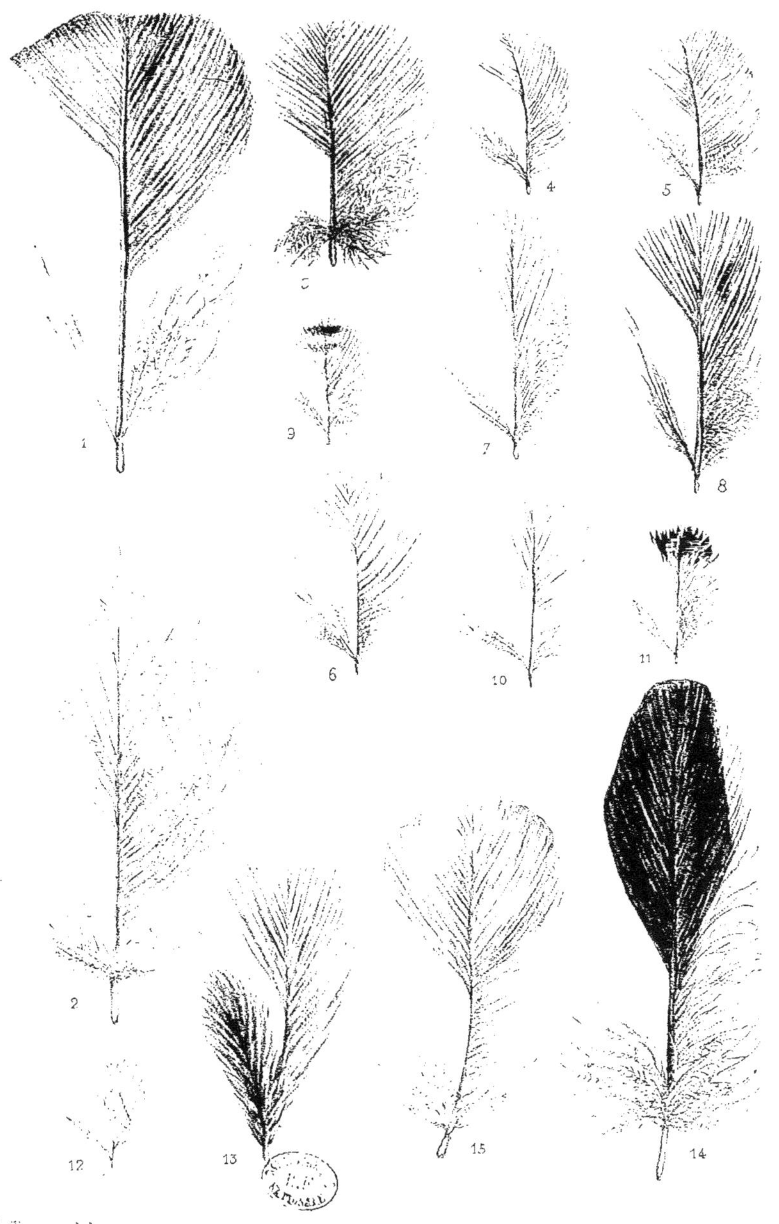

J. Terrier del.

Imp. Becquet fr. Paris.

Plumes du corps avec Plumules adventices.

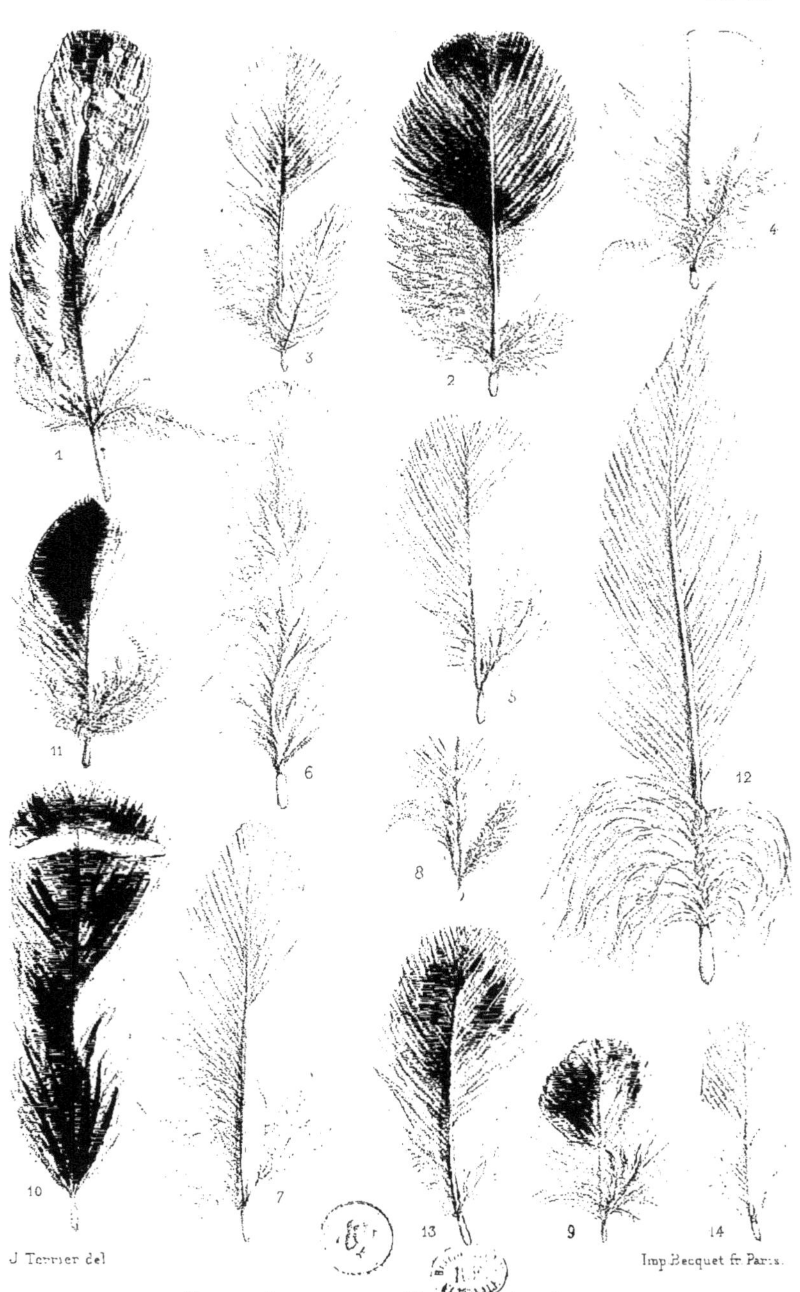

J. Terrier del.

Imp. Becquet fr. Paris.

Plumes du corps avec Plumules adventices.

J. Terrier del.
Imp Becquet fr Paris.
Gyps Rüppeli C.Bp. δ o

Serpentarius secretarius Daud. ♂.

Spizaetus albescens Gray ♂ o.

J. Terrier del.

Imp. Becquet fr. Paris.

Poliohierax semitorquatus Kaup. ♂ ♀.

J. Terrier del.
Imp. Becquet fr. Paris
Scotopelia Oustaleti Rochbr. ♂

Pl. IX.
J. Terrier del.
Imp. Becquet à Paris.
Glaucidium Ilua Bonap. ♂.

Psittacus rubrovarius Rochbr. ♂.

J. Terrier del.   imp. Becquet fr Paris.

Poeocephalus fuscicollis Reichen. ♂

J. Terrier del.   Imp. Becquet fr. Paris.

Chryzococcyx smaragdinus Strick. ♂.♀.

Tockus Bocagei Oust. ♂.

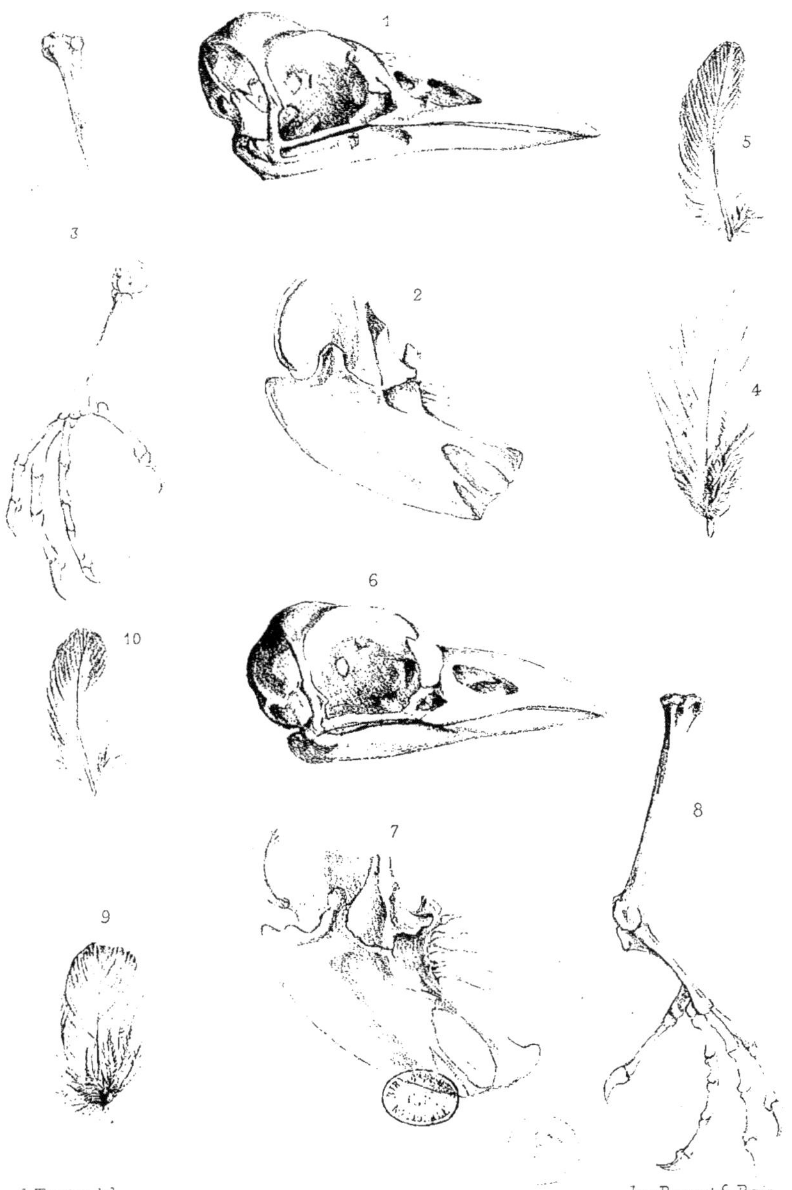

Coracias et Eurystomus
Caractères génériques.

J. Terrier del.   Imp. Becquet fr. Paris

Eurystomus afer Gray ♂ ♀.

1

2

3

Aegithalus Castropiphilus Rchbr

J. Terrier del.

Imp. Becquet fr. Paris

Nilaus Edwardsi Rochbr. ♂. ♀.

J. Terrier del.

Imp Becquet fr Paris

Cinnyris venustus Cuv.

J. Terrier del.

Imp Becquet fr. Paris.

Spermospiza hæmatina Hartl. ♂. ♀. o.

J. Terrier del.

Imp Becquet fr Paris

Estrilda sulf ava Haril.

J. Terrier del.

Imp. Becquet fr. Paris.

1. Estrilda Savatieri Rochbr. — 2. Estrilda Ferreini Hartl.

J Terrier del

Imp Becquet fr. Paris.

Pl. XXII.

Phasidus niger Cass. ♂.

⅓

Imp. Becquet fr. Paris.

Tigrisoma leucolophum Jard. ♂.

J. Terrier del.

Imp. Becquet fr. Paris.

Scopus umbretta Gmel.

(nidification)

Pl. XXV.
J. Terrier del.
Imp. Becquet fr. Paris.
Podica Senegalensis Less. ♂

Têtes de Phoenicopteridae.

J.Terrier del.

Imp.Becquet fr.Paris.

Dendrocygna fulva Baird. ♂

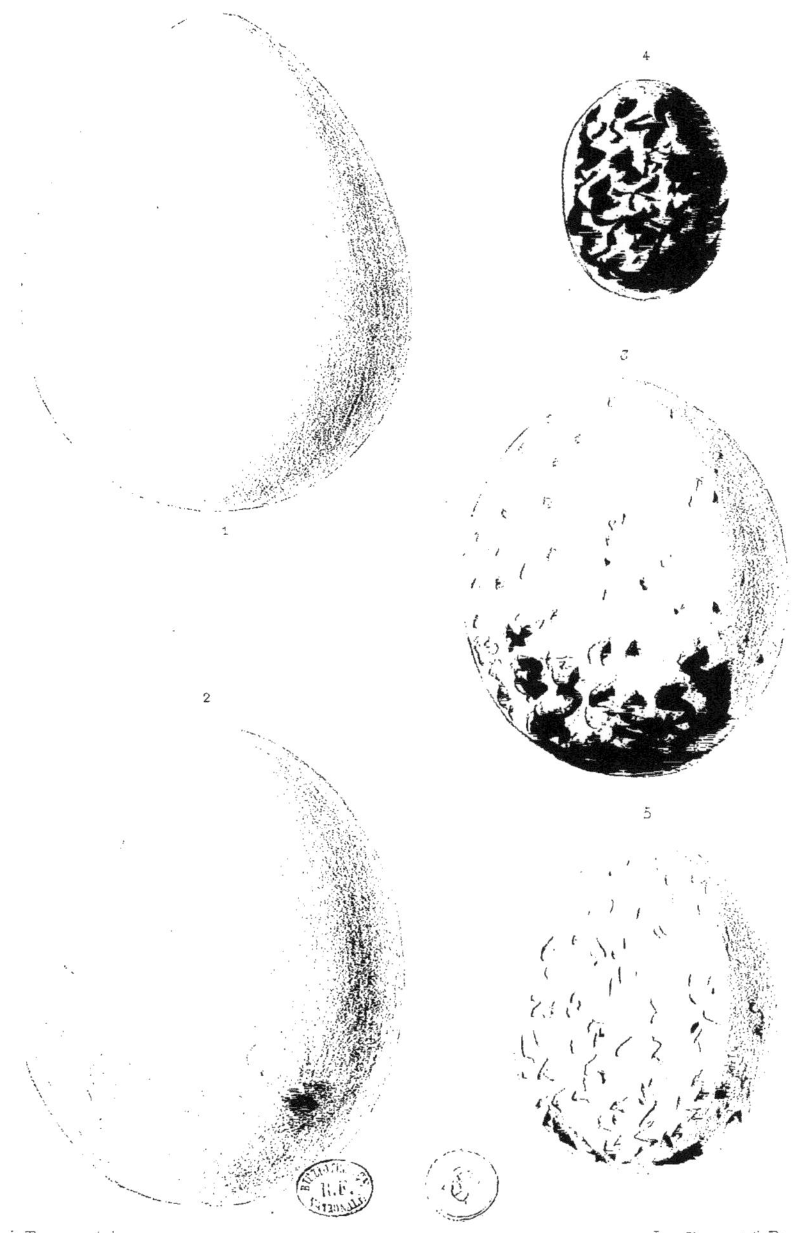

J. Terrier del.

Imp. Becquet fr. Paris.

Oologie (Types nouveaux ou rares.)

J. Terrier del.

Imp. Becquet fr. Paris.

Oologie. (Types nouveaux ou rares)

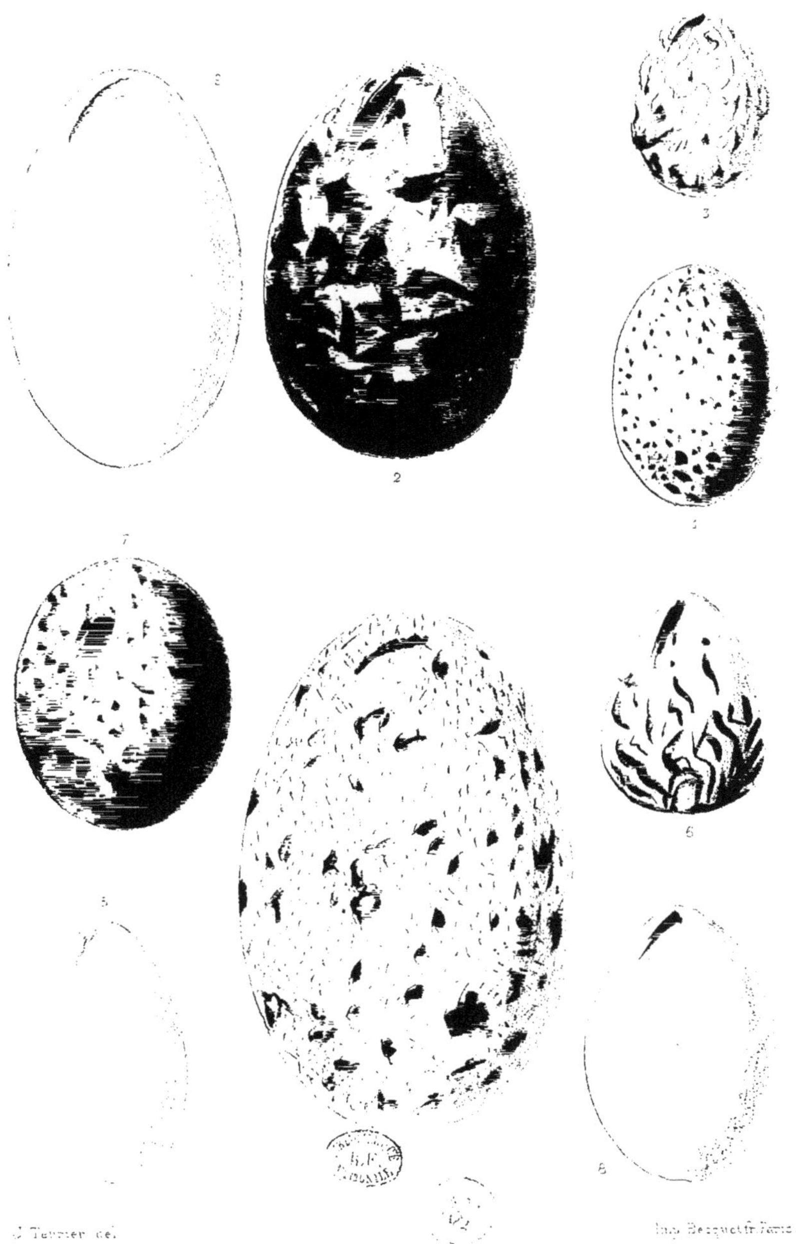

J. Terrier del.

Imp. Becquet fr. Paris

Oologie (Types nouveaux ou rares)

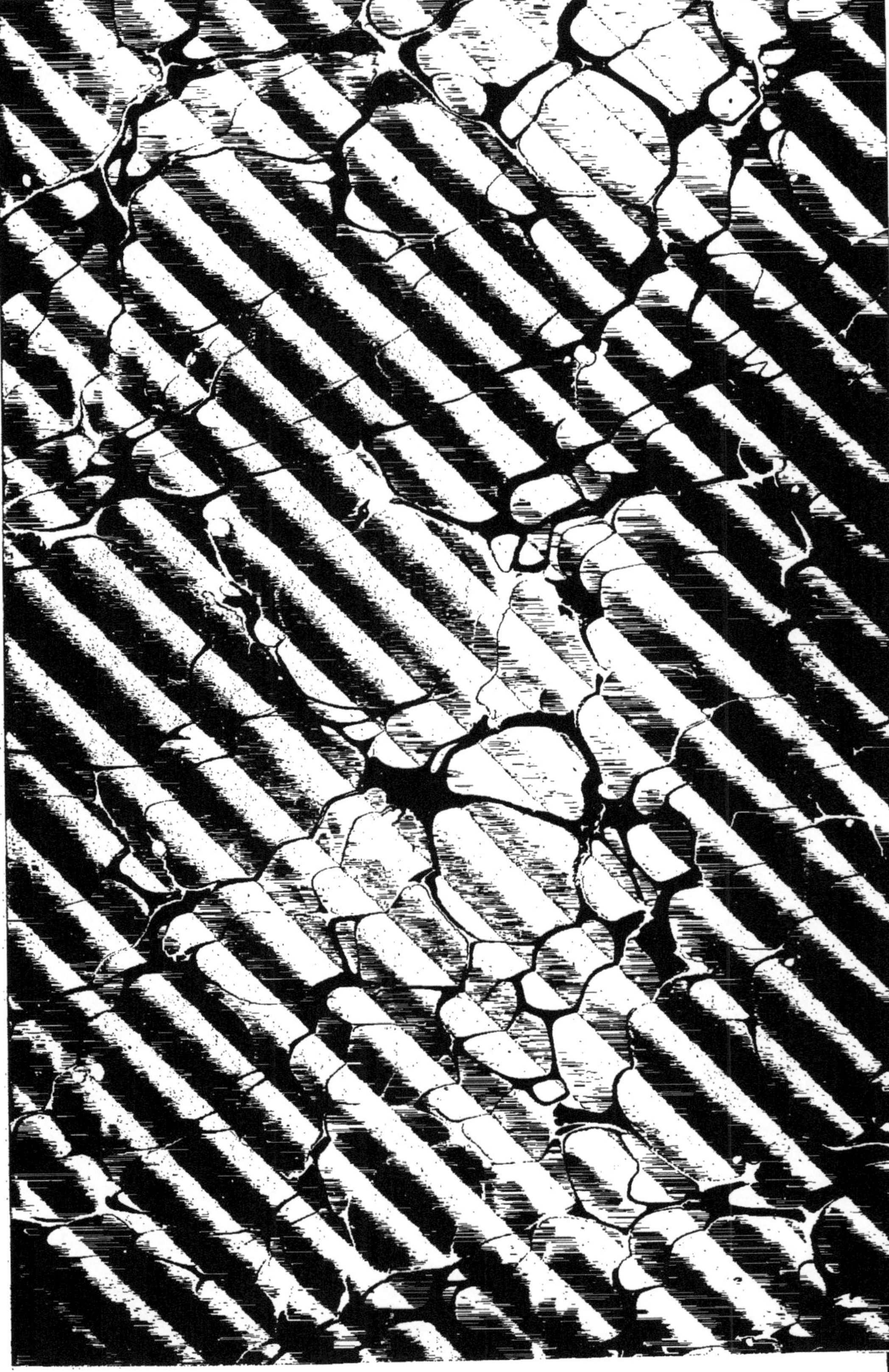

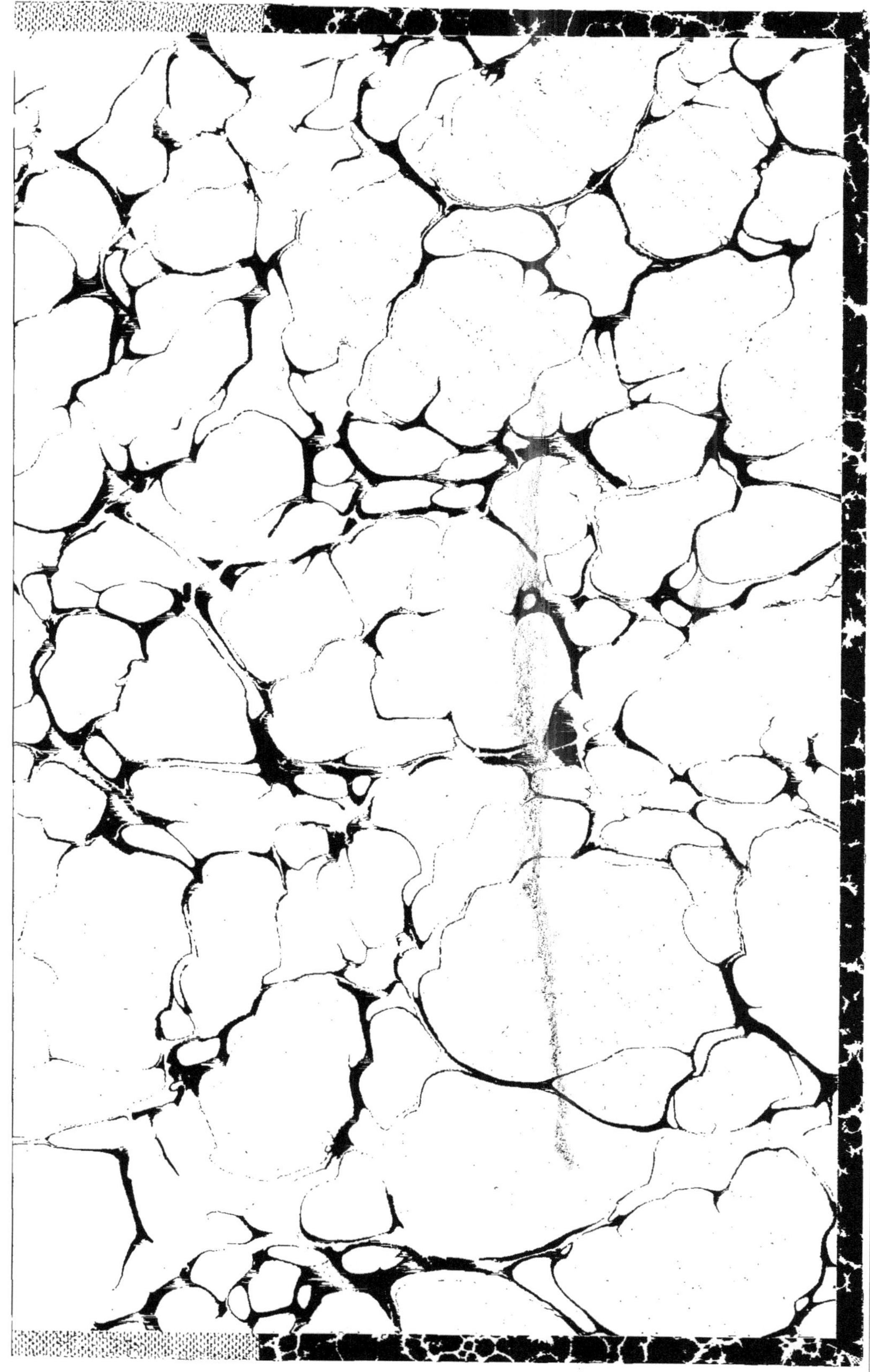

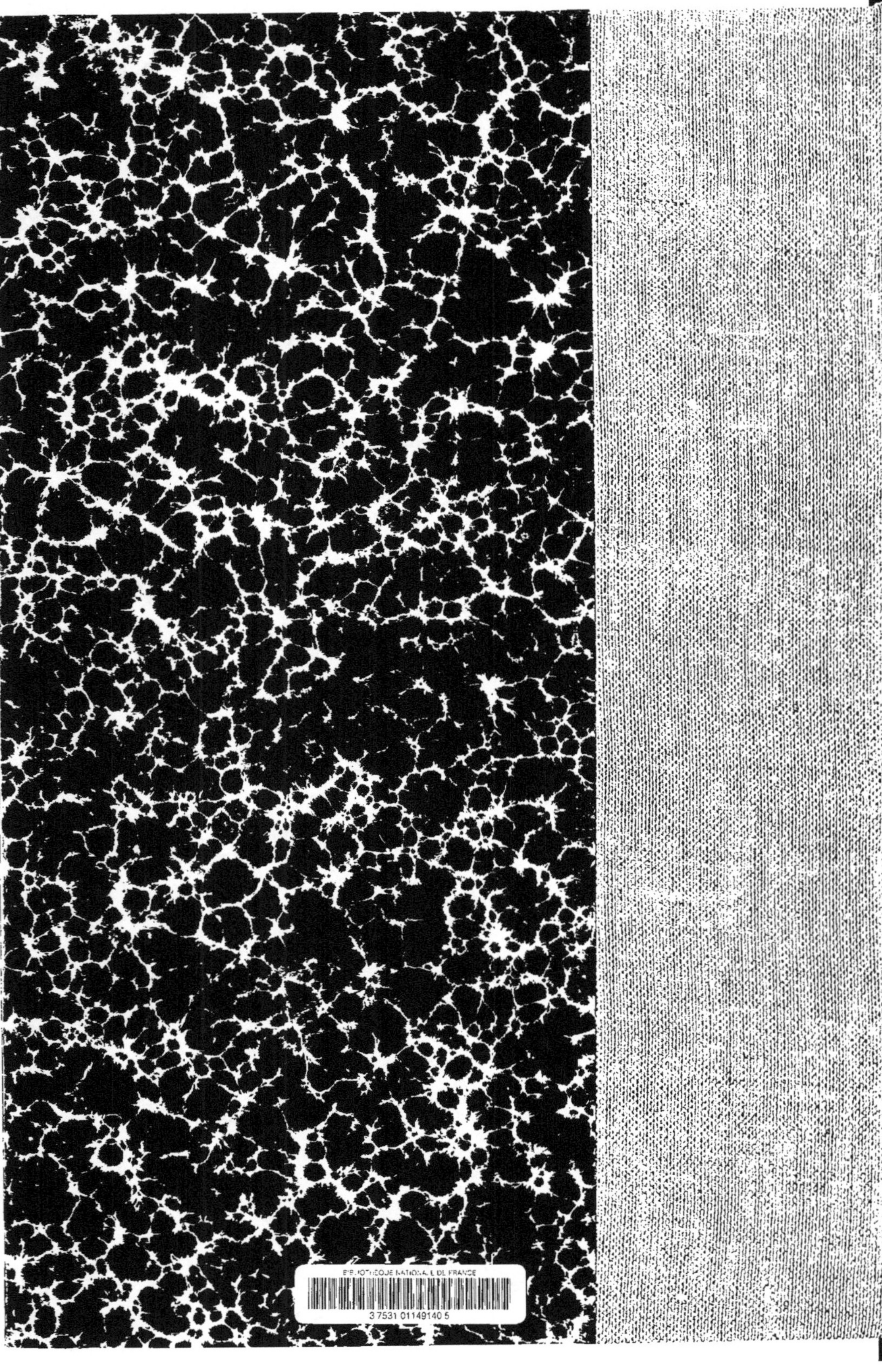

9 782013 657754